我们一起解决问题

妙趣横生的思维公开课
会思考才能领先他人
（第4版）

THINKING
An Interdisciplinary Approach to Critical and Creative Thought
（4th Edition）

［美］加里·柯比（Gary Kirby）
［美］杰弗里·古德帕斯特（Jeffery Goodpaster） 著
魏颖 译

人民邮电出版社
北京

图书在版编目（CIP）数据

妙趣横生的思维公开课：会思考才能领先他人：第4版／（美）加里·柯比，（美）杰弗里·古德帕斯特著；魏颖译. -- 北京：人民邮电出版社，2022.9
ISBN 978-7-115-57007-9

Ⅰ．①妙… Ⅱ．①加… ②杰… ③魏… Ⅲ．①思维方法—通俗读物 Ⅳ．①B804-49

中国版本图书馆CIP数据核字(2021)第251234号

内容提要

有什么事比思考更重要？有什么重要的事情与思考无关？如果这两个问题让你想到了什么，那么你就是在思考且运用了思维这一过程。因为你已经把思考和你觉得更重要的事情联系起来了。

当你有想法的时候，你的大脑在想什么？如果你不知道答案，不要感到难过，你手中的这本书汇聚了众多学科专家的智慧，包括哲学家、诗人、科学家、心理学家、语言学家、神经科学家等，他们从多个层面剖析了思维的意义、成因和结构，以及提高思维水平的策略和方法。书中内容不仅包括创造性思维、逻辑思维、科学思维、说服性思维，还包括感觉、大脑和记忆、语言、情感、组织思维、问题解决方案、评价、决策和行动等多个方面。为了进一步帮助读者提高、扩展和丰富自己的思维，书中还提供了很多思维训练和挑战练习。

无论你是职场人士，还是在校大学生，甚至中学生，如果你想领先他人，想提高自己的表达能力、写作能力、沟通能力、解决问题的能力和学习效率，这本书都能给你带来很大的帮助。

◆ 著　［美］加里·柯比（Gary Kirby）
　　　［美］杰弗里·古德帕斯特（Jeffery Goodpaster）
　译　魏　颖
　责任编辑　田　甜　黄海娜
　责任印制　彭志环

◆ 人民邮电出版社出版发行　北京市丰台区成寿寺路11号
邮编 100164　电子邮件 315@ptpress.com.cn
网址 https://www.ptpress.com.cn
三河市中晟雅豪印务有限公司印刷

◆ 开本：720×960　1/16
印张：22　　　　　　　　　　　　2022年9月第1版
字数：350千字　　　　　　　　　　2022年9月河北第1次印刷
著作权合同登记号　图字：01-2020-7446号

定　价：89.00元
读者服务热线：（010）81055656　印装质量热线：（010）81055316
反盗版热线：（010）81055315
广告经营许可证：京东市监广登字20170147号

> 我们只是有思想的芦苇，但因为我们知道，所以我们比天地万物优越。思想造就了我们的伟大。
>
> ——帕斯卡（Pascal）

挑战

这是一本关于思维的书。如果我们开始更积极地思考，就会发生一些惊人的变化：我们可以更好地了解自己；可以在生活中有更多的选择；可以区分事实与虚构、炒作与希望；当我们在选择人生之路时就会更果断；当我们倾听并与自己的思想交谈时，我们的话语就会变得更有说服力。

我们常常通过自己的行为来定义自己。在某种程度上，我们的行为代表了我们，也许我们没有意识到，我们的思维也代表了我们。例如，如果人们假装喜欢自己讨厌的人，那么是他们的仇恨思维还是他们的虚假行为（或二者兼而有之）真正代表了他们？弗兰克·赫伯特（Frank Herbert）说："无论思想是否被说出来，它都是真实的、有力量的。"

在阅读本书时，我们希望你挑战自己的大脑，提升自己的思维能力。500多年前，莱昂纳多·达·芬奇（Leonardo da Vinci）认为就像铁不用就会生锈一样，如果我们不持续地使用大脑，它就会僵化，这个类比如今已被证实。加州大学洛杉矶分校大脑研究所所长阿诺德·沙伊贝尔（Arnold Scheible）告诉我们："如果你减少对大脑输入的信息量,你就是在减少大脑的结构。大脑就像肌肉一样,如果你不使用它,就会失去它。"的确,"科学家们近期发现,在度过青春期并进入成年阶段后,大脑仍在一定程度上自我生长和重组。"

我们用大脑探索宇宙,因此物理学和天文学的知识体系现在已经牢固地建立起来了,然而对我们的思维进行探索却比较困难。尽管人类对大脑的认识已经有了飞跃性的发展,但神经科学的发展仍处于早期阶段。我们已经发现了许多能控制神经活动的神经递质,我们探索大脑内部的能力已经从解剖学发展到脑电图、计算机轴向断层扫描、核磁共振成像、正电子发射断层扫描、质子波谱分析,再到质子平面回波光谱成像。即使有了这些进步,但因为与遗传学中的DNA密码不同,所以大脑的密码还是没有被破译。如果我们用物理学来衡量人类对大脑的研究水平,那么对大脑的研究可能还处于牛顿前的认知阶段。

大脑的复杂性使这个难题更加复杂:它由超过数万亿个细胞组成。其中有1000亿个神经元专门用于我们的思考过程。平均每一个神经元都与成千上万个细胞保持联系。如果我们沿着这个奇妙的迷宫走下去,可供我们走的不同路线的数量可能会超过宇宙中原子的数量!虽然神经元的交流无法达到这种程度,但大脑中真实的、潜在的路径的数量仍然是无法想象的!面对这样的复杂性,我们用来思考的大脑可以理解其自身吗?

这其中最大的障碍可能是我们正试图用我们的大脑来了解我们的大脑。这就像一把钳子试图抓住自己。虽然在理论上这个障碍似乎无法被克服,但实际上我们确实有能力反思自己的思想。为了摆脱这一循环论证的难题,我们经常强调在写作和对话中交流自己的思想,从而客观地分析自己思考的结果。了解大脑的最好方法是利用我们所表达出来的思想。

跨学科的挑战

这本书的内容不是针对某个特定的学科,因为没有任何一个研究领域或学科可以垄断思维。我们分享的东西越多,思维就会越活跃。在这种跨学科精神的指导下,我们从人类思想的古典源头开始，从随后的各个历史时期和各个学科，从哲学家、诗人、科学家、心理学家、语言学家、神经科学家等人那里，汲取关于思维的观点，我们希望通过这种方法对人类的思维进行更全面、更实用的梳理。

哲学教授会发现本书有一章内容是关于演绎逻辑和归纳逻辑的，其中包括形式谬误和非形式谬误。其他谬误从逻辑上贯穿全书。本书包括了巴门尼德（Parmenides）、赫拉克利特（Heraclitus）、柏拉图（Plato）、亚里士多德（Aristotle）、塞涅卡（Seneca）、马可·奥勒留（Marcus Aurelius）、奥卡姆（Occam）、安瑟尔谟（Anselm）、阿奎那（Aquinas）、蒙田（Montaigne）、帕斯卡、笛卡儿（Descartes）、培根（Bacon）、斯宾诺莎（Spinoza）、洛克（Locke）、休谟（Hume）、康德（Kant）、叔本华（Schopenhauer）、詹姆斯（James）、杜威（Dewey）、罗素（Russell）和维特根斯坦（Wittgenstein）的贡献。

语言学教授会发现，我们对思维的定义主要集中在写作的思考方式上：写作被称为人们心灵的镜子。本书的大部分内容都直接适用于写作。例如，第3章"感觉"能使我们的感知更敏锐，描写更生动。第5章"语言：思维的媒介"提高了我们的文字意识，加深了我们对语言结构设计的认识，并强调语言要清晰和简洁，从而有助于我们进行论述性的写作。第6章"情感"能帮助我们在写作中注入节奏和基调。第7章"创造性思维"则是发现的起点，可以帮助我们解决在表达强烈且有创意的内容时遇到的根本障碍。第8章"组织思维"通过展示所有优秀的文章都需要的清晰的结构以协助人们撰写研究报告。第11章"说服性思维"提供了在写劝说性文章时可以改变他人想法的强有力的工具。所有这些内容都能被应用于写作课上。本书还提供了200多个挑战练习，这些挑战练习均可以作为写作练习。

科学研究者会发现，本书有一整章内容是关于科学思维的，还有几章内容涉及科学方法的各个步骤：第3章"感觉"与观察方法相关，第7章"创造性思维"与假设方法相关，第14章"决策和行动"与试验方法相关，第13章"评价"与验证方法相关。此外，书中还提到了神经研究、混沌理论，以及诸如与伽利略（Galileo）、牛顿（Newton）、达尔文（Darwin）、门捷列夫（Mendeleyev）、爱因斯坦

(Einstein)、沃森(Watson)和克里克(Crick)等科学巨匠的思想火花相关的内容。

心理学教授会发现,我们关注的是完整的人,涉及认知、行为和情感维度。第2章"个人思维障碍"涵盖了影响清晰思维的重要的文化和心理障碍。第4章"大脑和记忆"涉及思维的神经学基础、药物的影响及记忆和遗忘的一些特征。第10章"科学思维"考察了各种研究设计及其局限性和科学方法的假设。此外,在这本书中,我们借鉴了心理学研究和诸如弗洛伊德(Freud)、荣格(Jung)、詹姆斯、斯金纳(Skinner)和马斯洛(Maslow)等心理学家的理论。

谋篇布局:思维基础

思维是一个整体,不能割裂成各个部分。然而,由于我们需要某种方式反思和理解头脑中正在发生的事情,所以我们将本书按照"思维基础"来组织,这种设计可以锚定和检查我们的"一部分"思维。一些主要的思维基础或思维平台包括感觉、大脑和记忆、语言、情感、创造性思维、组织思维、逻辑思维、评价、决策和行动等。所有这些基础都是相互关联的,我们的大多数思维活动都涉及许多这样的基础。

尽管这些基础是按"时间顺序"排列的,即从最初的感知到思考的最终结果(决策和行动),然而我们的思维可以从任何一处开始,也可以跳到其他任何地方。我们很少系统地从一个基础转移到另一个基础,有时我们从记忆开始,而不是从感知开始。除了重复,我们的每一个思维活动都是独一无二的,就像每个人都是独一无二的一样。请原谅我们人为地、分析性地将思维割裂成各章的行为。

实用性和个性化:思维辅助

为了积极地参与、扩展和丰富思维,帮助读者适应和个性化地理解各章的概念,并提供有意义的练习,我们在书中安排了很多思维练习,它们分为以下几种。

1. 除第15章外,每章都有一些思维训练,可以帮助读者实践或应用特定的思维。
2. 除第15章外,每章末尾都有一些挑战练习,其中大部分可以用于小组讨论、日记、个人反思性文章、科研论文或课堂发言。

3. 此外，几乎每章都有名为"想一想"的轻松思考探索练习，这些练习可以极大地调动读者的积极性。

此外，书中还收录了部分选文和一些关于达·芬奇、伽利略、斯宾诺莎等伟大而勇敢的思想家的重要资料，这些均可以作为启发读者思考的范本。大多数章节的开篇都有一个引子把接下来的内容串起来，而最后的总结可以强化和带入概念。

在本书中，我们鼓励读者经常停下来思考，以此为起点了解并改进自己的思维，然后再去发现、创造和应用自己的思维，进而走向更丰富的人生。

本书的假设

本书基于三个基本假设。

第一，我们认为，最好通过跨学科的方式对思维进行训练。世界上所有的逻辑课程都无法打破根植于文化、恐惧或需要保护自尊心的心理障碍。对压力大的人、沮丧的人或被某种意识形态占据的人来说，逻辑本身也不是特别有用。基于这些原因，我们在这些领域向读者发起了挑战，以帮助读者看清自己非理性思维的根源，并给予读者开始放下这些障碍的自由和洞察力。通过超越传统的思维教学方法，将东西方多个研究领域的思想家的思想纳入其中，我们希望本书能起到良好的示范作用。

第二，我们相信，最好在建设性和批判性两个方面展开思维教育。因此，第 10 章"科学思维"等几章强调批判性思维；而另外几章，如第 7 章"创造性思维"和第 12 章"问题解决方案"，则强调建设性思维。这两种思维方式是培养全面且可靠的思想家所必需的。

第三，我们认为，通过诚实的自我反思和实践，并在表达思维的对话中尽可能地进行测试和磨炼，我们可以学习更好地思考。为此，我们在本书中向读者提供了可用于思考、写作和讨论的挑战练习。

在本书中，我们提出了一种理解和磨砺思维的方法，并试图避免教条主义。一旦陷入教条主义，巨大的不为人知的思维舞台就只是一个教条主义的愚昧之地。我们鼓励读者思考本书中的观点，找到隐藏的假设，挑战既定的立场，最重要的是将这些想法转化为更好的思维方式。

第 4 版更新的内容

　　这本书的第 4 版让我们遇见了又一个事实、思想、文字和文化的新世界。随着世界的变化，本书也在不断地变化。我们很难做到完美，但我们再一次对本书表达的清晰性、学术的准确性、观点的合理性进行了重新检查，替换了词语，增加了内容，扩展了话题。从亚里士多德到当代哲学家科林·麦金（Colin McGinn），其中包括本杰明·富兰克林（Benjamin Franklin）、温斯顿·丘吉尔（Winston Churchill）、威尔·杜兰特（Will Durant）和卡尔·萨根（Carl Sagan）等知名人士，本书增加了 50 多条关于他们的参考文献。本书还包括一些关于大脑在认知、语言、记忆、感觉、情感、睡眠和药物等多方面的最新研究成果。读者可能会在某个段落中发现来自功能性核磁共振成像的现代研究，同时在下一个段落中发现著名哲学家或散文家的尖锐评论。因此，本书从各种学问中进一步加强了对跨学科的关注。

　　与上一版相比，该版的大多数内容都有一些小的变化，但没有进行实质性的改写，各章的顺序和数量保持不变。鉴于读者反馈"谬误很有趣"，所以，我们在第 9 章"逻辑思维"中加入了新的谬误来启发读者进行思考。而且正如上面所提到的，我们用新的案例和比我们更优秀的思想家的话语强化了一些想法。另外，我们还纳入了一些新的思维活动，放弃了某些旧的思维活动。

　　本书与政治正确性无关。敏感的问题更具有挑战性，但与所有的想法一样，我们对待本书中的观点必须同样坚持事实和逻辑。虽然读者可能不喜欢其中一些想法，但至少它们可以成为谈论的好素材。

第1章 什么是思维

思考：人类的文化遗产 /001

为什么要思考 /002

什么是思维 /005

交流：思想的镜子 /006

思维谬误 /011

第2章 个人思维障碍

文化熏染 /014

自我认知 /018

自我防御 /020

自利偏差 /024

期望和计划的作用 /027

情绪影响 /029

认知协调 /037

压力 /040

第3章 感觉

从感觉开始 /048

感觉的力量 /049

感觉的欺骗性 /050

使我们的感觉更敏锐 /052

强有力的倾听 /055

第 4 章　大脑和记忆

奥秘 /062

思维与大脑 /063

思维与记忆 /074

第 5 章　语言：思维的媒介

语言与我们的大脑 /086

语言与社会 /090

语言的隐喻力量 /091

语言的局限性 /095

英语的力量 /096

英语的陷阱 /101

第 6 章　情感

情感和思维 /107

文化背景 /108

思想背后的力量 /109

情绪控制 /111

激发话语表达 /112

激发文字表达 /113

对话题和受众产生的情感 /115

观察情感 /116

第 7 章　创造性思维

什么是创造 /119

隐喻思维 /120

创造性思维的种类 /121

谁能够进行创造性思维 /122

创造性思维的条件和限制 /123

开始创造吧 /124

激发创造力 /127

第 8 章　组织思维

秩序的起源 /135

自然秩序 /136

心理秩序 /138

组织思维的步骤 /140

排序 /146

第 9 章　逻辑思维

演绎思维：三段论 /154

直言三段论 /155

日常生活中的三段论和省略三段论 /168

直言三段论中的推理谬误 /172

直言三段论的规则 /181

假言三段论 /182

选言三段论 /188

有效换位 /190

非形式演绎谬误 /193

归纳思维 /197

类比论证 /202

因果论证 /204

非形式归纳谬误 /205

其他推理谬误 /210

第 10 章　科学思维

科学方法 /219

科学的经验性 /223

科学和对人性的理解 /228

证明理论 /232

可控实验 /234

准实验设计 /236

非实验设计 /236

偶然的作用 /246

实验者偏见 /249

伪科学 /251

第 11 章　说服性思维

什么是说服 /257

说服的伦理 /257

思考是什么打动了我们 /258

思考是什么打动了我们的听众 /262

组织说服的过程 /266

保护自己不受欺骗 /270

第 12 章　问题解决方案

定义问题 /286

消除障碍 /289

产生解决方案 /290

选择解决方案 /297

评估解决方案 /306

第 13 章　评价

检验思维的必要性 /308

检验思维的基础 /313

第 14 章　决策和行动

为什么要行动 /319

决策 /320

行动 /328

行动之后 /329

第 15 章　不断思考的挑战

附录　命题逻辑　　335

第 1 章　什么是思维

我们不过是思想的载体。

——改编自莎士比亚的戏剧

思考：人类的文化遗产

在读本书时，我们鼓励你开动脑筋，展开思考。首先，让我们来认识一些有影响力的思想家。

早在苏美尔人、埃及人和腓尼基人学会用文字表达思想的数千年之前，人类就已经会说话和思考了。希腊人使用字母表从而诞生了歌曲、文学、哲学、修辞学、历史学、艺术、政治学和科学。他们需要知道如何为自己在自由民主中的立场进行辩护，锡拉丘兹的科拉克斯（Corax）也许是第一位修辞家，他教会了人们如何用语言来洞悉别人的思想。诡辩者、怀疑论者和愤世嫉俗者质疑一切，包括他们自己的质疑。如果我们仍抱有原始的信仰，那么我们的世界会是什么样子呢？苏格拉底探究并鞭策雅典人思考："未经审视的人生是不值得过的。"他向我们提出了最后的挑战：了解自己。柏拉图完全被苏格拉底的纯粹的精神力量吸引，他认为我们生来就有思想。柏拉图的学生亚里士多德以敏锐的洞察力做出令人印象深刻的经验观察，并朝着第一原理攀登。

古罗马修辞学家西塞罗（Cicero）、德尔图良（Tertullian）和昆体良（Quintilianus）为了论证自己的政治立场和法律立场，建立了庞大的心智结构，这些结构足以与罗马的庞大建筑相媲美。

中世纪的思想家们在精神上达到了与他们的思想相匹配的高度，创造了基于柏拉图并以亚里士多德的逻辑为基础的主要心智结构。阿奎那在他的《神学大全》（*Summa*）中锻造了一个无与伦比的精神世界，如果你承认这个精神世界的前提，那么它仍然是一座不可撼动的心智之山。与这种抽象的东西形成鲜明对比的是奥卡姆剃刀式的干净利落和安瑟尔谟受欢迎的新鲜思考方式,安瑟尔谟先于笛卡儿说:"我疑固我知。"

文艺复兴时期的思想家们把他们的心智和精力转向了航海、天体科学、艺术、享乐和帝国等。

帕斯卡的格言集叫《思想录》(Thoughts)。笛卡儿提出"我思故我在",并警告我们:"拥有一个好头脑是不够的,重要的是要好好地使用它。"他们是法国的理性主义者。

从洛克的亚里士多德式的注重感知(心智是一块白板),到贝克莱(Berkeley)的"存在即被感知",再到休谟的激进怀疑论,英国经验论者也不甘示弱,一直在不断进步。

黑格尔把人类的整个历史看作一种正在展开的思想进程,而马克思则把这种思想具体化并加以应用。

更多的现代思想家,如维特根斯坦、沃尔夫(Whorf)和乔姆斯基(Chomsky),都进入了开放的、展开的、奇妙的思想领域。他们欢迎我们的到来,欢迎我们和他们一起思考……

为什么要思考

有什么事情比思考更重要?有什么重要的事情与思考无关?停!在你读第二个问题之前,你思考过第一个问题吗?我们的猜测是许多人会继续阅读。因此,你可能已经错过了一次思考的机会。

思维训练 1.1   比思考更重要的事情

现在我们开始思考。你能列举出比思考更重要的事情吗?

1. _____

2. _____
3. _____

你列的清单上有什么？你是如何确定其价值的？

思考比黄金更贵重

看看下面这些清单，你觉得哪一个比思考更重要？

清单 A	清单 B	清单 C
金钱	呼吸	善良
好工作	美食	生命
大房子	锻炼	爱情
新车	结婚	真理

思考一下清单 A。虽然在很多人看来金钱很重要，但如果一个人没有思考能力，他是挣不到钱的，甚至不会花钱。想象一下，一只黑猩猩（能力有限）或一个人体模型（没有能力）试图赚钱甚至花钱，是怎样一种场景。赚钱这一行为背后往往伴随着思考。显然，思考能力比金钱、工作、房子或汽车更重要。

那么，清单 B 呢？呼吸比思考更重要吗？在这一点上，我们需要更敏锐地思考，并定义"重要"一词。如果"重要"意味着是其他事物存在的首要或必要条件，那么呼吸就比思考更重要。因为如果没有氧气，用于思考的大脑很快就会死亡。但如果"重要"意味着更高的层次或价值，那么思考就比呼吸更高级，因为呼吸服务于大脑（顺便说一下，大脑需要的氧气量更多）。然而，大脑皮层很少服务于呼吸。

另一种理解思考比呼吸更高级的方法是认识到，自亚里士多德以来的许多哲学家都把人类定义为"会思考的动物"。换句话说，马和马蝇也会呼吸，但是会思考使我们成为人。

我们对清单 C 怎么看？善良、生命、爱情和真理难道不是非常重要且庞大的概念吗？要权衡它们与思考谁更重要，需要很长的篇幅和大量的思考。但为了快速判断思考的价值，我们可以再问一个问题：有什么重要的事情与思考无关？

针对上面这个问题，如果我们想到了什么，那么我们就运用了思维过程。至此，我们已经把思考和我们想到的东西联系起来了，不管这个东西有多重要。同样，爱情、生命、真理和善良也必然与思考联系在一起。我们也许可以像两只萤火虫一样，不用多想就进行交配，但如果没有思考我们就不能相爱。因此，我们一直在思考。

思考对生活到底有多重要？既然我们主要通过语言来思考，那就想想维特根斯坦是如何把生活和思考联系起来的："我的语言的极限就是我的生活的极限。"这句话准确吗？语言如此严格地限制了生活吗？如果是这样的话，那么这种局限性是否说明了语言和思维的重要性？我们将在第 5 章再次讨论这个问题。

思考的可能性

当我们阅读这本书并对自己今天的行为做出选择时，会受到我们所学的知识和我们形成的思维模式的严格限制。我们只能选择做我们知道的事情。例如，我们根本无法寻找沉没在海底的宝藏，除非我们知道宝藏沉没的地点。我们所学的知识越多，就能越好地进行思考，也就越有可能成功。如果我们知道一艘满载印加黄金的西班牙大帆船在加勒比海沉没，我们想一想它可能经过的路线和遇到的洋流，以及它最后一次报告的踪迹，那么我们就可能会找到沉到海底的黄金。更重要的是，通过思考，我们可能会在自己的生活中找到"黄金"。

 想一想

> 你的想法
> 　　变成你的话语
> 　　　　变成你的行动
> 　　　　　　变成你的习惯
> 　　　　　　　　变成你的性格
> 　　　　　　　　　　变成你

思想累积

阿尔弗雷德·丁尼生（Alfredlord Tennyson）告诉我们，"我们是我们所遇见的一切的一部分"。同样，我们也是我们所思考的一切的一部分。在某种程度上，我们已经成为我们所思考的东西，而我们将成为什么样的人取决于我们的思考方式和思考的内容。如果我们之前反思过语言限制生活的问题，那么我们可能会意识到，我们的思维已经为我们过去的人生选择设定了限制。我们在自己所知道的和如何思考我们所知道的基础上做出了选择。

没有思考的生活

如果我们在接下来的10年里没有新的想法的话，生活会怎样？我们能保住自己的工作吗？我们能和别人谈得来吗？

如果我们在未来10年选择读很多有思想的书，我们的心态会不会不一样？我们会因为所读的书、所倾听的人、所拥有的思想，以及表达这些思想的方式而与众不同吗？当然，思想会累积。我们伴随着思考而成长，从而提升我们未来的思考能力。

思想的累积不是算术级的，而是指数级的。每一种思想都有可能与其他思想融合，并创造出大量的新思想。

什么是思维

> 告诉我什么是思想，它的实质是什么？
>
> ——威廉·布莱克（William Blake）

现在你正在思考：我现在到底在做什么？我认为我的大脑在想什么？我能想出自己是如何把这些词转化成有意义的一句话的吗？简单来说，我的大脑是如何工作的？

神秘

如果你不知道上述问题的答案，不要感到难过，因为专家们也不知道。诺贝尔奖得主杰拉尔德·埃德尔曼（Gerald Edelman）在新千年伊始说，当你有想法的时候,你的大脑在想什么……答案仍然是"我们确实不知道"。虽然人类已经对大脑领域和神经电化学过程了解了很多,但仍有很多未知领域有待被发现。我们对宇宙、原子和我们身体的了解比对我们大脑的了解更多。牛顿画出了连接地球和恒星的引力线,爱因斯坦列出了物质–能量公式,詹姆斯·沃森(James Watson)和弗朗西斯·克里克(Francis Crick)破解了基因密码,但大脑的模型还没有被找到(一些可能的模型包括白板、记忆槽、计算机、全息图,以及最近的隐喻本身)。尽管我们关于大脑的知识正在飞速发展,但它仍然是一个谜。

定义:思维即沟通

如果我们不了解大脑运作的方式,不能进入它的"密室",不能揭示它的奥秘,那么我们如何定义思维呢?定义思维的方法之一是观察人类沟通和交流过程中所表达出来的思维结果。但是,如果一些人声称他们的"思考"过程完全是内部的,并且永远不能用于对外沟通和交流,那该怎么办呢?我们不会与他们争论,如果他们不能与我们谈论或分享,那么他们的思维就对我们没有用处。因此,我们可以把思维定义为大脑潜在的可以沟通和交流的活动。沟通和交流的媒介是多元的:语言(说话、书写、手语、辅助语言、模仿等)、图像(计算机图形、设计蓝图、图表、符号等)、艺术(绘画、雕塑、建模、建筑、音乐、舞蹈等)、科学公式和数学等。所有这些沟通和交流形式都有其独特之处和优势,但人类沟通和交流的主要形式无疑是语言。因此,本书所讲的思维是指潜在大脑活动中用于说话或写作的部分。

当然,我们的思维潜力包括几乎总是存在于我们头脑中的未被表达的想法:我们计划一天的生活,想象各种场景;担心一些问题,并寻找解决方案;做白日梦;发现、发明和创造系统;喜欢反思自己的冒险,有时也会重新审视自己的失败。未被表达的思维是有价值的,我们在说话或行动之前经常使用这种思维。

交流:思想的镜子

我们如何看待自己的思维?这不是一个简单的问题,因为我们被困在一个圆圈里:试图用我们的头脑所拥有的知识来了解我们的头脑,就像试图用我们的眼睛来看自己的眼睛一样。我们观察自己的眼睛需要一个反射镜,如我们通过镜子或平静的水面才能看到自己。同样,为了理解我们的思维,我们需要一面"镜子"来照出我们的头脑。写作或说话正好可以提供这样一面镜子。表达自己的想法可以让我们更客观地看待自己的想法,而别人则可以分享他们对我们的想法的看法,因此我们可以更好地思考。

思维的中心

你只需要看看下图,就能看出思维的重要性及其中心地位。周围的许多刺激进入你的头脑,你对它们进行处理或思考,一旦你做出选择,就会有所反应。

我们通过写作把自己的思维记录在纸上,这样我们就可以检查自己的思维。试着以最快的速度(如 60 秒)写下你想到的任何东西,这样你就能把你的一些思维外化。

这种外化可能不会给我们提供一个精确的思维复制过程,但它会产生一个模糊的镜像。如果我们经常重复这样的行为,并学会用笔写下我们的思维,"乌云"就会开始散去。写下我们的想法是一项挑战,因为我们的大脑活动的速度比书写的速度快得多,比每分钟说唱 300 个字的"说唱歌手"快得多。我们不知道大脑活动的确切速度,但我们猜测是每分钟 500 ~ 700 个字。通常大脑运转得更快,因为它不会思考每一个词。有时它会跳过一些短语和整组观点,跳转到几乎是一瞬间的想法上。

通过在 60 秒的速写中寻找某种模式,我们可以更多地了解自己的情况:占据我们大脑的主题是什么(人、事物、金钱、工作或家庭)?这些 60 秒速写清单上有什么?我们花了多少时间重温过去、活在现在、规划未来,或者做白日梦?在这些时间框架(过去、现在、未来)旁边加上一个百分比,结果可能会让我们感到惊讶。

在不同的时间和地点尝试这种 60 秒速写,以获得你头脑中的其他方面的草图。它们会随着你所处的环境和你的感受的不同而发生很大的变化。

用文字表达思维

> 印刷的文字可以帮助你将他人的思想握在手中。
>
> ——詹姆斯·伯克(James Burke)

写作不仅能反映我们的思维,还可以明确我们的思维,使我们的思维更加清晰、敏锐和丰富。

清晰是写作给予我们的思维的一份礼物。戴·路易斯(Day Lewis)说:"我们写作不是为了被理解,而是为了去理解。"虽然很多人都能"随机应变",但很少有人能持续地、清晰地思考。我们的大脑很少能高清晰地持续运转。通过写作,我们的思考水平有机会达到某种清晰的程度。我们可以把自己的想法写在纸上,进而消除歧义。例如,某句话被修改,直到有读者能清晰地明白这句话的意思。写作中的这种清晰度甚至可能影响我们会成为什么样的人。培根告诉我们,写作使人成为一个清晰可见的人。

写作除了能使我们的思维更加清晰、准确外,还能强化我们的身心意识。仅仅是尝试描述我们的所见、所感、所想,就能让我们更敏锐地观察、更深刻地感受、更清晰地思考。接下来,我们将更深入地探讨这些领域,下面是一项思维训练。

 思维训练 1.2   思维、感知、写作

看看你的四周,在下面第 1 列中快速写下你看到的内容。

现在,在第 2 列中写下你以前没有看到的内容。你可以通过查看第 1 列中的项目之间的关系来了解你所遗漏的内容。例如,如果第 1 列中的第 1 项你写的是黑板,第 2 项是学生,注意在黑板和学生之间你忽略了什么。现在继续写下第 2 项被忽略的项目。

这两个列表可以告诉你很多关于你正在向自己的大脑输入什么样的信息。第 1 列可能包含你平时观察到的内容,也就是你平时向大脑"输入"的信息。第 2 列可能包含你通常忽略的项目。现在是第 3 列，尝试查看再次被你忽略的微小的细节。试着去看光的反射、表面的起伏、划痕和凹痕，它们是如此细小和具体，以至于难以被描述，因为在我们掌握的语言中可能没有准确的词语来形容它们。在第 3 列中，写下你看到的微小而清晰的细节。为了帮助你发现这种微观意识，你可能希望近距离地观察这些物体。

1	2	3
___	___	___
___	___	___
___	___	___

第 3 列所写的项目清单有没有帮助你看到新的东西？当你开始记录你所看到的事物时，你会变得更加警觉，进而看到你从未见过的东西。你可以在不同的地方尝试这种观察活动，然后调动你的听觉、嗅觉、触觉和味觉等，用你的感觉来回应你所感觉到的东西。最后，想想你感觉到了什么，以及这意味着什么。

由此可见，写作可以反映大脑的活动，将其聚焦到一种清晰的状态，并提供新的认识。除此之外，写作还馈赠了另一个丰富的礼物：按照常理，当我们把水从杯子里倒出来的时候，杯子就空了；但是，当我们把思想从头脑中倾泻到纸上时，我们正在填满头脑。当我们把想法组合成一个新的书面结构时，就像正在写一个新的词语组合一样，在我们把它写下来之前，它不在我们的脑海里。这是一个强大的悖论：当我们写作时，我们在纸上和头脑中都进行了创造。因此，当我们写作时，我们变得更加丰富。

诗人拜伦（Byron）用文字表达了挑战我们的思维的这一悖论。

创造在创造生活
我们赋予了一种更强烈的情感
用我们的想象，收获我们的付出
获得我们所想象的生活

因为写作对于表达思想很重要，所以通过阅读本书，你应该花时间把自己的想法写出来，特别是当你希望得到澄清或反馈的时候

用对话表达思维：验证与洞察

> 思想和言语是密不可分的。
>
> ——约翰·亨利·纽曼（John Henry Newman）

我们已经看到，写作是了解、澄清和丰富我们思维的一种方式。而对话是试图了解和理解我们思维的另一种方式。对话就是与他人交谈并倾听他人的想法，它们是我们思想的传声筒、坟墓和发射台。正如我们将在后面的内容中看到的，对话对于检验我们的思想至关重要。

当我们说话（表达想法）时，可以观察自己的话语对别人产生了怎样的影响。人们是皱着眉头反复地问我们"你的意思是什么"，还是我们的话语能迅速且轻松地被他人理解？人们对我们所说的内容失去了兴趣，还是我们的话语有力量、精确、逻辑性强，能够获得关注、吸引他人的注意力、说服他人？他们的反应为我们提供了信息，进而帮助我们判断和调整我们的思维。

当我们观察他人的这些反应时，需要对其进行解释，但有时我们会从朋友、学生或其他人那里得到直接、核心的评论，他们会评论我们在对话中表达的想法。关于未记录的对话，值得注意的一点是，话一说出口就消失了，正如罗森塔尔（Rosenthal）所言："只把思想建立在讲话的基础上，就是试图把耳语钉在墙上。"

由于人与人之间的互动对我们的思维非常重要，所以在本书中，我们提出了可以讨论的活动，并在第13章中分析了对话的有效性。对话除了可以验证我们的思维，还可以激发我们的思维。我们的思想可以相互交融、相互滋养，并成为全新思想物种的种子。一个人的大脑是一个孤独的思考者。不过，我们可以寻找能够激发我们思考的同学、朋友、同事和新认识的人。

思维谬误

与清晰思维相反的是混乱思维,它可能会导致高昂的代价。一位年轻的美国发明家出现在拿破仑面前,并向他提供了一种击败英国海军的方案:一艘可以逆风破浪航行并以高机动性战胜英国舰队的船。拿破仑对他的提议不屑一顾,称这个美国人是疯子,并把他赶走了。这个年轻的美国人就是罗伯特·富尔顿(Robert Fulton)。拿破仑就这样拒绝了蒸汽船。

拿破仑的思维谬误是大多数人所共有的:他被过去蒙蔽了双眼。此外,他被自己的急躁脾气蒙蔽了双眼。他没有敞开心扉询问"怎么做",他的傲慢脾气让他付出了很大的代价。在第2章中,我们将检验我们的个人思维倾向和可能使我们无法清晰思考的障碍。

想一想

虽然我们不是皇帝,但我们的思维盲点和习惯性过滤机制阻碍了我们的思考。想一想,为什么我们会出现严重的失误?我们根本不会听哪些话?我们不会听哪些人说的话?我们不会接触哪些书?我们的思维模式是如何让我们得到代价高昂的后果的?

总结

我们已经思考过思维的重要性,以及它如何极大地影响我们的未来。我们甚至认为思维比金钱更重要。尽管在我们的大脑这个广阔的、未被完全开发的领域中,很多思维仍然是一个谜,但写作和对话可以让我们进入未知的自我领域。写作可以成为我们思维的一面镜子,这面镜子可以给我们带来清晰、准确、意识和多样性;相反,模糊的思维可能会让我们迷失方向,并为此付出沉重的代价。

我们才刚刚开始探究思维的奥秘。在接下来的内容中,我们将更深入地研究我们的思维模式,以及我们的语言、信仰和价值观对这些模式的影响;而后我们将审视一些主要的思维基础,如感觉、情感、创造性思维、组织思维、逻辑思维、科学思维、说服性思维和问题解决方案;最后我们将探讨评价、决策和行动。

挑战练习

我们已经在前文列举了几项思维活动,它们可以帮助你理解思维过程。以下挑战练习旨在激发你对本章相关问题的思考。你对每章思维活动和挑战练习的回答可能包括以下多种形式。

- 简单的思考
- 日志记录
- 与朋友交流
- 与朋友对话
- 课堂讨论
- 小组讨论
- 正式论文
- 研究项目
- 个人或小组的展示

1. 你的思维方式与别人的思维方式有什么不同?你的大脑运转得是快还是慢?你的想法是杂乱无章的还是条理清晰的?对你来说,一天中是否有某些特定时间更适合某些特定类型的思考?

2. 按照60秒速写那样记录进入你头脑中的想法,但时间要更长一些。然后把你的记录当作你心灵的镜子。慢慢地,看看你是否能"擦去玻璃上的一些雾气",并开始对你心中的想法有一些了解。

3. 维特根斯坦所说的"我的语言的极限就是我的生活的极限",这句话准确吗?

4. 根据你读过的书、写过的文字、说过的话,10年后的你会有什么不同的想法?如果你没有读过任何书呢?

5. 以任何你喜欢的方式记录你的心灵之旅。你可以尝试像小说家詹姆斯·乔伊斯(James Joyce)那样运用意识流进行记录,他经常让脑海中的形象倾泻而出;你可以列一个联想思维清单(例如,黑—白—雪—雪人—打倒我的那个恶棍……),产生一个幻想、一个白日梦或任何一种思考。关键是要试着进一步认识到自己的所思所想和思考方式。

6. 在不同的地方环顾四周,描述你通常不会看到或听到的东西。想想为什么你通常不会看到或听到这些东西。这说明你对什么感兴趣?

7. 与别人交谈，试着了解你的话对对方的影响，据此判断你的思维过程。

8. 你的一些特殊的思维模式如何导致你犯下代价高昂的错误？例如，你能很快地接受自己读到或听到的内容吗？事物的表象或他人的情感是否对你产生了强烈的影响？

9. 你有没有遇到过一个问题，经过深思熟虑后你做出了一个对你来说很有效的决定？你采取了哪些思考步骤才产生了这些令人满意的结果？

10. 你有没有过快速下结论的时候？为什么？你是否曾经"绝对肯定"，然后发现自己错了？你在思考时忽略了什么？

11. 如果像丁尼生所说，"我是我所遇见的一切的一部分"，那么塑造你的主要事件、人物和地点是什么？它们是如何塑造你的思想的？

12. 托马斯·韦斯特（Thomas West）在 2004 年写了一本很有趣的书，书名叫《像爱因斯坦一样思考》(*Thinking Like Einstein*)。他认为，由于视觉媒体的出现和增加，我们的阅读量减少了，但想象越来越多。他认为视觉思维将取代文字教学模式。你对这种可能性怎么看？你对图像取代口语和书面语有何看法？

13. 历史学家詹姆斯·伯克解释说："印刷的文字可以帮助你将他人的思想握在手中。"你觉得这句话是什么意思？你认为你思考的内容有多少能用文字表达出来？

14. 在继续阅读本书之前，请你先花些时间思考一下思维的奥秘。你可以带着问题继续阅读。

第 2 章　个人思维障碍

> 人是感性动物，偶尔理性。
>
> ——威尔·杜兰特，《哲学大厦》(Mansions of Philosophy)

我们是谁取决于我们如何思考。我们的成长环境和成长方式决定了我们是悲观主义者还是乐观主义者，是保守主义者还是自由主义者，是无神论者还是有神论者，是理想主义者还是现实主义者。我们的成长环境塑造了我们的恐惧，恐惧使我们无法面对自己的思想；我们的成长环境塑造了我们的自我概念，促使我们捍卫自己的思想；我们的成长环境塑造了我们的情感，情感可以将我们的思想扭曲到异常的程度。我们的心理世界由我们接触到的文化和遗传的力量孕育而成，但它们往往会成为健全思维的障碍。在本章中，我们将了解这些障碍，从而减少它们对我们思维的一些负面影响。但是，这需要我们诚实、正确地面对自己，这样我们才能发现抑制思考的个人因素。除非我们面对真实的自己，否则我们不会成为自己想要成为的健全的思想者。

文化熏染

如果你在印度长大，你可能会信仰印度教，相信轮回转世。如果你是非洲某个部落的一名妇女，你会觉得只穿着一条缠腰布在村落里散步很舒服。即使是你的口味偏好也会受到文化的影响。在美国，你最喜欢的比萨配料可能是香肠和蘑菇，但在日本可能是鱿鱼，在英国是金枪鱼和玉米，在印度则是腌姜。总之，你现在拥有的许多价值观和偏好，包括宗教信仰、思想、性观念和职业道德，从你出生时起就通过周围的文化灌输给你。这一过程被称为"文化熏染"，即使是现在它仍在不断地进行着，无论你年纪有多大。这和思维有什么关系呢？你能在多大程度上批判性地思考与你的基本态度和价值观相冲突的想法,与你受文化熏染的程度成反比。如果你只接受被文化熏染的固有世界观,而不去反抗它们、挑战它们、批判性地思考它们,你就会成为一个"逻辑自我中心主义者"。康德用这个词形容那些思想保守的人,他们对自己的想法的正确性如此确信,以至于他们认为没有理由用别人的智慧来检验自己想法的正确性。富兰克林举了这样一个例子:

尽管许多人认为自己想法的正确性几乎和他们的教派一样绝对,但很少有人能像一位法国女士那样如此自然地表达这一点,这位女士在与她的姐妹发生争执时说:"我不知道是怎么回事,姐妹们,但除了我自己,我从未遇到任何一个人永远是正确的。"

文化熏染的来源

文化熏染有很多不同的来源或影响因素,其中一个重要的影响因素就是我们成长的家庭环境。在那里,我们学习宗教信仰、道德标准、偏见和成见、饮食习惯和世界观。例如,20世纪两位伟大的心理学家西格蒙德·弗洛伊德和卡尔·荣格,就互相指责对方受到家庭环境的负面影响。荣格指责弗洛伊德建立消极的心理学是因为他是犹太人,弗洛伊德则指责荣格被其强烈的宗教背景蒙蔽了双眼,这使他无法接受性功能紊乱是神经官能症的根本原因。

文化熏染的另一个来源是我们工作的地方。在这里,我们可以学到一些行为举止、着装规范、职业道德和工作态度。我们成长其中的城市也是一个强大的文化熏染来源。有些城市以葡萄酒和戏剧闻名,有些则以啤酒和德国香肠闻名。一些城市倾向于培养具有男子气概的人,而另一些城市则对一个人的双性化的容忍度更高。密尔沃基人喜欢米勒啤酒,丹佛人喜欢库尔斯啤酒,而慕尼黑人喜欢卢云啤酒。这些城市居民的味蕾是否有所不同?或者这些人已经学会了选择其中一种而不是另一种?你认为底特律人对日本的汽车品牌有什么看法?在美国,我们也可以发现南方人与北方人在文化熏染方面的差异。例如,在自我防卫和荣誉方面,美国南方男性(与北方男性)对使用暴力的看法就不同。总之,我们如何看待男性气概、暴力、饮食、性和其他大多数事情，通常是一个文化熏染的问题。我们越是审视这些文化熏染对自身的影响，对世界上各种事物的思考就越客观、独立和清晰。

思维训练 2.1　　　　　文化熏染练习

对下列问题回答"是"或"否"。这个练习的目的是检查你的一些思维的基础，而不是给你下结论，所以不要关心你的答案是对还是错，诚实作答即可。在大多数情况下，对于正确答案没有普遍一致的标准。

_____1.你认为堕胎在大多数或所有情况下都是错误的吗？

（1）你是否有充分的论据来支持你的信念？

（2）你对"人类"的定义是否告诉你人类是什么时候开始存在的？

（3）你知道发育中的胎儿是在什么时候有意识的吗？

（4）你知道发育中的胎儿是在什么时候会感受到疼痛的吗？

（5）你能举出支持堕胎的人的论据吗？

_____2.你认为死刑对杀人狂来说是正当的吗？

（1）你知道死刑是比无期徒刑花费更多的刑罚吗，因为前者涉及大量且非常昂贵的司法诉讼？

（2）你有没有看到任何统计数字清楚地表明死刑对谋杀行为的抑制作用？

_____3.你相信有神吗？

（1）你了解邪恶的问题吗？

（2）你能提供反对神存在的论据吗？

（3）你知道一些有关神的逻辑证明及对这些论证的挑战吗？

_____4.为使人类的生活更美好，你认为用动物做医学实验符合道德吗？

（1）假设在另一个星球上存在比人类的智力更高的生物，你是否认为他们将人类作为试验品来促进其外星文化的发展是合乎道德的？

（2）你见过实验动物在实验环境中的遭遇吗？

（3）你知道猪在麻醉状态下被烧伤，兔子的眼睛被缝上，猴子的脑袋被砸破，这些分别是被用来研究烧伤治疗、化妆品和脑震荡的吗？

（4）你读过任何反对在实验室使用动物的论据吗？

（5）你现在能举出这样的论据吗？

_____ 5. 你认为人类是宇宙中最聪明的生命形式吗？

（1）你知道吗，宇宙中有几十亿个星系，每个星系都有几十亿颗恒星，如果每100亿颗恒星中就有一颗行星上有生命，那么就会有超过一万亿颗有生命的行星。

（2）你知道吗，生命在这个星球上出现了大约几十亿年，而宇宙的年龄足以让这一进化过程连续发生三次。

（3）你知道天文学家已经发现了许多围绕我们附近的恒星运行的行星吗？

_____ 6. 你相信一个种族天生就比另一个种族优越吗？

（1）你知道有什么证据可以支持你的观点吗？

（2）你知道智力和经济成就在多大程度上是由环境决定的吗？

（3）你知道同一种族群体之间的基因相似度有多高吗？

_____ 7. 你认为美国是世界上最好的国家吗？

（1）你知道在美国婴儿死亡率比许多其他现代工业化国家都高吗？

（2）你知道美国是世界上暴力犯罪率较高的国家之一吗？

（3）你知道吗，美国人口中最富有的1%掌握着全美财富的40%以上，超过了底层人口90%的财富总和，这反映了发达工业国家之间最大的不平等。

（4）你知道其他国家的人比美国人的寿命更长吗？

_____ 8. 你是否相信人类不是从低级生命形式进化而来的，而是被单独创造出来的？

（1）你有没有读过一本关于进化论的书？

（2）你有没有和古生物学家、地质学家、生物化学家或动物学家谈论过进化论？

（3）你知道吗，人类95%的基因和黑猩猩的基因是一样的。

（4）你是否了解同源结构、退化痕迹、主要的化石发现、DNA相似性、我们的胚胎个体发育如何重现系统发育的过程？

如果你对上面的主问题的回答是"是"，而对主问题下面的小问题的回答是"否"，这可能是因为你只是通过文化熏染的过程接受了自己的立场。也就是说，你是通过同龄人、父母、宗教团体等，而不是通过仔细思考和收集事实做出判断的。对上述许多问题回答"是"并不一定是错的，你的答案可以有合理的推理和事实作为支撑。尽管看起来是这样，但这并不是一种支持"自由主义"观点的做法。问题的关键不是要确定这些问题的对错，而是通过说明这些信仰往往缺乏思考来显示文化熏染过程在发挥作用。

自我认知

> 这种情况屡屡发生：一家公司在其熟悉的业务上做得很好的情况下，会接管另一家公司并毁掉它……为什么这些公司会犯这么大的错误？我认为，其中一个原因是自负。它们想证明自己是最大、最聪明的"孩子"……这些家伙什么时候才能长大？
>
> ——杰克·尼斯（Jack Nease）

当我们认识到文化熏染的内涵时，其影响就会减轻，并使我们的思维越来越开放，这对批判性思维和创造性思维至关重要。但是，我们还必须处理妨碍健全思维的其他障碍，其中之一是自我认知。

自我认知就是我们看待自己的方式。如果我们消极地看待自己（如不太聪明或不太漂亮），这可能是不健康的。如果我们积极地看待自己（如认为自己有吸引力和有价值），这可能是健康的。在我们的自我认知中，不仅包括智力和吸引力，还包括其他方面：我们喜欢的球队，我们的学习成绩，我们的家庭、朋友、宗教、国家、汽车、政治立场、价值观、财产等。因此，有些人可能认为自己是一个美国人、一个共和党人、一个球迷、一个保守的天主教徒、一个动物保护主义者、一个非常漂亮的人及一个只买奔驰汽车的消费者。人们在不同程度上用自己的属性、事物、价值观和隶属关系来定义自己，进而形成自我认知。对一些人来说，这些要素是自我认知的核心。因此，我们听过体育爱好者因为他人批评其喜爱的足球队而攻击对方的事，青少年为了一双运动鞋而互相伤害，国家之间为了神圣的建筑和不同的宗教信仰而发生战争。当这些要素成为关于"我是谁"的概念时，我们就不太可能批判性地思考它们；相反，我们的反应是情绪化的，可能会陷入自我防御机制、自私自利的偏见和其他扭曲的认知方式，以确保我们自己认同的东西（即我们认为自己是什么）是好的。

思维训练 2.2　　　　　　自我认知

我们对自我的看法是什么？是生来就具有的吗？好像不是。是我们自己创造的吗？如果是的话，那么我们在创造它的过程中做了正确的事情吗？自我真的存在吗？或者它只是头脑中的想法？无论我们的自我认知是指真实的自我还是虚幻的自我，大多数人都会认为，我们确实花了很多时间来捍卫、维护并创造自我认知，例如，当我们与他人争斗时，当他人贬低我们时，当我们为了显得自己更聪明而解释为什么考试成绩不好时，或者当我们买一辆新车炫耀自己的财富时。佛教的僧侣学者化普乐·罗睺罗（Walpola Rahula）提出了这样的观点：

> 自我认知……产生了"我和我的"、私欲、贪欲、执着、仇恨、恶意、自负、骄傲、利己主义等有害的思想，以及其他污秽、不干净和问题。从个人矛盾到国与国之间的战争，它是世界上一切烦恼的根源。简而言之，世界上所有的罪恶都可以追溯到这个错误的观点上来。

你同意化普乐的说法吗？自我认知有这么危险吗？你能举出实例来支持它吗？你能举出不同意这种说法的理由吗？

你可以特别关注未来几天的新闻，然后思考"世间的烦恼"在多大程度上可以归结为自我认知？

你个人生活中的麻烦呢？反思一下最近你与他人发生的争论或与他人关系紧张的时刻。你保护自我认知的需要在多大程度上影响了你的思维？

作为一项关于"自我"的练习，试着在今天和明天回应他人，不要有自我意识，不要保护自我。你觉得会有多难？结果是什么？

思维训练2.3　　　　　放手

如果你对自我的认知会妨碍你思考,那么帮助你进行直接思考的一个有效策略就是放弃你的自我认知,不管这些想法是真的还是假的。放手意味着尽可能地减少你对那些你用来定义自己身份的认同。你可以从在下面横线上列出自己的主要认知开始。

你最喜欢的活动
_____
_____

你最喜欢的人与事
_____
_____

你最欣赏的自己的特质
_____
_____

现在想象一下你50岁了,上述哪些特质会消失?哪些人与事会被取代?你将不再从事哪些活动?最有可能的是,你今天对自己的想法不会是明天你对自己的想法,然而你很可能会相信,你还是你(哲学家争论一个人随着时间的推移是否真的是同一个人)。因此,我们是否应该认同这些特质、行为和爱好?当这些宝贵的东西受到威胁时,是否会导致我们自负、愤怒和充满防御,以至于不能接受建设性的批评?如果你十分相信一件事,以至于你愿意为它而死,这是可以接受的吗?你有没有可能放弃你的自我认知,而用行动来捍卫一些原则?

自我防御

自我防御是一种心理应对策略,它扭曲现实以保护个体免受焦虑、内疚和其他不良情绪的影响。否认、投射和合理化是影响我们思维的一些基本防御机制。

否认

> 针对酗酒人群的经验表明，某些人会否认死亡的观点。
>
> ——G. 福雷斯特（G.Forrest）
> 《酒精中毒的诊断和治疗》（*The Diagnosis and Treatment of Alcoholism*）

当我们拒绝接受一个令自己不愉快的现实时，就是在使用否认这一防御机制。对令人不愉快的现实的定义因人而异，对于酗酒者来说，就是其饮酒的问题。因此，由于否认，许多酗酒者无法对他们的饮酒行为进行批判性思考。同样，大学生可能会否认他们在学校表现不好、很懒惰，或者他们的伴侣并不爱他们。宗教人士可能会否认对其信仰的科学性或逻辑性的挑战，而科学家们可能会否认那些挑战他们最喜欢的理论的有力证据。通过将这些令人不快的现实拒之门外，我们保护自己免受令人不快的现实的影响。但是，我们也抑制了对形势进行客观思考和为自己及他人的最大利益做出明智决定的能力。以下是否认的一个案例。

因为造物主在创造周的第四天创造了所有的星星，所以没有科学家曾经看到恒星的生成，并且以后也不会。在1992年的春天，一些科学家声称他们正在观测恒星空间中一颗星星的形成。他们通过各种数学方程得出了这个结论。然而，如果他们的结论与上面所说的互相矛盾，那么他们的结论就是错误的。

在上述案例中，人们感觉到，无论星星诞生的证据多么有力，结论都将被简单地否定。当我们的信念已经根深蒂固时，无力的、愚蠢的证据或论证都不会被关注。就像有人试图证明地球是平的一样。不幸的是，如上例所示，那些过于随意地使用否认的人过于高估了自己立场的力量，而将强大的挑战和事实视为无稽之谈。头脑否认现实的力量可能会受到一些人的怀疑，但不应该如此。当我们考虑到精神病患者坚定的妄想时，这就再明显不过了：一些相信自己拥有宗教领袖意志的精神分裂症患者，在与其他有同样妄想的精神分裂症患者相处时，会坚持认为其他人是"冒牌货"；厌食症患者照镜子就能看到自己需要减肥；具有多重人格的人会表现出异性的亚人格。如果人类的大脑能够达到这种程度，那么通过一些小事来欺骗其他人就会容易得多。

 想一想

关于你自己、你的孩子、你的宗教信仰等,你有哪些信念是如此坚定,以至于对它们的挑战可能会诱使你否认那些令人不快的现实?关于孩子在学校表现优异的挑战呢?关于让你感到骄傲的性格特质的挑战呢?

投射

投射是一种防御机制,通过这种机制,我们把不能接受和不认可的部分投射到别人身上。当我们对别人怀有敌意时,我们可能会认为别人对我们也怀有敌意。我们可能在别人身上看到自己的无能和欺骗行为,这些是我们无法接受的。我们可能在别人身上看到自私的动机,其实这是我们没有意识到的自己的自私动机。简而言之,我们看别人时看到的不是别人的样子,而是我们自己的样子。因此,当我们在投射时,我们对自己和他人的思考是严重扭曲的。就像否认一样,这会干扰我们批判性地思考自己、他人和社会环境的能力。就像下面的例子,一个人把别人看成疯子,认为别人想要伤害他,这似乎是他自己内心的投射。

记者:那么,你对他们说的那些话有什么感觉?

患者:"感觉"是什么意思?他们都疯了。他们想看到我被摧毁。

记者:哦,那太可怕了。听到别人说你的坏话是挺可怕的。是什么让他们这么做呢?

患者:他们嫉妒我,嫉妒我有妻子。他们一定是想从我这里抢走她。

记者:当然,你是个有自尊心的人,被他们这样谈论你一定很生气。现在,让我们看看有没有什么办法可以帮助你掌握一切和控制局面。我们都同意你是个强者,重要的是不要让别人的话削弱你。

患者:是的,我很强壮。但我担心她的家人可能会让我做一些疯狂的事情,如伤害别人。

合理化

> 最容易欺骗的人是自己。
>
> ——利顿勋爵（Lord Lytton）

在所有的防御机制中，合理化也许是阻碍清晰思维的最大障碍。合理化是一种扭曲的思维方式，它试图为出于自身利益或不被接受的欲望引发的行为进行辩护。它可以保护我们不受坏情绪的影响，如把自私的动机变成高尚的动机。有这样一个案例，1991年在印度洋沉没的"海洋之光"（Oceanos）号游轮的船长或许合理化了自己的行为。当被问到为什么船上仍有数百名乘客而他却弃船乘救生艇离开时，他回答说："弃船命令适用于所有人，一旦命令下达，船长何时离开并不重要。"他还提到，在岸上他可以更好地指挥救援行动。

从本质上讲，合理化就是我们对自己的行为和感受的真正原因撒谎。我们必须相信这个谎言，这样它才能保护我们；如果我们知道自己在撒谎，那么这对我们没有好处。很多人都能明白下面合理化季度纳税的例子：

> 我偷税漏税是因为政府花我们上缴的税费的方式，你知道一把普通的锤子要几百美元，一个马桶座要几千美元。作为美国公民，我们有责任制止这种愚蠢的行为。也许如果我们都阻止一下，山姆大叔（美国的绰号）就会明白了。

合理化的根源在于精神分析心理学。具有讽刺意味的是，就连它的创始人西格蒙德·弗洛伊德也犯过合理化的错误。他给出了阻止患者与治疗师的目光接触可以增强治疗效果的原因，但在其他地方他却说："我不能忍受一天8小时（或更多）被别人盯着看。"

斯蒂芬·克莱恩（Stephen Crane）的《红色英勇勋章》(*The Red Badge of Courage*)中有一个合理化的例子。一名士兵在面临敌军一个营的步步紧逼时，出于恐惧完全抛弃了战友，自己逃命去了，后来他为自己的行为辩解道：

> 我在拯救自己方面发挥了很好的作用，我是军队中的一小部分。我认为在这个

时刻，如果可能的话，军队中的每一个小部分都有责任自救。随后，军官们又可以把这些小部分重新聚集在一起，去前线继续战斗。如果在这样的时刻，这些小兵没有足够的智慧来拯救自己免于死亡，那么，军队又会在哪里呢？很明显，我是按照非常正确和值得称赞的规则行事的……我是一个聪明的人……因为我有卓越的洞察力和知识。

是的，确实！正如莎士比亚剧中的福斯塔夫（Falstaff）所说，"谨慎即大勇"。

自利偏差

> 没有什么比自欺欺人更容易的了。对于每个人的愿望，人人都信以为真。
> ——德摩斯梯尼（Demosthenes）

如果我们的行动是出于良好的动机，那么就不需要合理化。但是，即使是动机良好的行为，如果其会导致不良的后果，以至于威胁到我们的自尊，那么它就会使我们陷入其他思维扭曲的状态。他人的行为也会威胁到我们的自尊。这种威胁自我的情况会导致我们产生认知偏差，即自利偏差。这是我们的思维和感知中的偏差，它们可以保护或提升我们的自尊。如上所述，我们并非总是按照事物的本来面目思考和感知它们，因为这往往意味着我们要以一种不愉快的眼光来看待自己。马斯洛认为，大多数人倾向于看到他们需要看到的和他们想要看到的，以保持或加强对自己的积极情感。

自利偏差的一个方面是我们倾向于把成功归功于自己，而把失败归咎于外部因素。例如，一方面，考试失败的学生可能把其失败归因于不公平的考试或不称职的老师，而不是自己不良的学习习惯；而输掉选举的政客们很可能会将自己的失利归咎于对手的消极竞选，或者缺乏必要的资金来传递信息，而不是他们自身的性格或政治观点的缺陷。另一方面，当我们在工作中得到晋升或在考试中获得优异的成绩时，我们很可能会把成功归功于自己的智慧、毅力及努力。

我们常常把自己的失败归因于环境因素，把成功归因于个人因素，而自利偏差的另一个方面是，当我们判断他人的行为威胁到我们的自尊时，会倾向于做出相反的归因。当一个大学生的竞争对手取得了比自己更好的成绩时，他可能会觉得这威胁到了他的自尊，并把对方的成绩归因于运气或与导师的某种特殊关系。然而，当别人失败时，我们可能会从他们的性格中寻找原因，并把他们的失败归咎于他们的无能、无知或懒惰。

我们要想提高心理健康的水平，就要减少自我防御和自利偏差的倾向。健康的人更能坦然地面对自己的全部，包括积极的方面和消极的方面。当我们能够真正地接受自己的缺点时——尽管我们有时也会失败，但我们认为自己是有价值的人——就不再需要通过压抑、否认、投射或做出错误的归因来保护自己。作为更健康的人，我们更少受到他人成功的威胁，更能容忍自己的失败。我们承认自己的错误，并赞扬他人。总之，我们为了更好的生活而更好地思考。

 想一想

你是否曾经对别人的行为做出过错误的归因？你曾经是这种归因的受害者吗？

其他归因谬误

我们对自己和他人行为的归因往往是错误的，因为这是我们出于保护自己自尊的需要而产生的偏差。但也可能是因为其他原因。例如，如果我们看到一个年轻人开着一辆红色的敞篷车飞驰而过，其身边坐着一位漂亮的女士，我们可能会把他的行为归结为不成熟和炫耀。这是因为我们倾向于把他人的行为归因于其个人特质，而不是他们的处境。这些内部归因常常是错误的，情境才是行为背后的真正力量。在这种情况下，我们犯了基本归因错误。在上面的例子中，这个年轻人可能正加速赶往医院，因为他漂亮的妻子马上要生孩子了。

"行为者-观察者偏差"将基本归因错误又向前延伸了一步，指出我们在观察别人的行为时倾向于进行内部归因，而在评估自己的行为时则倾向于进行情境归因（除了评价我们的成功之外）。因此，一方面，员工（观察者）可能将管理者的严格规定归因于管理者的严格个性，而管理者（行动者）解释说，这些必要的规定是为了应对来自上级的压力。另一方面,管理者(现在的观察者)可能会认为效率低下的员工是懒惰的和没有积极性的,而员工(行动者)则认为,他们的无成果行为是为一个麻木不仁、专横的管理者工作的自然结果。归因上的差异可能源于观点上的差异:管理者对自己的了解较少,而对员工的了解较多;员工关注的是管理者,而不是自己。幸运的是,这种偏差的最小化可以通过让一方共情另一方来实现。

是自利偏差吗

自利偏差是一种使我们处于有利地位的认知扭曲。以下陈述来自车祸受害者,他们被要求对事故进行描述。这些是自利偏差,还是仅仅是语法错误?

- 一个行人撞了我,从我的车底下钻了过去。
- 当我接近十字路口时,一个交通信号灯突然出现了,以前那里没有交通信号灯。
- 当我倒车时撞上了另一辆车,但我没有违规。
- 导致这起事故的原因是汽车里的一个小家伙一直在说话。
- 不知从哪里冒出来一辆车,撞上了我的车,然后又消失了。
- 电线杆正在向我靠近。当它撞到车的前端时,我正试图躲开。
- 我已经开了 40 年的车,却在开车时睡着了。
- 为了避免撞到前面的车,我撞到了行人。
- 行人不知道要往哪个方向走,所以我的车撞到了他。
- 我把车驶离路边时,看见了我的婆婆,然后就撞到了路基。

思维训练 2.4　　　　正视我们的阴暗面

我们已经看到,如果我们不能正确地看待和接受自己,就会使用合理化、投射、否认和自利偏差,进而导致思维扭曲。因此,我们应该正视自己的阴暗面,并把它作为我们的一部分来接受。如果我们认为自己没有阴暗面,那么我们可以考虑一下哲学家伯特兰·罗素(Bertrand Russell)的话:

自知之明是罕见且困难的。例如，大多数人的本性中都有一些卑鄙、虚荣和嫉妒，而他们对此却完全没有意识，尽管他们最好的朋友能毫不费力地察觉到这些。

所以我们要诚实地面对自己，写下那些"卑鄙、虚荣和嫉妒"。为了帮助你找出那些被心理学家卡尔·荣格称为"阴影"的黑暗面，回想一下别人对你的批评并记住：我们的朋友和爱人往往比我们更了解我们自己。此外，不要忘记你的敌人，下面这句老话说得很有道理："如果你想了解你的缺点，就听听你的敌人怎么说。"同时反思当听到这种批评时你的反应如何，并考虑荣格的学生之一 M.-L. 范-弗郎兹（M.-L. von Franz）的话。

当你的朋友责备你的过错时，你会感觉到一种难以抑制的愤怒涌上心头，那么你就可以肯定，此时你会发现自己没有意识到的一部分阴影。尤其当你与同性接触时，既有自己的影子，又有别人的影子。

当一个人试图寻找自己的阴影时，他就会意识到（而且常常为之感到羞耻）那些自己曾否认的品质和冲动，却能在别人身上清楚地看到。例如，自私自利、懒惰和马虎；幻想、阴谋；粗心和怯懦；对金钱和财物的过分迷恋。总之，他以前可能告诉过自己这些都是小事，其他人也不会注意到。

为了让你不至于沮丧地放弃这个练习，对自己充满厌恶感，请你写下自己性格中 10 个积极的特征，然后祝贺自己朝着更好的思维和更丰富的生活迈出了一小步。因为正如芝福德（Mumford）所说，"只有那些已经发现了自我认知，并不断寻求扩大自我认知，又能在日常生活中应用自我认知的人，才有能力克服自己的自动反应，达到理想的极限。"

期望和计划的作用

日本明治时代，南因（Nan-in）大师接待了一位前来询问禅宗的大学教授。南因端上茶水，把杯子倒满后继续倒。教授看着溢出的茶水，直到他再也无法忍受，就说："已经装不下了！""就像这个杯子一样，"南因说，"你满脑子都是自己的看法和猜测。除非你先把杯子里的水倒掉，否则我怎么能给你讲禅宗呢？"

——N. 森崎骏（N.Senzaki）、P. 瑞普斯（P.Reps）
《禅宗故事》（*Zen Stories*）

我们不仅倾向于按照我们想要看到的和需要看到的事物来思考世界，而且倾向于从我们期望看到的角度来思考世界。我们倾向于用自己已经形成的观念来看待和思考他人和周围的事物。这些观念被称为"模式"。我们常常歪曲事实，使其符合我们现有的模式，或者我们只注意他人的行为或想法中符合我们已知的那些方面。换句话说，我们不愿意为了适应事实而改变自己的观念和想法（适应）；相反，我们更容易将自己的观察和思考融入现有的模式中（同化）。如果我们之前对一个人的印象是对方极其自私，也就是说我们对他形成了一个"自私的人"的概念，那么我们就会倾向于把他现在的行为看作自私的。如果他在工作中提出一项新的政策来提高员工的士气和生产力，我们会怀疑他提出的新政策背后一定有自私的动机，并确信他不会对别人的幸福和公司的生产力感兴趣。

同样，一方面，如果一名老师认为某个学生不是很聪明，那么这个学生的频繁提问可能会被老师理解为该学生无知；另一方面，如果老师被告知某个学生很聪明，学习的积极性很高，那么这个学生的提问就可能被视为反映了这个人的洞察力和积极性。想象一下，如果你听说一个独裁者释放了一些政治犯，并给穷人数百万美元，你会作何反应？你可能会认为这些信息仅仅是政治宣传，或者质疑他的动机，认为他出于某种原因想操纵民众。他的行为不会改变你对他的看法——他不会从一个冷酷无情的独裁者变成一个富有同情心的人。

我们的认知和思考方式产生影响的一个很好的例子是刻板印象——一种关于特定群体成员的简单化的、有偏见的观点。我们通过各种不同的渠道学习刻板印象。有时我们从与一个群体成员相处的有限经验中过度概括。有时我们经常通过倾听和观察父母的刻板印象来模仿他们，有时我们也会从同龄人和媒体那里获得刻板印象。无论其来源如何，刻板印象都会对我们的思维产生强大的影响。

重要的是我们要认识到，刻板印象是不准确的。人们认为其他群体比他们更具有同质性。出于某种原因，当我们谈到自己所属的群体时，能看到成员的丰富性和多样性，但当我们谈到对其他群体的看法时，则认为其他群体的成员都是一样的。我们凭什么这样认为呢？当然，群体成员之间的相似性是存在的，但并没有达到刻板印象所暗示的程度。

虽然刻板印象在特定意义上和一般模式在总体意义上常常扭曲我们的思维，但有时当我们遇到与特定模式相矛盾的事实时，确实会改变对他人和情境的看法。一些研究表明，当新信息与我们的模式有适度的差异时，这种协调性最有可能发生。如果一个想法与我们现有的观点非常相似，我们很可能会将差异降到最低，并将其同化到我们现有的模式中，从而不改变我们的观点。同样，如果这个信息差异大到它根本无法融入我们的模式中，我们就会拒绝它。

适度的差异信息指的是信息差异很大，以至于它们不容易被同化，但又没有大到必须被拒绝的程度。因此，如果我们要在证据面前改变自己的观点，适度的差异信息将最有可能（但不一定会）促成这种改变。

想一想

开放的大脑对批判性思维至关重要，但要拥有开放的大脑并不容易，尤其是在偏见方面。对一个少数群体的负面想法可能会消失，但负面情感往往挥之不去。这些情感可能会导致我们继续对一个群体采取消极的行为和态度。

情绪影响

情绪是人类经验的一项重要特征。在某种程度上，它们将人与机器和低等动物区分开来，如机器可以计算但无法体验到快乐。尽管一只动物可能会发现自己依恋另一只动物，但它们之间并没有爱情。情绪给我们的世界带来了丰富的色彩，带来了欢乐和惊奇，但也带来了痛苦和悲伤。威廉·詹姆斯说，情绪可以影响和刺激思考，但他也说过情绪会破坏思考。在本书的后面部分，我们将探讨情绪如何激发思维，但现在我们把注意力集中在它们对思维的抑制性影响上。它们有能力埋葬、扭曲和割裂思维过程，并将其带入非理性的深渊。

愤怒

> 为什么我的暴力让理智和智慧如此沉默？
>
> ——琼·拉辛（Jean Racine），《费德拉》（*Phaedra*）

柏拉图和亚里士多德都认为愤怒可能是"理性的潜在建设性盟友"，但他们也都认识到愤怒对理性思维的破坏性影响。这种破坏性影响对那个时期的东方哲学家来说也是显而易见的。我们在《薄伽梵歌》（*Bhagavad Gita*）中读到：

从愤怒中产生困惑，从困惑中失去记忆；失去记忆则丧失智慧，丧失智慧人则灭亡。

罗马哲学家塞涅卡认为愤怒毫无价值：

任何挑衅都不能证明这种行为是正当的，在任何情况下这种行为都不被允许，这样做也不会得到任何好处。一旦被允许，愤怒就会完全吞噬它的主人，并使他丧失理性和理智行动的能力。

当然，在大多数人看来，愤怒和理智似乎是相互对立的，即一方出现的地方，另一方似乎不存在。愤怒破坏了亲密关系，妨碍了正确的判断，激起了毫无意义的杀戮，引发了无数的战争，而且在人们的职业道路上，愤怒可能比其他任何单一力量都更多地让人自毁前程。这是因为它扭曲了我们对形势的认知，影响了我们批判性思考的能力，削弱了我们的自制力。正如威廉·詹姆斯所说："没有什么能像愤怒那样不可抗拒地消灭控制力。"

愤怒的原因可能是我们所珍视的东西受到了威胁，也可能是由于挫败感，而挫败感往往是由于目标受阻造成的，甚至是由于我们身体的压力和激素的变化造成的。不管是什么原因，重要的是不要在愤怒的时候做出重要的决定，因为在这样的时刻，好的想法不会占上风。相反，我们想要释放由愤怒造成的紧张情绪，这时就会出现攻击、伤害或破坏性的行为。

宣泄紧张情绪的短期目标可能会取代和粉碎多年来的深思熟虑和计划，因为我们说了不该说的话，做了不该做的事。例如，有抱负的职场女士因为责备上司做了一个错误的决定而毁了自己的职业前途，或者一个男人因为未婚妻的自私行为而生气并解除婚约。尽管愤怒可能会激发大声的喊叫，但当我们被情绪控制时，往往会把思考抛到脑后。

我们在前文中提到过固有的知识，如刻板印象和其他固有模式，会扭曲我们的思维。情绪也会以类似的方式影响思维。例如，愤怒不仅可以推翻而且还会扭曲我们的想法，使我们相信自己的所作所为是合理的、理性的。例如，父母可能会因为对孩子失望且自己需要释放愤怒的情绪而狠狠地打了孩子的屁股。然后，父母可能会把对孩子的惩罚行为合理化，并声称这对于教会孩子适当的行为是必要的——尽管多年来心理学家一直在说，适当的行为可以通过非暴力的方法来教导，而且打孩子对孩子是有害的，但是，父母并没有认识到自己行为背后的真正动机。

管理愤怒

如果愤怒会导致不假思索的行为，或者凌驾于我们更好的判断之上，我们就需要削弱它的影响。下面我们提供五个管理愤怒的建议。

第一，不要发泄愤怒。

发泄愤怒的心理学理由在实验的检验下是站不住脚的。大量且充分的证据恰恰表明了相反的情况：表达愤怒会让你更加愤怒，固化愤怒的态度并养成敌对的习惯。如果你对一时的愤怒保持平静，用愉快的活动来分散自己的注意力，直到你的怒火平息下来，那么你有可能会感觉更好，而且比你大喊大叫要好得更快。

除了激发最初的愤怒，发泄愤怒通常会导致内疚、自卑、轻度抑郁、焦虑及加剧最初的冲突。这并不是说你应该怒火中烧好几天。如果愤怒最终没有平息（虽然通常会消退），那么你应该尝试冷静地谈论这件事。

第二，从旁观者那里获得关于你所选择的行动方案的建议。他们也许会给你一个更清晰的视角，防止你在愤怒情绪的影响下做出带来灾难性后果的决定。

第三，变得自信。愤怒有时是由持续的伤害造成的。变得自信意味着以一种自我控制的、非攻击性的方式站出来维护自己的权利，从而减少对方潜在的防御性。

但请记住,认为生活应该永远公正地对待我们是不理智的。换句话说,不要过分自信。

第四,学会放松和练习其他管理压力的策略。减少生活中的压力和经常进行放松练习可以帮助你控制生气的频率。

第五,不要生气。这听起来可能过于简单,然而,当你意识到愤怒的根源在于你对周围事件所赋予的意义而不是事件本身时,那么试图改变这种最初的认知,完全防止愤怒发生就是合理的。心理学家称这种现象为认知重构或重新评价。如果你察觉到某人试图以某种方式轻视你,那么你可能会问自己,他的行为是否还有其他原因,如他可能没有意识到他的行为对你产生的影响。有时同理心(站在他人的立场)有助于你重新做出这些评价。或者你可能想把事情放在适当的角度来看待。例如,如果你指望某人今天修剪草坪,而他没有,你可以问问自己,今天修剪草坪而不是明天修剪草坪有多重要。就算是一周内不修剪草坪,最坏的结果又是什么呢?

 想一想

> 亚里士多德说:"但是,要在正确的时间、为了正确的目的、以正确的方式、对正确的人发火,这并不容易。"这句话表明,愤怒可以被安放。你认为在什么情况下愤怒是一种适当的反应?什么才是愤怒正确的表达方式?小心不要把你过去的行为合理化。

激情

> 不管结果如何,支配一切的激情仍然能征服理性。
> ——亚历山大·蒲柏(Alexander Pope),《道德论》(*Moral Essays*)

威廉·佩恩(William Penn)将激情定义为"头脑中的一种狂热,一离开我们就会变弱"。我们把它更通俗地定义为:对某些人、某件事、某种处境或某种价值的强烈的爱,这种爱达到了一种抑制对其进行客观的理性分析的程度。很多人在浪漫的爱情中体验过激情,所以才有了"爱情是盲目的"这句话。在爱情中或在任何地方,激情都能解除理智的束缚,理性的思考变成了"合理化的思考"。

有多少意外怀孕的发生是因为夫妻向"热烈的激情"妥协了？多少人因为对毒品的狂热而失去了生命？又有多少美好的关系被不合时宜的激情所摧毁？当我们强烈地爱一个人或一件事时，我们通常看不到其阴暗的一面。例如，恋人会把伴侣理想化，并且很难发现伴侣的缺点，来自朋友和家人的相反意见被视为出于嫉妒或误解。

我们的激情来源可能是宗教、食物或者药物，也可能是电视、一个人、一个家或者一个实物。无论来源如何，我们倾向于沉浸在自己的激情对象中，沉浸在它的各种品质中，只有在激情之后（如果有的话），我们才会重新找到理性。也许我们可以采纳西多会修士的建议，他们建议培养一种谦卑的意识，让人们意识到激情对理性的影响："当你知道你会变得软弱和受伤，你的理智常常被自私和激情所蒙蔽时，西多会修士的谦逊使你的行为变得非常谨慎。"

想一想

对于什么人、事、想法，你会充满激情，以至于你可能无法看清真相？

抑郁

当我们失去了激情的对象后，可能会发现自己烦躁不安或严重抑郁。这种反应在罗密欧与朱丽叶的故事中得到了体现，每年都会有无数类似的年轻人和老年人因为深深的失落感而自杀身亡。但失去对我们来说很珍贵的东西只是导致抑郁的一个原因。其他原因包括生化因素、巨大的压力、绝望感、缺乏温暖、思维不符合逻辑等。

我们特别感兴趣的是抑郁对思维的影响。几项关于抑郁的研究支持了非理性认知与抑郁相关的观点（就目的而言，"非理性的"和"不符合逻辑的"是一样的，尽管有些人在这里做了区分）。然而，关于不健康的认知是否会导致抑郁，或者抑郁是否会导致不健康的认知方式，还存在一些分歧。尽管我们可以找到支持这两种假设的研究，但有人采用数量为 998 的个人样本对这一主题进行纵向研究并得出"人们会因为抑郁而改变自己的期望,并认同非理性的信念,而不是相反"的结论。

伴随抑郁而来的各种非理性思维包括倾向于看到或夸大事情的消极方面,而忽视积极的一面。

一位情绪低落的患者发现,浴室里的水龙头漏水,炉子里的指示灯坏了,楼梯上的一个台阶也坏了。他总结说:"整个房子都在变得越来越糟糕。"事实上,房子的状况很好(除了这些小问题),只是他进行了大量的过度概括。

对抑郁的人来说,杯子里只有半杯水,而不是还有半杯水。抑郁的人还倾向于把成功归结为外部原因,把失败归结为内部原因,从而导致自己的成功最小化和失败最大化。一般说来,抑郁的人对自己的批评比他们实际应该受到的批评更多,他们比非抑郁者更消极地看待世界和自己的未来。这就是为什么自杀预防中心必须经常帮助有自杀倾向的人思考解决问题的替代方案。他们看清自己处境的能力常常受到负面情绪的影响。埃德温·施奈德曼(Edwin Schneidman)指出,有自杀倾向的人大部分都抑郁,他们可能只看到两种摆脱困境的选择:自杀或者一些不切实际的解决方案。

不同程度的抑郁是如此普遍,以至于它被称为"心灵的感冒"。例如,10%的大学生表现出中度抑郁。轻度抑郁可能更常见,即使是轻度抑郁也会给我们的思维蒙上负面色彩。

应对抑郁

严重的抑郁需要专业人员进行严格的心理或医疗干预。但是,如果我们仅仅是感受到了"忧郁",那么就必须意识到,我们对自己和对生活的思考可能多少带有负面情绪的色彩。如果有可能,我们应该暂停做一些重大的决定,直到我们的心情好转,或者与他人交谈以帮助我们探索可供选择的行动方案,进而更好地了解自己的情况。如果我们还没有这样做,那么就应该去运动,运动可以减轻抑郁的症状。同时,我们可以尝试找出导致自己抑郁的原因,并采取行动加以纠正,或者如果必要的话,寻求控制这些原因的建议。

有时候，抑郁的原因是我们自己的非理性思维。例如，我们遇到一个不喜欢我们的人，我们可能会对此感到极度不安，并花很多时间思考我们到底是哪些地方不讨人喜欢，甚至会因此而失眠。我们也可能会过分努力地讨好那个人。通过自己的反思或他人的帮助，我们可能会看到隐藏在不健康反应背后的非理性假设："每个人都应该喜欢我，因为我是个好人。"如果我们仔细思考一下这个假设，就可以看到，许多好人都有敌人。无论我们做得多好，总会有人误解我们，或者把其不足投射到我们身上。同样，当学生得到令人失望的分数时，他们感到自我价值降低了，他们持有一种不同的非理性信念：我的价值取决于我的成绩。他们只需要提醒自己，许多精神病患者在大学期间都曾取得过好成绩，就会意识到这种想法是错误的。

认知心理学家帮助思维不正常的人看到他们思维的非理性本质，然后提出理性的替代方案。我们的朋友和同事可能会帮助我们做同样的事情，我们甚至可以学会自己这样做。在下面的例子中，我们可以看到一个认知心理学家如何挑战一个害怕上台演讲的学生的扭曲思维。

患　　者：我明天上课前要做一个报告，我害怕极了。

治疗师：你害怕什么？

患　　者：我想我会出丑的。

治疗师：假设你真的出丑了。为什么那会如此糟糕？

患　　者：我永远也忘不了。

治疗师："永远"是一个很长的时间……现在假设他们嘲笑你，你会因此而死吗？

患　　者：当然不会。

治疗师：假设他们认为你是有史以来最差劲的演讲者……这会不会毁了你未来的事业？

患　　者：不……但如果我能成为一名优秀的演讲者就好了。

治疗师：当然，这很好。但如果你搞砸了，你的父母会不会不认你？

患　　者：不……他们很有同情心。

治疗师：嗯，那有什么可怕的呢？

患　者：我会觉得很难受。

治疗师：会持续多长时间呢？

患　者：大约一两天吧。

治疗师：然后呢？

患　者：然后我就没事了。

感到抑郁并不总是很容易得到解决。幸运的是，大多数人的抑郁情绪不会变成严重的抑郁症。而对大多数轻度到中度抑郁的人来说，除非这是一个主要的人格特征，否则他们最终会发现抑郁情绪会得到缓解。在此期间，我们必须谨慎对待自己在抑郁时的想法和决定，并提醒自己注意可能遇到的认知扭曲。

 思维训练 2.5　　　　五大思维谬误

以下五种思维谬误在严重程度和频率上有所不同，在每个人身上都会时常出现。它们特别容易出现在人们情绪紧张的时候。

当你阅读这五种思维谬误时，想想这些思维谬误曾经扭曲你的思维的实例，以及这些谬误对你的其他方面有什么影响。

1. 个人化：以自我为中心的思维，认为世界基本围绕着个人运转。一个人可能会对一次令人失望的湖边野餐负责，他说："我早该知道今天可能会下雨，5月的雨下得很大，我们应该等到 6 月再来。"或者在商店里看到一个脸上带着愤怒表情的女人时，一个人就会想："她为什么对我发火？我做错了什么？"

2. 两极化思维：也称"黑白思维"或"二分思维"，或者"将事物的复杂性归类为一个极端和另一个极端"（之后我们会将此作为"非此即彼谬误"加以分析）。例如，一个抑郁的人可能只从负面的角度看待自己，而看不到自己所拥有的好的特质；如果一个女人不是那么成功，她可能会认为自己是一个失败者；一个男人可能会说，"人们要么喜欢我，要么讨厌我"，却没有意识到人们对他也会有复杂的感情。患有边缘型人格障碍的人通常认为人们要么都是好人，要么都是坏人。在政治学上，当我们评估一项法案、一位候选人或一项外交政策的优劣时，常常充斥着这种思维。
3. 过度概括：根据单一事件得出宽泛的结论。例如，一名大学生的一门功课的成绩不及格，他因此认为自己是一个不能获得学位的失败者；在受到应得或不应得的斥责后，一个人会想"每个人都讨厌我"；一个男人会在女友和他分手后想"我再也找不到爱我的人了"。
4. 灾难化：焦虑者的一种普遍特征，他们认为一件事的结果可能是最坏的。例如，一个年轻人向他的母亲宣布他要结婚了，他的母亲马上想到了他将来可能生出残疾的孩子，甚至可能离婚。一名年轻的女性去相亲，预料这次约会让人失望；一位父亲听说他的儿子打算主修哲学，就想象他的儿子会永远失业，并想着他会是自己持续的经济负担。
5. 选择性偏差推论：专注于一个细节，而忽略了大局。例如，一位教师得到了 90% 的学生的好评，但却纠结于少数人的差评；一个足球运动员的整体表现出色，但他却为自己本应该接住的一次传球而诅咒自己。

认知协调

认知协调是指我们的各种思想之间、我们的思想和行为之间的和谐状态。人类努力追求认知协调，而秉持不一致的思想就会产生一种不和谐的状态并被称为"认知失调（不一致）"。当失调的情况不能被调整时，这种不和谐的状态就可能导致心理紧张和不舒服的感觉。当我们发现自己处于认知失调的状态时，往往会试图改变自己的想法或行为，以达到和谐的目的，从而缓解紧张情绪。

费斯廷格（Festinger）和卡尔史密斯（Carlsmith）进行了一项现在已成为经典的研究，该研究说明了认知失调的影响。他们让被试完成一项无聊的任务，然后让被试对下一个被试撒谎，告诉他这项任务其实很有趣。有的被试撒谎的报酬是 1 美元，有的则是 20 美元。随后，研究人员询问了被试对这项任务的感受。结果显示，为了 1 美元而撒谎的被试比为了 20 美元而撒谎的被试对任务的评价更好。这正是费斯廷格和卡尔史密斯的认知失调理论所预测的。为了 20 美元而撒谎的群体更容易证明他们的想法和行为之间的失调。他们可能会对自己说这样的话：

这个任务真的很无聊，但我告诉其他人这很有趣。我知道我撒谎了，我不是为了得到这20美元吗？我的意思是，我没有伤害任何人。

另外，为了1美元而撒谎的那组人会感到不协调，压力迫使他们改变自己的信念，因为仅仅为了1美元而撒谎并不容易。

这个任务真的很无聊，但我告诉其他人这很有趣。我为了1美元撒了谎。天啊，我出价太便宜了——1美元。但是当我回想起来的时候，也没有那么糟糕。事实上，我认为这是一种挑战。我的意思是，在一个洞里一次又一次地旋转木桩，反复这样操作长达半个小时。这是个挑战！挺有趣的。不，我没有骗那个家伙，实际上这很有挑战性且令人愉快。我不会为了1美元而撒谎。

因此，我们看到了我们的思维是如何被不和谐和缓解紧张的需求所影响的。具体来说，认知失调会导致合理化，也就是上面提到的一种自我防御机制。

认知协调的需求在生活的许多领域都有所体现。例如，在买车时，我们可能会在两种有吸引力的车型之间举棋不定：一款是有很多附加功能的昂贵车型，另一款是经济实惠的车型。如果我们不想花很多钱买一辆车和很多不必要的装饰，然而却莫名其妙地考虑买贵的车，那么我们就会体验到不和谐，这是因为我们的行为变得与我们的信念不协调。那么，我们有两个选择来消除这种失调：（1）我们可以改变自己的行为——在这种情况下意味着把贵的车开回去，这不是一种常见的选择；（2）我们可以改变自己对汽车的看法，换句话说，也就是使我们的购买行为合理化：

和我看中的那辆便宜车相比，这辆车的使用寿命更长，这很容易就能节省出对它的额外支出。况且，这辆车比另一辆更安全，并且之后也不必为它花费太多钱。至于这辆车的配件，将来它们也许会对二次出售有好处。此外，生活中有一点乐趣有什么不好呢。我们都知道生命只有一次。

想法之间或想法与行为之间的失调，并不总是导致不和谐的状态。例如，如果一个学生不喜欢他就读的学校，但他所在的地区没有他可以负担得起的其他学校，就不会有认知失调的问题。只要有足够的理由说明差异的情况，认知失调就不会发生。例如，一个年轻人不认可婚前性行为，但当他做了这样的行为时，他的信念肯定会受到考验，那么很可能就会出现认知失调的状况——除非他能以某种方式充分证明这种差异的合理性，如认为自己没有选择的自由。他可能会为自己辩解说，那天晚上他喝了酒，不知道自己做了什么。如果这一论点令人信服，就不会发生不和谐，也不会促使他改变对婚前性行为的看法。但是，如果他找不到针对其行为被胁迫的来源或正当的动机，他就可能会体验到不和谐的状态，并被动地做要么改变自己对婚前性行为的认识或者改变自己的行为。因为他无法消除导致不和谐的性行为，他唯一的选择就是改变自己的态度，或者与不和谐共存。

我们可以将认知协调的思想应用到其他人际关系中。平衡理论认为，我们对他人的好恶应该是平衡的。例如，如果你和玛丽是朋友，而且你们都反对堕胎，那么你们在这方面的关系就能处于和谐的状态。然而，如果你是玛丽的朋友，你知道她反对堕胎，而你支持堕胎，你们之间的关系就会有一些不协调的地方。这就是一种不平衡，它会给你造成压力，迫使你改变对堕胎的态度，或者改变你对玛丽的看法和情感。

平衡理论预测，许多人会投票给一位候选人是因为他们的朋友或配偶会投票给他。这样做将创造一个更加平衡的局面。当不平衡感加剧时，一些夫妻甚至不愿谈论政治或宗教。尽管许多夫妻之间和朋友之间确实在公开场合互不相让，但同时他们也保持着深厚的友谊。关键的或宝贵的想法比不相关的想法更能产生平衡的压力。例如，谁会关心你的朋友最喜欢的冰淇淋是什么口味？友情关系不会因为香草味或巧克力味的分歧而改变。然而，当两个人都在政治上很活跃，并且有着截然不同的政治理念时，他们之间的友情关系很可能就会出现不和谐的状态。

很多夫妻在离婚时和他们共同的朋友都会经历一种不平衡的关系。例如，前妻很难与仍喜欢其前夫的人继续保持友谊。与之类似，当已经离了婚的两个人当着他们的共同朋友的面批评对方时，这位共同的朋友也很难再继续保持对这两个离婚的朋友的感情了。为了消除这种不和谐状态，这位共同的朋友可能会开始对其中一个人产生负面的想法和感觉并中断与这个人的关系，或者可能会想办法让他们重新在一起。这位朋友的第三个选择是与他们双方都保持距离。

因此，我们可以看到不和谐和不平衡的情况如何能够改变我们的性观念、政治观点和对朋友的态度，只为消除我们所感受到的不和谐和紧张的状态。我们对想法和行为的需求确实导致了思维的改变。

压力

> 当我厌倦了思考时，人生太像一片无路的树林……我真想暂时离开人世一会儿。
> ——罗伯特·弗罗斯特（Robert Frost），《桦树》（*Birches*）

压力是指对身体或精神的过度要求，使个体在身体或心理上产生一种紧张感。压力的来源有很多：超负荷的工作、快速的文化变迁、时间压力、冲突、噪声污染、消极的生活经历、不切实际的期望、日常的麻烦等。这些压力因素不仅导致了60%~80%的疾病，而且还影响了我们的认知能力。压力会损害我们的记忆力，而记忆力是我们大部分思维的基础，压力还会更直接地影响思维。当我们想要全神贯注于一个想法时，压力会导致我们的注意力难以集中，判断力和逻辑思维能力下降，以及产生消极的自我评价。它也可能导致我们无法对照现实检查自己的想法，并且可能严重干扰我们的决策能力。在压力状态下，我们感知一个问题的替代解决方案的能力减弱了，我们搜索相关信息以帮助做决策的能力受到了损害，我们所做的决定的长期性后果被忽视了。这些导致我们过早地做出决定——这种行为被称为"早闭"——而后导致我们在处理这个糟糕决策的后果时产生更多的压力。

一位教授被邀请向一个社区团体进行演讲。他走错了房间，并突然意识到演讲是在另一栋楼里举行。他开始感到有压力，快步走到停车场，准备开车去大约一个街区外的另一栋楼。当他伸手去拿车钥匙却没有找到时，惊慌失措的情绪向他袭来。他可以看到他要进行演讲的那栋大楼，却无法上车并开过去。他的演讲时间已经过了5分钟，于是他跑到办公室去拿钥匙，然后又跑回来开车过去。这时，他才意识到，他走着去演讲那栋楼的时间可能比他回办公室拿钥匙所用的时间还短。

这是压力如何干扰我们感知选择能力的经典例子。

由于压力会在很多方面影响我们的思维，所以控制压力很重要。一些压力管理策略可以帮助我们控制压力，但我们必须首先意识到自己正处于压力之下。因为压力可能会慢慢地累积，以至于我们低估了它。不过，我们可能会找到一些线索，比如通过观察自己注意到压力的迹象和症状，以及倾听朋友和亲人对我们的评价，诸如"你最近怎么了？你已经不是你自己了"。

压力的迹象和症状

以下迹象和症状可能是压力的表现。这份清单绝非详尽无遗。以下症状你拥有的越多，你承受的压力就越大，尽管没有两个人对压力的反应是完全相同的。请记住，虽然压力是这些症状的常见原因，但其也有可能是其他原因造成的。

认知迹象

1. 注意力不集中
2. 记忆力差
3. 偏执性思维
4. 缺乏自尊，丧失自信
5. 做噩梦
6. 执着于一种想法或观点
7. 经常担心

情绪迹象

1. 抑郁
2. 情绪化
3. 烦躁
4. 愤怒
5. 不明原因地哭泣

生理迹象

1. 肠胃问题
2. 无法感到放松
3. 失眠
4. 疲劳
5. 食欲不振
6. 溃疡
7. 皮疹
8. 感冒次数增多
9. 头痛
10. 其他身体问题的恶化
11. 无性欲

行为迹象

1. 不合群
2. 不能容忍他人
3. 攻击他人
4. 坐立不安的行为（用铅笔敲击、抖动腿部）
5. 坏习惯增多（咬指甲、吸烟）
6. 面部和身体其他部位抽搐
7. 暴饮暴食
8. 饮酒次数不断增加

压力管理

一旦我们知道自己处于压力之下，此时重要的是确定压力的具体来源，而不要泛泛地说"生活让我压力山大"。这太模糊了，不足以提出管理压力的解决方案——自杀不是可行的选择。通过进一步探究我们可能会发现，生活本身并不是压力的来源，也许是必须在下周发表的演讲或工作中的时间压力导致了我们的紧张。又或者我们的孩子，他们太吵了吗？太不听话了？他们是否需要太多的关注，或者经常让我们在半夜醒来？我们需要具体一点，因为每一种情况都需要不同的压力管理方法。

有时候压力的来源是我们自己，因为我们很容易成为自己最大的敌人。这种内在的压力来源可能是我们对自己所做的每件事都要求尽善尽美，或者我们不能正确地看待事情，如小题大做。其他时候压力的来源是我们自身之外的因素，吵闹的孩子、工作上的时间压力或失败的人际关系都是例子。

一般来说，管理压力的办法分为四大类：（1）消除外部压力源；（2）消除内部压力源；（3）管理身体对压力的反应；（4）预防压力。在处理吵闹的孩子带来的压力时，消除外部压力源是合适的。例如，我们可以规定每天一小时的安静时间，丢掉吵闹的玩具或只允许它们在室外使用，或者多安装一些门、多铺一些地毯。如果压力来自我们必须在半夜给孩子持续的照顾，解决办法可能是要求配偶通过轮流值班来分担这一责任。通常，适当的管理压力的方法就会获得显而易见的效果。

如果压力的外部来源无法消除，那么也许我们可以消除内部来源，这涉及改变我们自己，通常这意味着消除导致我们产生压力的一些非理性想法和期望，并改变我们赋予压力源的意义。我们可以通过正确地看待生活事件来改变我们赋予生活事件的压力意义。例如，如果我们必须发表演讲，那么可以问自己，现实中最坏的情况是什么？我会死吗？也许最糟糕的是忘记演讲词并变得十分尴尬。但生活还在继续。一周后没有人会记得这件事，因为人们会忙于自己的问题。

正确看待演讲是减轻其带来的压力的一种方法。这通常需要解决和消除导致演讲焦虑的非理性想法。例如，我们可能对即将到来的演讲过度关注，因为我们认为自己做的每一件事都必须是完美的，每个人都应该喜欢我们，或者每个人都关注我们的表现。所有这些都是非理性的想法，必须受到挑战，并且用更现实的想法来代替这种非理性的想法。

有时候，我们可以把视野扩展得更广，以显示我们的压力源实际上究竟有多小。如果我们停下来想一想我们的生命是多么短暂、我们在这个巨大的宇宙中是多么渺小，某些特别的关注和担忧就会化为乌有。当我们想到银河系在浩瀚的太空中与其他 1300 亿个星系类似时，而每个星系平均有 1000 亿颗恒星，这些星系中恒星的总数可能超过地球上所有海滩上的沙粒的数量，我们就能理解为什么天文学家卡尔·萨根（Carl Sagan）称我们的家园只是宇宙黑暗中的一个小点，"悬浮在太阳光中的一粒尘埃"。当我们想到宇宙有多么古老（大约 140 亿年），与之相比，我们的生命比一只果蝇的生命还要短，那么当我们的配偶没有按时把垃圾倒掉、我们开会迟到 5 分钟或者我们的头发看起来不太合适时，这些就都不重要了。正如拉尔夫·沃尔多·艾默生（Ralph Waldo Emerson）说的：

生命是如此短暂且易逝，
不要挑剔，不要怀疑；
不要争吵，不要谴责；
暮色降临，
起来！
盯紧你的目标。

如果我们既不能消除压力的来源，也不能改变我们赋予压力的意义，我们还可以通过以下方式来管理身体对压力的反应：运动、冥想、放松、充分的休息和适当的营养。这样我们既减少了压力的主观感受，也减少了压力对我们身心功能的有害影响。单纯的运动、冥想或放松有时就足以消除压力感。适当的营养很重要，因为压力会迅速带走极其重要的维生素，特别是对我们的身心健康至关重要的复合维生素B。

最后，最重要的是我们应该首先考虑如何预防压力。在生活的大多数领域，预防比治疗更容易实现。当我们的生活已经被责任填满，而我们的空闲时间几乎不能满足我们的需求时，我们可以拒绝额外的工作，也可以不参加另一个委员会的志愿服务。未雨绸缪也有助于减轻压力：给车加满汽油，在日程中留出时间来参加孩子的学校演出。总之，多一把车钥匙，多一个"不"字，往往会创造奇迹。

思维训练2.6　　预防压力的五种方法

就其本身而言，阅读有关管理压力的图书并不能防止或减轻压力。我们需要的是行动。在这项思维训练中，找出本周你可以做的五件事，以预防未来的压力。为了获得灵感，请考虑一下过去的压力源和你在家庭或工作中的压力状态。如果你遇到困难，可以咨询一下你的朋友。他们往往可以提供宝贵的想法，让你的生活重回正轨，或者从一开始就避免脱轨。

1. _____
2. _____
3. _____
4. _____
5. _____

恭喜你完成了此项活动。现在是时候根据你的想法采取行动了，因为"生命的伟大目标不是知识，而在于行动"。

总结

我们能在多大程度上进行批判性思考，与我们是什么样的人密切相关。文化熏染过程在很大程度上决定了我们的偏见和价值观。我们的自我认知中包含着特定领域的敏感和弱点，这些领域的敏感和弱点会通过使用自我防御和自利偏差来激发防御性思维。此外，我们形成的思维模式限制和约束了我们的认知和思维。抑郁、愤怒、激情和压力会导致非理性的思考和糟糕的判断力。我们的思维也受到我们对想法和情绪之间的协调性和平衡性需求的影响。

所有这些因素让人不禁要问，人类到底在多大程度上是理性的？当然，我们越进行自我反思，就越能意识到这些偏见和局限性，也就越有能力避免它们。这种意识可以帮助我们找出自己的思维偏见，并让我们的思维朝着更健康、更理性的方向发展。除了自我反省，我们还可以采取具体的行动消除不良思维的根源。但是，超越我们的个人思维障碍并不容易，我们中的大多数人并不能完全消除这些障碍。幸运的是，更好的思维并不需要完美，只需要一步一步地朝着正确的方向前进就行。

挑战练习

1. 列出你所在城市或你的团队最喜欢的啤酒。这也是你最喜欢的吗？为什么？
2. 你吃牛肉吗？印度人吃牛肉吗？你觉得可以吃狗肉吗？你知道有哪种地域文化是可以吃狗肉的？
3. 你如何正确思考现实问题，如堕胎、安乐死、努力工作和女性的角色？你所在的地域文化还在哪些方面塑造了你的价值观、信仰和态度？
4. 你的家乡对你有什么影响？
5. 调查一个你不熟悉的宗教。该宗教的人会如何看待其他的宗教信仰？
6. 你的朋友和你就读的学校是如何影响你的价值观的？
7. 与其他城市的人相比，你所在城市的人有什么独特之处吗？
8. 有时候，我们最讨厌的人恰恰是那些和我们拥有一样特质的人。你最恨谁？

为什么？你也有和他一样的特质吗？如有疑问，可以询问其他人。

9. 你上一次合理化（自己的行为）是什么时候？当回过头再来看一看时，要比在事发时辨别更容易。

10. 你上一次考试或工作任务失败是什么时候？你有没有用自利偏差来保护自己的自尊心？

11. 我们常常根据自己的期望和信念来看待事物。你对你的老师的看法是否受到你所听到的关于他的事情的影响？你生活中重要的人是否抱怨你没有认识到他们改变了自己的行为，但你仍然认为他们还是以前的样子？

12. 当你生气的时候，会说一些你并不是真正想说的话吗？你是否倾向于过度概括或灾难化思维？

13. 亚历山大·汉密尔顿（Alexander Hamilton）曾说："为什么要建立政府？因为人们的激情不会服从理性和正义的法则。"你同意他的说法吗？如果没有政府，人们的行为会是什么样子？你能在历史上找到实例来支持你的答案吗？

14. 当你情绪低落时，五大思维谬误中的哪一种往往是你思维的特点？

15. 你有没有经历过与一对离异的夫妻断交的压力？你是否与其中一方保持着关系，而不是另一方？你和你认识的其他人是如何处理这种情况的？

16. 你是否曾经有过相信一种方式，但却以另一种方式行事？你是如何处理这种明显的矛盾的？

17. 在压力状态下你的思维会发生什么变化？

18. 有些人用他们的财产、宗教信仰或能力来定义自己。你如何定义自己？这些都是你可能难以客观思考的话题。

19. 你倾向于相信哪些刻板印象？你知道有哪些人不符合这些刻板印象吗？如果你找不到例外，可以问问你的朋友、家人或老师。你也可以对这些刻板印象的群体进行研究，了解这些群体内部的多样性。

20. 回忆两三次你生气时的情形。哪种情形更糟糕：是引起你愤怒的原因还是你发泄愤怒的后果？你能做些什么事来控制你的愤怒吗？

21. 你见过狂热的人吗？你对他们有什么印象？他们是否愿意接受新的想法或挑战自己的观点？他们善于倾听吗？

22. 通常情况下，父母责备孩子的行为，同时孩子也责备父母。"行为者 - 观察者偏差"如何解释这种情况？

第 3 章 感觉

没有任何智慧可以不经由感觉而获得。

——托马斯·阿奎那

从感觉开始

如果我们被蒙住眼睛,并被带到一个地方,蒙眼布只需被拿掉一秒钟,我们就能感受到一闪而过的视觉刺激。如果我们正站在一个以前从未去过的地方,比如在一座教堂里,那么在这一秒里我们会看到繁多的色彩和几何图形;而如果我们身处一座图书馆里,就会认识并知道自己所看到的一切。虽然在这两种情况下,视觉图像都会涌进我们的眼睛,但是我们知道后者是图书馆,因为在我们的脑海中已经拥有这样的语言知识。这种语言知识会预设我们的感知,进而让我们理解和处理视觉图像中的图书和书架信息。

鉴于大脑中已有的知识,我们有可能闭上双眼,割断与外界的联系,进行"纯粹的思考",但这种孤立的思考很罕见。我们的大部分思维活动都与感觉有互动,毕竟,我们的感觉为大脑源源不断地提供内容。这种感觉–思维联系是如此密切,以至于我们的思维往往始于感觉,并通过新的感觉输入得到发展,然后根据我们的感觉习惯来进行自我塑造;反之,思维又可以塑造我们的感觉方式。

"没有任何智慧可以不经由感觉而获得。"这句名言说得很简单,如果没有感觉,我们的大脑就是空的。如果这个观点正确,那么感觉将是我们思维的主要原始素材来源:如果我们的感觉更敏锐,我们的思维就会更敏锐。

对婴儿来说,感觉先于思维,但是对成年人来说,感觉与思维却是同时发生的。作为成年人,我们的感觉和思维是交织在一起的。即使是现在,当我们阅读这本书时，或者当我们在课堂上听讲时，抑或当我们写作时，我们正在（用我们的眼睛、耳朵、双手）进行感知；当我们蹦极、准备晚餐或在汽车上安装刹车时，我们一直在思考。我们不断地回归感觉，去刷新和寻找新的信息，用实实在在的例子来强化我们的思维，并验证我们的思维结构。作为人类，我们的思维往往会有这样的定论：当你感到膝盖疼的时候，如果你发现是一只蜜蜂蜇了你一下，或者有人用刀子戳了你一下，那么你的想法以及随之而来的感觉和行动将会截然不同。

为了向我们的大脑提供更好的信息，提高我们的感知能力至关重要。我们需要准确的观察、正确的事实。我们需要坚实的感官意识来为我们的思维打下基础。我们需要感知表象及假象背后的东西。

在本章中，我们将研究感觉是如何启发和欺骗大脑的，我们将学习如何加强极其重要的感觉–思维联系，尤其是我们将重点强调如何强化对于我们的思维最重要的两种感觉：视觉和听觉。

感觉的力量

当我们的感觉发挥作用时，就像安装了镜头、扩音器、粒子探测器，以及压力和热量测量仪。这些传感器非常灵敏。我们的听觉能对频率高达20000次/秒的声音振动和多种音色做出反应，使我们能够识别不同的人的声音。我们的视觉可以从数百万种颜色中辨别出一种颜色（淡紫色或青色）。我们的嗅觉可以从50亿个分子中检测出培根或咖啡的分子。就像食物喂养我们的身体一样，我们的感觉喂养我们的大脑；没有感觉的输入，我们的大脑几乎就是一个空壳。

我们的大脑是像约翰·洛克所说的那样出生时就是一片空白，还是与生俱来就带有思想？在这个问题上，约翰·洛克赞同亚里士多德的观点，并把大脑称为白板（空白的板），它供我们的感觉和经验在其上进行书写。但其他哲学家（柏拉图）、心理学家（荣格）及语言学家（乔姆斯基）至少在一定程度上不同意这一观点。他们认为，我们的大脑中有先天的或者天生的想法或结构。你的观点是什么呢？

感觉的欺骗性

在我们的一生中,是感觉丰富了我们的大脑,当我们思考时,我们的感觉和大脑也是连在一起的。尽管我们的感觉很强大,但它并不总是能给我们的大脑提供准确的信息。当我们生病、昏昏欲睡或疲倦时,我们的感觉就不能有效地工作;有时,尽管我们的感觉提供了准确的信息,但这个世界并不总是像它表面上看起来的那样。我们的感知(以视觉为例)会在以下三个主要方面欺骗我们的大脑:受生理的局限,我们所看到的是表面现象;受习俗的束缚,我们所看到的是习以为常的现象;受语言知识的蒙蔽,我们所看到的是笼统的现象。

思维训练 3.1　观念是天生的还是后天习得的

我们的观念从何而来?有的人支持观念是与生俱来的,有的人支持观念是通过感觉习得的。请列出这两种观点各自的理由。

观念是与生俱来的	观念是通过感觉习得的

当你列举原因的时候,可能已经做出了支持一方或另一方的决定。如果你还没有做出决定,那么请权衡这些原因并从下面的方框中勾选一个。当你勾选时,请关注你的大脑里产生了什么想法。我们会对你关注到的情况进行讨论。

☐ 我们生而具有知识。
☐ 我们通过感官获得知识。
☐ 我们生而具有知识,并且在后天又获得了更多的知识。

第 3 章 感觉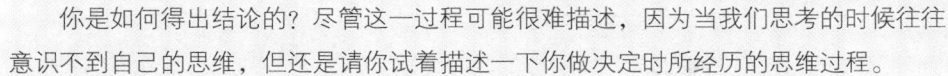

你是如何得出结论的？尽管这一过程可能很难描述，因为当我们思考的时候往往意识不到自己的思维，但还是请你试着描述一下你做决定时所经历的思维过程。

_____

_____

_____

无论你在勾选方框并写下你做出决定的过程中发现了什么，都是感觉和思考一起进行的，当你在阅读和写作的时候，你的视觉和触觉与你的思维交织在一起。

科学家和哲学家提醒我们，我们的感觉是表面的。哥白尼说太阳没有"落下"，笛卡儿指出了水中"弯曲"的桨。随后，科学向我们展示了视觉从红色到紫色的狭窄范围；在众多的电磁波谱中，一个方向的红外线和另一个方向的紫外线之外的所有的"颜色"对我们的眼睛来说都是不可见的，就像我们也看不见非常小和非常远的东西一样。我们感觉的表面感知能力被某些试图欺骗我们的生命形式进一步削弱，如变色龙、捕蝇草，甚至人类。"一个人可以微笑着、微笑着、微笑着，成为一个杀人狂魔。"（出自莎士比亚的《哈姆雷特》）

同样，习俗来自习惯、兴趣和偏见，并因此聚焦和限制我们的感知。一位室内装潢师进入一个房间，他看到的这个房间不同于木匠、古董收藏家、体操运动员或派对狂人看到的（只有泥瓦匠可能会认真地研究屋顶）。在后面的内容中，我们将研究语言如何对我们的感觉进行控制。

 思维训练 3.2　　　　**人类个体的错觉**

思考一下你的感觉是如何欺骗你的。哪些东西看似安全却危险，看似柔软却坚硬，闻着香气扑鼻却有毒，看似靓丽却腐朽，看似真实却虚假？请在下表中列举出一些会欺骗你感觉的人或事，并注意它们的实际情况是什么。同时，也要意识到自己的偏见和强烈的兴趣，可能会阻碍、聚焦和欺骗你的感觉。

错觉	正确的感觉
香草精闻起来好像是可食用的	尝起来味道糟透了

使我们的感觉更敏锐

> 也许我的创意可以归结为拥有一个高度敏感的感觉系统。
>
> ——克劳德·莫奈（Claude Monet），印象派画家

当我们意识到自己的感觉容易犯错误时，我们就可以开始进行调节以适应表面现象和个人歪曲的感觉。眼见不一定为实。威斯康星州的齐佩瓦印第安人（他们不知道笛卡儿的船桨折射理论）已经学会了适应：他们把矛插在他们看到鱼的地方的上面。如果他们不这样做就会挨饿。

通过提高我们的感觉能力，我们不仅可以适应水，还可以适应整个地球表面上的一切事物。现在我们的眼睛借助电子显微镜、超声波、磁共振和正电子发射等仪器或技术穿透事物表面；我们的耳朵借助麦克风把微小的声音放大，通过地震仪聆听地球移动的声音，通过雷达望远镜听到宇宙大爆炸的回声。我们的鼻孔借助烟雾

探测器和盖革计数器嗅到隐藏的粒子，而我们的触觉通过气压计和温度计变得更加精确。这些仪器和设备让我们能够感知超出我们感觉范围的分子和微生物的运动，而后我们就可以努力分析事物的表象与现实之间的冲突。我们的大脑可以进行推理，接受这些有效的观察，并且认识到诸如在我们的皮肤上爬动着肉眼不可见的生物及我们踩着的地板中存在着巨大的空间。

如果我们试一试的话，有时可以回到孩子般的全新的感觉状态。一个五岁的小男孩在一家修车铺里认出了他的朋友布拉德的车。他的父亲看了一眼那辆车，说："不，这辆车锈得太厉害了。"小男孩回答说："但它闻起来像布拉德的车。"父亲问了一下机械师，机械师回答道：这是布拉德的车。这个小男孩的嗅觉能力很强大。嗅觉能力有多强大？2004年的诺贝尔生理学或医学奖授予了理查德·阿克塞尔（Richard Axel）和琳达·巴克（Linda Buck）博士，因为他们发现了一个由大约1000个嗅觉基因组成的大型基因家族，约占我们整个遗传密码的3%！我们还可以观察一个三个月大的女婴，并向她学习：发现自己的小手，在阳光下弯曲和转动它们，当它们移动时，眼睛也随着转动，大动作、小动作、单一手指、手指并拢都做一做。我们也可以扩展我们的感觉。通过主观愿望和努力，我们可以观察到更多和感知更多。如果我们开始一项计划，试着每天尝试几次，更认真地接收周围可感知的信息，我们就可以磨炼自己的感知，使其具有精确和创新的穿透力；当这一过程结束时，我们的认知能力将会达到一个更高的水平。当我们把更具体、更精准的数据记在脑海中时，这种更敏锐的感知会带来更敏锐的思维；而当我们的思维与环境相互作用时，结果将会更真切地反映外部现实。

在第1章中，我们列出了三个观察清单，并且清单内容越来越详细。通过这种方式，我们可以学会推动自己的感觉去观察一些细节。比如，关注雪花的彩虹颜色（通常我们只看到白色），聆听风吹过草地的声音（不同于风吹过树林的声音），并能闻到每一朵玫瑰独有的香味（一朵玫瑰不仅仅是一朵玫瑰）。当我们更努力地感知时，我们可能会发现一个令人震惊的事实，即没有任何两样东西是相同的：即使是规模化生产的物品，如啤酒罐、铅笔、螺栓和硬币，我们也很容易通过肉眼分辨出其不同之处。我们需要打破以同一种模式来看待事物的习惯，这在很大程度上是因为我们认为我们知道它们应该有的样子。打破这种习惯模式的一种方法是，观察事物极其微小的细节，然后尝试用新的语言来表达我们所看到的内容。避免陈词滥调：陈词滥调是一个信号，表明我们在使用别人的语言，而不是在描述我们所看到的内容。

当我们积极地使用自己的感觉时，即使是成年人，我们也可能正在塑造自己的大脑。熟悉伦敦复杂街道情形的出租车司机也会在其海马体（大脑皮层的一个部位）记忆区进行更新。哈佛大学的神经科学家约翰·弗拉纳根（John Flanagan）发现，反复触摸灵长类动物的手指，会使其大脑相应的区域变大。与之相反，当老鼠的胡须被剪掉后，其大脑中负责感觉的区域就会萎缩。因此，再次引用一下这句格言：非用即失，通过使用可以让我们的感觉越来越敏锐。

思维训练 3.3　　　　　　重新审视

1. 任选两件你认为相同的东西，如果你愿意，可以从你的口袋或钱包里取出两枚相同面额的硬币，然后开始观察其不同之处。你可以翻转或转动它们，观察从它们的表面反射出的光线。敲击它们，并倾听它们发出的独特的声音。
2. 把你的感觉聚焦在这两件东西上，仿佛你独自一人在夜晚的森林里，听到了树枝折断的声音。
3. 非常近距离地、非常仔细地观察这两件东西细微的部分，以至于你无法用简单的词语来描述如此细小的聚焦区域，然后尝试打破语言障碍，具体而精确地描述这些差异。
4. 避免陈词滥调。寻找新的方式来描述你所看到的情况，使用类比来表达你的意思。

如果你实践了上述步骤，你的思维就会扎根于具体的细节中，你的写作和演讲就会焕发出新的光彩。

强有力的倾听

除视觉外,听觉也许是我们最重要的感觉。从悦耳的流水声到新生儿的哭声,听觉使声音如流水般传入我们的耳朵。当我们调动听觉去倾听语言时,听觉就会与我们的思维产生互动,并在交流中起到至关重要的作用。

强有力倾听的悖论

当我们还是孩子的时候,我们的听觉是自然而轻松的,就像大地接收雨水一样。这也是我们能够如此快地学习语言的原因之一。成年人的大脑在吸收思想方面要比表达思想快许多倍:说话的速度大约每分钟 125 个字,如果这一速度增加一倍(甚至通过一盘加速的录音带达到三倍),我们仍然能听懂这些话。听觉既简单,又很难。如果说话的速度很慢,我们很容易让自己的心思游离到其他地方。当我们的年纪越来越大的时候,我们的听觉会被自己的思维所淹没,并且被自己不良的习惯所抑制。显然听觉很简单,所以在别人说话的时候,我们允许自己的思想飘到别的地方。接下来的挑战是我们如何控制自己的大脑,让它跟随说话者的思路;我们怎样做才不会感到无聊,不让自己的注意力分散。

如何倾听

要想听得好,我们必须倾听。下面几个理由有助于激励我们更好地倾听:(1)我们想了解更多;(2)我们的决策需要建立在更坚实的信息基础之上;(3)我们想要更好地理解讲话者的价值观和立场;(4)我们的人际交往能力将会更好;(5)我们的反应将会更有效;(6)我们可以回想起,当有人认真听我们说话时,我们的感觉有多好,并给予讲话者同样的礼遇;(7)讲话者会讲得更好,因为实际上我们是通过倾听和提问来部分控制讲话者。你还能想出其他认真倾听的理由吗?

即使我们认为讲话的人很无聊,但如果我们保持宽容的态度,就可以从任何讲话者的身上学到一些东西。最终,我们会从中受益,并变得更聪明。下面这个例子充分说明了倾听的力量。一名已婚男士报告说,他正准备与妻子离婚,于是在繁忙的工作之余,他每周五晚上抽出 20 分钟真正地倾听妻子讲话。第一天晚上结束时,他的妻子甚至不知道为什么，就说："哎呀，亲爱的，今晚我们过得很愉快。"通过坚持倾听，这名男士说，他开始发现关于孩子和妻子的一些事情，而这些事情他从来都不知道。他说，倾听，仅仅是简单的倾听，便修复并丰富了他和妻子的关系。

一旦我们有了倾听的意愿，就可能需要调整我们所处的环境。MTV的音乐声、孩子的尖叫声、卡车传动装置的卷扬声都不能提供一个良好的倾听环境。如果我们想要倾听，可以到一个安静并能保护隐私的场所，调整座椅以便离对方足够近，转过身背对着窗户、电视或其他干扰源，并面对讲话者。环境是由我们来控制的。

然后，我们需要把身体调整为倾听的姿势。首先，无论坐着或站着，都需要正对着对方（身体倾斜或弯曲对有效的、明确的交流不利）。其次，我们要放松自己的身体，以开放的姿态接受对方的观点（交叉双臂和跷二郎腿通常反映了我们的大脑处于关闭的状态）。再次，我们的身体应该向着讲话者微微前倾（后背直挺会给人一种恐惧、害怕、担心、口臭或拒绝他人观点的感觉）。最后，也是最重要的一点，我们要看着对方的眼睛，但不要一直紧盯着，在倾听的时候我们应适当保持这种关键的联结（眼神交流的效果在某种程度上比电话交流更强烈）。端正、放松、身体适当前倾、注视，表明我们的身体为倾听做好了准备。

随着倾听意愿的确定、环境的调整，以及身体姿势摆正，我们就可以更好地保持思维的集中。以下列举了一些让思维集中于讲话者身上的方法，请思考哪些方法对你有效。

1. **倾听讲话者的语调，倾听其思想背后的情感**。语调可以很容易地渲染内容或抵触谈话的内容，但是在重要性上，谈话内容很少能够超过语调。例如，如果你与你的男朋友打招呼，问他怎么样，他用很疲惫的声音叹息道："我还好。"那么你会相信他的语调，而忽略他所讲的内容。实际上他过得不好，在某些方面出了问题，他的语调表明了这一点。鉴于语调与真实之间的联系，人们发明了语音压力指标，试图测量人们讲话的真实性。此外，核磁共振成像显示，与其他声音相比，大脑的某些区域会对人类声音的音调做出特殊的反应。

2. **读懂讲话者的肢体语言**。观察讲话者的面部特征，其嘴唇和眼睛周围是紧张还是放松。观察他的双手，是否有任何紧张的情绪通过舞动的手指表现出来？某广告公司的一位高层管理人员是一名满面笑容并能熟记人名的男士，当他微笑着和不喜欢的客户交谈时，他的左手会攥紧又松开。一名客户读懂了这个非语言信息，进而知道了如何与他打交道。

   自 20 世纪 30 年代爱德华·萨丕尔（Edward Sapir）的著作问世以来，有关非语言沟通的文献不断增多。然而，肢体语言可能是模糊不清的，我们有可能会"读"错。谨记这一点，解读肢体语言可以帮助我们保持专注，并且更全面地倾听讲话者。

3. **运用你的记忆**。回忆早先与讲话者的会面和谈话，看看他当时的观点与现在的话语是否吻合。

4. **了解讲话者的需求、价值观、信念及目标**。正如一条古老的格言所说：设身处地以产生共鸣。

5. **整理你听到的内容**。讲话者通常不会以完美的散文形式来表达自己的思想。试着把他们的语言归纳成观点。

6. **大声复述讲话者讲过的内容**。给予讲话者反馈，如说"那么你的意思是，你想……"然后检验他们的反应。

7. **提出问题**。如果情况允许的话，提问可以引导讲话者谈论你感兴趣的话题。此外，提问还可以消除歧义，并可能激发讲话者产生新的想法。

8. **总结讲话者的想法**。这有助于双方把注意力集中在核心问题——要记住的思想和要采取的行动上，这样就会产生清晰的认识。

思维训练 3.4　　　　制订行动计划

思维是无形的，当你阅读这本书、听老师讲课、参与课堂练习时，你可能会产生一些很棒的想法，但除非你按照自己的想法行动，否则你的想法很可能只是一个想法。为了把更多的思考带入你的生活中,我们强烈鼓励你为每一章制订一个具体的、切实可行的行动计划。

为了更好地倾听,你可以列一个具体的步骤,描述你要做什么、什么时候做,以及如何检验你的进度。行动计划示例如下所示。

事件: 我想更专心地倾听我的朋友说话。当朋友说话时,我会尽量与其保持眼神交流,不打断他。我会提出适宜的问题,并复述朋友的回答,以使自己更专注地倾听。

时间: 每天放学或下班回家后,我都会用五分钟时间倾听家人讲话。

检验: 在星期五,我将计算出我成功做到的天数,并反思我倾听的效果。

现在,请在下面的空白处制订你的行动计划。请从课堂上或书中选择一个你想尝试将其带入生活的想法。请记住:要具体描述你要做什么、何时做(日期、时间和地点),以及你将如何及何时检验你的进度。

事件: _____
_____
_____

时间: _____
_____
_____

检验: _____
_____
_____

总结

我们已经了解到人类强大的感觉能力是如何既滋养又欺骗我们的大脑的。我们已经知道人类敏锐的感觉可以通过科学的仪器得到扩展,并且我们对一些感觉的现实表象已经产生了警觉。此外,我们还看到了发生在自然界和人类中的蓄意欺骗现象。莎士比亚警告我们:"无法从一个人的脸上窥探出他的想法。"我们了解到为了

第 3 章 感觉

加强那些至关重要的感觉 – 思维联系，要更加近距离地窥视周围的独特世界。我们还探讨了如何集中我们的思维以达到有效的倾听。通过与感觉的互动，我们可以保持思维的新颖性和敏锐性。这样当我们吸收和寻找新的信息时，会立足于一个更坚实的现实基础之上。

挑战练习

1. 当信息与常识相悖时，你会接受吗？例如，地球在冬天比在夏天距离太阳更近。寻找支持这一现象的理由，然后思考一下，针对你的感觉和事实之间的这种明显的冲突，你的思想进行了怎样的斗争。

2. 当伽利略把望远镜对准木星，并观察到许多月球类卫星绕着木星转的时候，他让世界相信哥白尼关于地球是旋转的球体的观点是正确的。眼见总是为实吗？你能想到有什么例外吗？

3. 如果你正在写一篇描述性的文章或试图用语言来作画，那么本章的内容会对你有所帮助。按照思维训练 3.3 反复进行练习，即尽力在一个很小的范围内进行观察，然后寻找新的语言来描述，特别是用类比的方法描述你所看到的情况。请选择以下任一对象进行练习。

    （1）手掌上一寸见方的面积。

    （2）某人的面部特征（一小部分）。

    （3）某种植物的叶子。

    （4）一朵花的花瓣。

    （5）阳光、颜色及一滴水的反射情况。

    （6）任何你想要的东西的一小部分。

4. 试着将注意力集中在一种感觉上，如嗅觉或听觉，然后转移并迅速集中于另一种感觉上，你的体验是什么？

5. 威廉·华兹华斯（William Wordsworth）并不认为我们生来就一无所有："我

们带着荣耀的云朵来到世间。"你认为在你出生的时候，什么东西已经存在于你的脑海中？

6. 作为对你的倾听效果的快速测试，下次当你置身于一个小团体中时，以专心和善于倾听的态度倾听讲话者的发言：请开始注意讲话者是否对你的关注比对其他团体成员的关注时间更长且更频繁。

7. 文字会蒙蔽我们的感觉吗？"山峰"或者"森林"会怎么阻止我们观察那座山或者那片森林的独特之处，以及每一座山或每一片森林中岩石和树木的独特之处？

8. 在一天中制订几次锻炼感觉的计划。这个计划可以与你正在做的其他事情重叠，如开车、吃饭或洗碗的时候。集中精神，敏锐地关注细节的具体情况。

9. 倾听是如此简单，却又非常有难度。你同意这种说法吗？你觉得倾听有什么特别简单或特别难的地方吗？

10. 佛教徒通过"纯粹观察"的练习方式来使自己的感觉更敏锐。这种修行被描述为"观察事物的本来面目，对所发生的情况不附加任何自己的预测和期望；用一种无选择、无干扰的意识代替文化教养"。无论你现在或一整天在做什么事，都要全神贯注。试着简单地关注一些事情，不要给它们贴标签或对它进行评价，保持疏离状态，然后反思、写下或讨论你的体验。

11. 请评估以下说法："健康的人类大脑天生就喜欢汽车。它们让我们的感官为之着迷。漂亮的锥形车型，车头灯和格子窗之间令人愉悦的对称性，内饰上浓郁的香味和机械发出的有力声响，甚至那些对汽车完全一无所知和漠不关心的人也会产生共鸣。"

12. 最近科学家发现了一种基因，它似乎控制着我们感觉记忆的记录方式。这一发现再一次引发了关于先天和后天的问题。你的感觉只会记录那些由于遗传基因而被记录的信息吗？你在记录中扮演了什么角色？

13. 我们的感觉为我们提供了原始信息，让我们去思考。因此，我们的思考根植于我们的感觉，而后我们就可以利用思想创造思想了。请参考以下建议：

"如果你想观察山谷，就请爬上山顶；如果你想观察山顶，就请登上云端；但如果你想了解云端，就请闭上眼睛思考。"在什么情况下，这种闭上眼睛并陷入沉思的过程可能会有帮助？

14. 下面是一篇学生写的描述性文章。作者用了哪些词汇、修辞及思维模式来激活我们的感觉？

   过去我和妈妈常常观看那些暴风雨，后来这成为我们生命中的一部分。在我生命的春天里，我们看着伴随着月光而闪烁发亮的雨滴，它是如此轻柔地洒向大地。

   当我还是个少年的时候，我们抬头看着云，它们层层叠叠地飘荡着，覆盖着整个地平线，像一层深红色的雾状毛毯。闪电伴随着隆隆雷声，在令人目眩的狂暴中舞动。在我们的注视下，叛逆占据了我生命中整个夏天的舞台。风在哭叫，仿佛它害怕黑暗。演出越来越激烈，演员们都在为大结局的表演做准备。然后我看到了爆炸，闪电像粉碎的玻璃一样四处迸溅。天空放晴了，焕然一新。

   我成熟了，老练了，进入了我生命中的秋天。妈妈已离我而去，现在我代替了她的位置，有了自己的孩子。我们坐着一起观看暴风雨。

15. 在下一章中我们将要讨论记忆，作为热身，你可以思考一下你的感觉是如何影响记忆的。小说家普鲁斯特（Proust）描写了某种特定的气味是如何唤起我们许多早年记忆的情形的。这对你也有效吗？你是如何运用你的感觉来生成易于回忆的深刻记忆的？

第 4 章 大脑和记忆

大脑"呼吸"思想，就像肺呼吸空气一样。

——休斯敦·史密斯（Huston Smith）
《被遗忘的真理》（Forgotten Truth）

奥秘

我们的大脑隐藏在西斯廷教堂内的创新艺术中，还隐藏在爱因斯坦的公式里。它已经把人类带上了月球，并且总有一天会使人类到达其他星球。也许只有宇宙本身的奇异之处才能与我们的大脑相媲美，然而我们对自己的大脑却所知甚少。这一身体器官是如何创造出一个既没有质量又不占用空间的个人精神世界的呢？我们的思想存在于哪里？它们是如何由我们的大脑产生出来的呢？我们的身份是如何被错综复杂地融入其中的？我们还无法回答这些问题，把它们留给未来的哲学家和神经科学家去解决。下面，我们将简要、务实地看看我们对于人类大脑确实知道些什么，特别是它如何影响我们的思维，因为尽管大脑仍然是一个巨大的谜，但我们已经开始探究它的秘密了。

我们已经开始但仅仅是开始探究记忆的秘密。记忆中的秘密正是思维本身的基石。同样，它也存在着令人称奇的地方。例如，大脑中的某个生理过程是如何让你唤起对祖父的记忆的？如果你能在自己的大脑里进行一次旅行，你会去哪里？虽然我们无法回答这些问题，但它们值得我们思考，因为思维活动会提升思考的能力，就像记忆活动可以增强记忆力一样。

接下来，我们会关注大脑及其神经元世界，影响大脑的因素是如何影响我们的思维的，以及促进我们的大脑向更好的思维方向发展的方法等。而后我们将会探索记忆、记忆的非持久性、人们遗忘的原因，以及如何才能更好地记忆等。通过对我们的大脑和记忆的这种理解，我们就能为批判性思维和创造性思维打下更坚实的基础。

思维与大脑

当你阅读这些文字的时候，你的大脑正在工作。依赖于将某些线条图案与字母表中的字母联系起来的早期学习，你的大脑会检查自己的数据库，搜索这些熟悉的字母图案的组合，然后将单词或词组作为单独的单元来进行识别。像"超声乳化术"（phacoemulsification）这样我们不熟悉的单词会被标记，大脑在处理时会更加关注每一个字母或音节。当所有这一切发生时，你的大脑同时也在将这些单词和词组放在一个赋予它们意义的语境中，这些单词就有了意义。然后，你的大脑可能会在你思考句子本身的含义时仍然继续进行下一个步骤。例如，你也许会怀疑这一过程的复杂性和你几乎无法控制它的事实（如尽量不以单词的形式看这些字母）。当你继续处理这些单词的时候，你也许会判断这些信息的价值，将其与你已经掌握的其他信息进行比较，或者对作者提出的观点表示质疑。你甚至可能会想，能否研发出一种机器，可以做你现在正在做的事情。所有这些思考、评价和组织都是通过你的大脑完成的。一旦大脑被改变或破坏，这个过程的性质就会改变或完全停止。

大脑是极其复杂的，有着控制巨大思维需求的潜能。它包含超过一兆数目的细胞，其中大约有 1000 亿个细胞是神经元细胞。这些神经元是单细胞的信使，执行构成我们思维和运动活动的反应。如果你在清醒的时候每秒数一个数字，那么你要花大约 4731 年才能把这些神经元全部数完！然而这只是个开始，对于这 1000 亿个神经元中的每一个，都有 1000 ~ 200000 个其他神经元与其相连接，每个神经元每秒收发信息多达 1000 次。有了这种令人难以置信的、动态的相互联系，大脑中不同路径的数量是难以想象的！

我们所认为的批判性思维能力的部位位于大脑的外侧，这一层褶皱的皮肤被称为大脑皮层。大脑皮层的厚度约为 0.25 厘米，而且是卷曲状的，这就解释了为什么它的 2200 平方厘米的表面积能够被容纳在人类头颅的有限范围之内。仅大脑皮层就含有超过 100 亿个神经元。就是在这里，在这个有着令人难以置信的延展性的大脑皮层中，所有的较高级智力程序都发生在这里。大脑的其余部分负责较低级的功能，如情绪、饥饿和基础的生命维持过程，这些功能也会受到来自大脑皮层输入的信息的影响。

在理解大脑的神经元是如何相互作用来创造思维方面，我们仍处于起步阶段，但我们已经取得了一些重大进展。例如，我们知道，大脑的神经元并不互相接触，它们通过突触，即"相邻"神经元之间的微观空间，传递微量的化学物质（称为神经递质）来进行交流。迄今为止，已经确定了 53 种不同类型的神经递质，也许还有数百种有待发现。这些神经递质之间的平衡相当微妙。一杯酒、一杯浓咖啡、一夜没睡好、一块糖或者一片普通的感冒药都会对它产生影响，甚至坠入爱河也会改变大脑中的化学物质。当这种化学物质变化时，我们对现实的感知和思维方式也会发生变化。下面我们将简要介绍一些影响大脑的变量，这些变量会影响我们的批判性思维能力。

思维训练 4.1　　　心理训练

你同意东方关于思维的比喻吗，即思想到处跳跃，就像猴子在树枝间跳跃一样？为了验证这种"心如猿猴"的类比思维，你可以尝试做一个简单的冥想练习，时间为 10 分钟。在一个安静的房间里，你坐在一把舒适的椅子上，试着把注意力集中在一件事情上，如在脑海中想象蜡烛的火焰或者一个蓝色的花瓶，并小声重复发出"啊、呐"的声音。当你发现自己在想别的事情时，请把注意力带回到你的冥想对象上。做完这个练习后，你认为自己在多大程度上有意识地控制了自己的思维？

食物和药物

哦，上帝啊！人们居然会把仇敌放进自己的嘴里，让它偷走自己的大脑。

——莎士比亚，《奥赛罗》（Othello）

显然，大脑需要食物的滋养。就像身体的其他部分一样，大脑也需要能量，特别是葡萄糖，这可以从身体对淀粉和糖分的转化中获得。就像身体的其他部位一样，大脑也需要蛋白质和维生素来维持正常的功能运转。如果没有足够的营养，就会导致智力损伤。

在一项对北美印第安儿童的深入研究中，麻省理工学院的埃内斯托·波利特（Ernesto Pollitt）博士证明了严重营养不良儿童的行为表现下降了50%。其中，记忆力、抽象推理能力、思维能力和语言能力受到的影响最大。

然而，我们不一定非得营养不良才会注意到缺乏营养对思维的影响。仅仅用很少的热量度过一天就会削弱我们集中注意力的能力，对于这一点，任何一个空着肚子试图集中注意力听课的学生都知道。

维生素B对于思维至关重要。缺乏维生素B会影响记忆力、注意力，还会导致情绪低落，甚至会诱发抑郁症。在维生素B特别是硫胺素缺乏的急性病例中，可能会发展为科尔萨科夫综合征。这是一种慢性疾病，即使在维生素缺乏得到纠正后，也会对近期记忆产生明显的削弱作用。酗酒者是这种综合征的主要影响人群，因为酒精会迅速地消耗掉他们体内的维生素B。

除了消耗体内的维生素B之外，酒精也会损害我们的思维，尤其是判断力和决策力，因为它具有使人麻醉的作用。长期大量饮酒会使我们的脑组织发生变化，并导致我们的智力永久性地减退。具体来说，它会阻碍人们解决问题的能力，损害学习和感知的能力，并分散注意力。这些影响都归结于长期酗酒导致的大脑内部损伤。这是因为酒精破坏了神经递质，杀死了脑细胞，导致神经元萎缩和畸形生长，然后使大脑发生萎缩。目标区域包括负责记忆的大脑边缘系统和进行高级思维活动的大脑皮层。尽管每个人对酒精的反应不一样，但一个人喝的酒越多，这些有害影响发生的可能性就越大。

除了酒精，在美国，另一种合法且非常流行的药物是尼古丁，它通常通过吸烟进入人体。关于吸烟对记忆和学习产生影响的研究有好有坏。一些研究发现，吸烟可以提高学习成绩和记忆力,特别是短期记忆;另一些研究则表明吸烟有害健康。对其中一些研究的评论表明,吸烟对学习和记忆的积极影响似乎只针对简单的记忆工作,并且这些积极的影响只发生在那些已经对尼古丁上瘾的人身上。然而,尼古丁对较为复杂的记忆和学习任务已经被证明是有害的,会降低逻辑推理能力和解决问题的能力,并对写论文时关键信息的提取产生不利影响。在尼古丁戒断期间也会出现类似的影响,并且时间会持续一两个月。一项新的研究表明,重度吸烟者(每天吸烟超过20支)与中年时期的认知能力下降之间存在着关系。尽管研究人员还在继续探索尼古丁在提高人们学习和记忆能力方面的可能性,但他们似乎一致认为,吸烟的潜在危害远远超过了迄今发现的任何其能增强记忆力和学习能力的作用。如果上述理由还不足以让你戒烟,那就考虑一下吸烟对胎儿大脑发育的影响吧。吸烟会使新生儿智力低下的风险增加50%,并使幼儿患多动症的风险增加三倍。

 想一想

众所周知,女性在怀孕期间饮酒可能会导致婴儿出生时患有胎儿酒精综合征,这是一组包括智力障碍、面部和肢体异常的出生缺陷。然而,根据1996年的一项报告,20%的饮酒女性在怀孕期间仍然继续饮酒。这是否表明了酒瘾的力量超过了理性思考的力量?或者是否有其他的解释?对此你有什么看法?

在美国,大麻是最流行的非法药物。一项用动物作为被试的实验表明,长期接触适量的四氢大麻酚,即大麻的主要活性成分,会增加动物海马体区域脑细胞的死亡率,而海马体是形成长期记忆的关键脑组织。针对人类的研究也发现了大麻对记忆系统的有害影响。这些研究还显示,大麻吸食者存在注意力下降的问题。而且不止一项研究发现,长期吸食大麻对记忆的影响会持续到兴奋期过后,并且随着的大麻的继续使用而加重。这与早期发现的经常吸食大麻的人注意力和积极性下降的研究结果是一致的。即使偶尔吸食大麻也会对思维造成伤害,如果个体吸食大麻的次数越来越多,时间越来越长,对认知的损害就会增加。除了对注意力和记忆力方面的损害,人们还发现了大麻对神经方面的损害,如在青年时期吸食大麻与日后罹患精神疾病的风险增加之间具有一定的关联。至今人们尚不清楚这些神经方面的损害背后的机制,但它可能与大麻吸食者中出现的脑部供血量减少有关系,而且这种情况会一直持续到停止吸食大麻之后。简而言之,吸食大麻会增加人们日后患精神疾病的风险,减少流向大脑的血液,对注意力和记忆系统产生负面影响。尽管大麻吸食者相信大麻能提高他们的创造力,但研究发现事实并非如此。

另一种可能影响思维的药物是可卡因,这是一种兴奋剂,每天大剂量地摄入可卡因会让人烦躁和注意力不集中。长期大量使用会导致偏执思维和知觉障碍。甚至那些从未摄入过可卡因的人,如果他们出生前在子宫内接触到可卡因,也可能会受其影响。针对人类和动物的研究表明,孕妇产前接触可卡因会对胎儿日后产生微弱但不可忽视的影响,如注意力难以集中和更容易分心。针对动物的研究表明,至少在某种程度上,这些影响都是由于大脑神经元的异常发育造成的。研究还表明,产前接触可卡因的婴儿的脑电图测量值存在异常,这表明出生前接触可卡因的婴儿的大脑发育存在问题。尽管这一领域的研究具有挑战性,而且并非所有的结论都是最终的。但显然,可卡因对大脑不是一种有益的药物。

其他属于兴奋剂类并且经常被滥用的药物是安非他明类药物。这些药物通常用于保持大脑的清醒和警觉,或者用来促进新陈代谢和抑制食欲。尽管它们确实有这些作用,但在数天的大剂量使用后,很可能会导致个体偏执妄想、易怒、失眠和产生幻觉,以及由这些影响带来的思维和行为的扭曲。使用这类药物的人的"易怒和偏执可能会导致打架和无端的暴力行为,他们会赶走朋友,对药物的上瘾会对他们的家庭关系和工作产生灾难性的影响"。如果长期使用该药物后停用,可能会导致抑郁,甚至自杀。

摇头丸是一种具有兴奋剂和致幻剂成分的药物,在20世纪90年代初成为一种流行的"俱乐部药物"。研究发现,这种药物可能会导致记忆问题和其他认知障碍,如影响大脑的运转速度。在停用摇头丸后,对记忆力的影响还会持续一年以上。

所有这些药物都会通过突触与大脑相互作用,增加或减少大脑的自然化学反应。尽管它们的药效各不相同,但它们普遍具有扰乱认知功能的作用,而且在某些情况下，在停药后这种损害还会继续存在，并可能导致认知功能的永久性损伤。

 想一想

> 许多被认为非常聪明的人，有的堪称天才，他们形成的思想和理论却与其他一些非常聪明的人的思想和理论相互冲突。对于每一个聪明的决定论者，我们都能找到同样聪明的自由意志拥护者；每一个经验主义者，对应的是理性主义者；每一个悲观主义者，对应的是乐观主义者；每一个有神论者，对应的是无神论者等。从某种意义上说，如果只存在一种正确的观点，那么它们的大部分或者所有观点都是谬误。既然如此，我们凭什么认为这些人才华横溢呢？

睡眠

为了锻炼思维，我们需要睡眠；也许这就是为什么我们一生中有三分之一的时间用来睡觉。对于批判性思维来说，重要的睡眠阶段是快速眼动阶段，在这一阶段人们会做梦。如果人们白天进行了很多智力活动，那么就会更加频繁地做梦，而当做梦阶段的睡眠被剥夺时，他们就会出现认知障碍，如记忆力下降和注意力受损。这些研究及其他研究表明，梦对于巩固白天所学的知识至关重要，这也表明每天的睡眠对于优化认知功能是非常必要的。

那么，我们每天晚上应该睡多长时间呢？虽然专家们对此仍未达成共识，但一项针对大学生的研究表明，只有那些睡眠时间至少在6小时以上的人才会在学习上取得进步，而睡8小时的学生进步最大。一些研究肯定了这些发现。那些每晚睡眠在6小时以下的人产生的认知亏损相当于整整两晚完全的睡眠剥夺产生的认知亏损。尽管人们的睡眠需求各不相同，但为了达到最优的认知功能，大多数人至少需要超过6小时以上的睡眠时间。现在，一些研究人员建议一般人的睡眠时间应在9到10小时之间，这与我们的类人猿表亲的睡眠时间更为接近。这一建议似乎特别适用于青少年和大学生，他们正处于生理成熟阶段，其大脑尚未发育完全，这使得他们的认知资源非常紧张。这一群体的睡眠不足会与其糟糕的学习成绩挂钩。尽管我们在睡眠不足的情况下可能会"有所收获"，并且没有意识到睡眠不足所产生的影响，但我们仍然会遭受睡眠不足带来的恶果。睡眠欠债会对情绪、动机、记忆、决策、注意力、解决问题和逻辑思维产生负面影响。一位睡眠专家估计，对于青少年来说，当睡眠不足8小时，每减少1小时他们的智商就会下降1分——以一周的累积为准。幸运的是，他还认为，这种损失可以通过周末睡觉来弥补。

 想一想

> 睡眠不足会导致推理能力下降已被谈判专家作为一种谈判技巧，他们故意把工作拖到很晚，然后第二天一早继续开会。一位谈判专家承认，为了进一步减少对方的睡眠，整晚都为对方提供咖啡。最后，很容易就达成协议，因为对方会变得草率，忽略细节，失去为除了主要问题以外的任何事情而争论的动力。这合乎道德吗？

 思维训练 4.2　　睡前的批判性阅读练习

为了说明精神疲劳是如何对批判性思维和注意力产生不利影响的，请你在睡着之前或其他一些感到精神疲劳的时候，阅读下面一段由卡尔·荣格撰写的关于无意识的短文和一首艾米莉·狄金森（Emily Dickinson）所作的诗（现在不要读）。然后，在你醒来后不久，再读一遍。诚然，你是第二次阅读它们，因此可能会更好地理解它们。但你也应该注意到前后两次自己在集中注意力方面的差异。第一遍阅读和第二遍阅读相比有什么不同？

荣格的短文：

> 我们不能忽视这样一个事实：正如意识产生于无意识，自我中心也来自潜能黑暗深处。就像人类的母亲只能生出人类的孩子，孩子最深层的本性在其位于母亲体内处于潜在状态的时候被隐藏起来了。因此，我们实际上不得不相信：无意识不可能是一种完全混乱的本能和意象的累积。必须有某种东西把它们组织在一起，并且让整体得到表达。它的中心不可能是自我，因为自我是从意识中诞生出来的，它反过来依靠无意识，并尽可能地将其拒之门外。或者无意识随着自我的诞生而失去了它的中心？在这种情况下，我们会期望自我在影响力和重要性方面远胜于无意识，之后无意识就会温顺地跟随着意识的脚步，而这正是我们所希

望的。

现在请阅读艾米莉·狄金森（Emily Dickinson）的这首无题诗。

> 我死的时候听到了苍蝇的嗡嗡声，
> 我的周围一片寂静，
> 就像在暴风雨的间隙空气突然平静下来一样。
> 眼泪已哭干，
> 周围的人都屏住呼吸，
> 等待那最后的一击，这时，
> 国王的权力得到见证。
> 我遗赠了自己的纪念品，签字送出，
> 送走了所有属于我的东西；
> ——然后，
> 一只苍蝇钻了进来，
> 带着蓝色的、不确定的、起伏的嗡嗡声，
> 在光和我之间；
> 然后窗户被封闭，
> 我什么也看不见了。

我们思维的潜能

如果我们避开那些会使我们的思维变得迟钝的事物和行为，并按照本书中给出的建议积极地行动，以提升我们的认知能力，那么我们就可以开始发挥自己思维的独特潜能。我们的大脑就会向着更加深入地进行思考的方向发展。

为了使我们的思维得到发展，我们的大脑必须发展。就像肌肉一样，必须通过锻炼才能发挥其最大潜能。如果没有脑力劳动和刺激，我们的大脑的潜能就不会被激发出来。理想情况下，这种刺激应该在出生后的头三年开始。与婴儿说话可能是在这一年龄阶段所能接受的最好的刺激。但刺激不应止于此。新的研究发现，人类

大脑的发育在最初的 15 年里非常迅速，之后又急剧放缓。在 3 岁到 6 岁，大脑中负责计划和组织新活动及保持注意力的区域发展得最为迅速。从 6 岁到青春期，发育最快的区域转移到涉及语言和空间关系的区域。直到个体 20 岁出头大脑才完成基本的硬件连接！在这几段成长岁月里，拥有一个健康的环境将有助于大脑发挥其思维潜能。

许多研究表明，环境刺激对于智力发展会产生影响。其中一些研究针对的是孤儿和其他在贫困、落后环境中长大的儿童。另外一些研究则使用老鼠进行实验，有些老鼠生长在富裕、复杂的环境中，另一些老鼠则生长在贫困的环境中。这些实验研究发现，富裕、复杂的环境对于大脑智力的发展是必需的。成长于没有智力挑战的环境中的个体，其智力就会被抑制。

虽然年轻时期是滋养大脑最好的时候，但好消息是，即使是成年人也可以促进其大脑的发展。一项研究发现，即使是一直生活在贫困环境中的高龄老鼠也会从一个有刺激的环境中受益。当被放置在一个充满迷宫、桥梁和旋转轮子的环境中，这些老鼠的每个神经元平均都会发育出 2000 个新的突触。当然，对人类进行这样的实验不符合伦理，但这项研究的意义在于，我们任何时候开始发展自己的潜能都不算晚。如果这还不足以激励我们锻炼自己的思维，那么请思考以下内容：研究发现，我们保持智力活动的时间越长，患痴呆症的概率就越小，这种脑部疾病会在不知不觉中降低智力的功能。

如果我们保证睡眠充足，避免药物（包括酒精）滥用，养成正确的饮食习惯以及用智力活动来刺激大脑，那么我们就可能会拓展自己的大脑潜能。但是，大脑的性质是否限制了我们对世界的理解？可能是这样，尽管我们很难知道它限制的程度。这种情况就像盲人试图了解一个其无法体验的充满色彩和光亮的世界一样。

如果我们反思一下自己的经验就会发现，只有五种感觉为大脑提供用来思考的信息。然而，体验世界的方式可能有六种、七种，甚至一百多种。我们没有理由认为，我们拥有完全理解宇宙所必需的所有感知方式。即使是通过我们的感觉获得的经验，也未必能代表真正的现实。你的笔写出的字真的是黑色的吗？或者这种黑色仅仅是你的笔、你的感觉器官和你的大脑处理这些感知信息的方式之间的关系？色盲者是看错了还是只是看到了不同？我们有足够的理由相信我们的大脑和感觉器官给我们带来了"真实"的世界吗？难道是我们的大脑构造和发现了一样多的现实？哲学家伊曼努尔·康德（Immanuel Kant）认为，因果关系、空间和时间都是人类大脑强加于世界的结构。牛津大学数学家罗杰·彭罗斯（Roger Penrose）也持有类似的观点：

物理学描述的"时间"根本没有真正地"流动"，我们只是有一个看似静态的固定的"时空"，其中展示了宇宙的事件！然而，根据我们的认知，时间确实是流动的。我的猜测是，这里也有一些虚幻的东西，我们感知的时间并不"真正"以我们感知的线性向前的方式流动（无论这意味着什么）。我认为，"似乎"我们感知到的时间顺序是我们强加于自己感知之上的东西，以便使它们在外部物理现实统一向前的时间进展中有意义。

总而言之，尽管我们让大脑尽可能地保持健康，但它仍可能会限制我们感知和思考世界的能力。如果我们的神经元被激发得更快，如果它们的组织方式不同，或者如果我们的大脑稍大一点，我们对现实的体验将与今天大不相同。因此，我们的思维不可能是产生关于现实的绝对真理的完美思维，而仅仅是我们利用现在拥有的大脑结构所做出的最好的思维而已。

想一想

我们知道药物会改变我们对现实的感知，扭曲我们的思维。然而，大脑在正常状态下也是一台药物机器。大脑的正常"服药"状态也会限制和扭曲我们的思维吗？大脑的什么状态能让我们对现实有一个"真实"的认识？

大脑与心灵

大脑和心灵之间的关系是重要的哲学问题之一，即所谓的身心问题。它涉及两个基本（和相关）的问题：（1）大脑和心灵是独立的实体吗？（2）大脑和心灵在哪些方面是相关的？大脑的定义比较简单，就是指由颅骨包裹的生理器官或大量神经系统组织。大多数人都知道我们说的大脑指的是什么。然而，关于心灵的定义，人们的看法却不太一致。我们所说的心灵，并不是指我们头骨下的生理器官。相反，心灵通常被定义为我们的心理过程的组织结构，包括记忆、思维、感知和体验。有时候，它被当作意识的同义词，那么潜意识又是指什么呢？难道它不是心灵的一部分吗？也许有人会说，神经元属于大脑，而我们的初级记忆则属于心灵，是心理世界的一部分。但什么是心理世界呢？它仅仅是大脑的一种属性吗？是由大脑产生的吗？还是说大脑只是简单地接收并解释心灵，就像电台接收无线电信号一样？是心灵驱动大脑，还是大脑驱动心灵？如果没有大脑，心灵还存在吗？如果存在的话，在没有大脑的情况下，心灵的本质是什么？我们如何解释二者之间明显的联系，即大脑组织的变化似乎与心灵体验的变化有因果关系？

有趣的是，大脑和心灵似乎有不同的特性。大脑有质量，是公开的（解剖时可以被看到），并且占用一定的空间。然而，我们的心理世界是私密的（没有人知道你在想什么），没有质量，也不占用任何空间（就目前看来）。当我们提及对祖父的记忆时，并没有把它等同于我们回忆过程中发生的一系列神经元激发的顺序。那么，一个具有心理世界所没有的特性并且看起来与心理世界并不相同的大脑，是如何产生心灵的呢？或者反之亦然？大脑和心灵是其他事物的两个方面吗？物质是一种幻觉吗？（随着我们对它的探索的逐步深入，它似乎确实消失了。）或者心灵是不是某种形式的物质？

找到这些问题的答案将有助于解决其他重要的哲学问题，如决定论对于自由意志、死而复生的可能性等。有关身心问题的许多方面人们已经有了很好的论证，但是没有人能够提供明确的结论。也许永远没有任何理论会是最终的结论，因为正如一位哲学家所说的那样，"心灵和物质的本质无法被人类的思想触及，这样的可能性是存在的。"

我相信当前的任何理论都不能在身心问题上有重大突破。因此，我认为，心灵与身体之间的关系是一个深奥的未解之谜。不止如此……我认为，这将是一个永恒的谜。

在这一章中，我们做出了诸如"我们的大脑会向着更加深入地进行思考而发展"和"为了我们思维的发展，我们的大脑必须发展"这样的陈述。显然，这些说法可能会受到质疑，这取决于一个人对心脑关系的观点。在这个问题上，很难存在满足所有人的理论观点，我们也并不是要支持某一种心灵理论。

思维与记忆

> 你的记忆就是过去,想象你去记忆,说服自己去记忆,或者假装要记忆。
> ——哈罗德·品特(Harold Pinter),剧作家

如果连一点简单的记忆都没有,我们的思维就无从谈起。因为即使是将数字6和3相加,也需要在我们对6进行记忆的基础上再加上3,没有记忆,就不会有基于经验的任何思考,我们的世界也就不会有连续性。我们会完全沉浸在当下,没有未来可以想象,没有过去可以参考。我们不知道自己是谁,也不知道自己要去哪里。对一些人来说,在这个永恒的当下有意识的存在似乎是可以想象的,但在其中思考似乎是难以想象的。

思维和记忆是不可分割的。我们的思维既取决于记忆的能力,也取决于记忆的内容。记性差或记忆被扭曲会使我们很难进行思考。然而,即使是超强的记忆力也不是完美的。不管我们对以前发生的事多么有把握,我们都可能是错的。因此,我们必须倾听他人的回忆,并对他们的故事可能为我们的经历提供更准确的版本持开放的态度。我们还必须用硬件资料对我们的记忆进行备份,把我们认为以后要回忆的事件记录下来,我们必须积极地通过意义、实践和记忆方法来对这些事件信息进行编码。下面我们简单地看一下记忆是如何欺骗思维的,为什么我们会遗忘,以及如何提高记忆力。

记忆不断变化的本质

当记忆在大脑中再现的时候,与这些记忆相关的神经元就会发生生理变化。神经元分成很多支节以建立更多的连接,它们只需要较少的神经递质刺激就能够更有效地被激发。但是,这些和其他生理变化究竟是如何在大脑中留下记忆的仍然是一个谜。然而,我们所知道的是,不管记的生理基础是什么,它都会经历变化。在进一步阅读有关记忆的内容之前,请完成下面的思维训练。

思维训练4.3　　　　　童年的回忆

花点时间回忆一下你第一次学会骑自行车的情景，或者如果回忆起来难度太大的话，也可以回忆一下你骑自行车时的某个场景。在阅读下一段之前，请尽可能回忆更多的细节。

_____

_____

_____

如果你的记忆是对你所经历的事情的准确再现，那么你所回忆的内容不外乎有自行车的前部、你的手臂和手放在自行车的车把上、前方的人行道或公路，以及路边的房屋或树木等，这些场景取决于你的经历发生的地点。如果你记起的比这还要多，并把你大脑中的事物形象化（指的是你看不到的事物），如你的祖父推着你（你看不到他）、自行车的后轮（你也看不到）等，你正在为你的真实视觉经验添加材料。几乎每一个人都会给这种经历添加一些信息。这些添加的信息通常与所发生的事件的含义是一致的，但其本身并不是对真实事件的准确再现。

从上面的练习中我们可以清楚地了解到，实际上我们是在重建我们的记忆，而不是获得有关经历事件的准确再现。这种再建行为经常发生，但其发展的方向并不总是与经验的意义相一致。也就是说，尽管这些记忆在细节上不准确，但是它们与我们赋予这段经历的意义是一致的。最早论证这一点的一项实验发现，如果我们给被试看一张看起来像很厚的字母C或者很薄的1/4月牙的东西的图片，并告诉他们这就是字母C，他们以后会倾向于认为它看起来更薄、更像字母C，而不是1/4的月牙。而当其他被试看到同样的刺激物，但被告知这是一个1/4的月牙时，他们后来就会记得它比原来厚得多，看起来更像一个1/4的月牙。换句话说，人们的记忆会朝着刺激物赋予的意义的方向扭曲，在本案例中刺激物是字母C或1/4的月牙。

意义对于我们回忆事件的重要性是不容忽视的，因为在日常生活中，我们不断地为自己所经历的大大小小的经验赋予意义。被狗咬伤的经历在当时可能是一个小麻烦，但在记忆中却显得比原来更加微不足道。另外，如果被狗咬最初被认为是一种可怕的经历，那么随着时间的推移，我们对它的回忆也许会使这种经历变得比以前更可怕。在回忆中，狗的体型变大，咬伤更严重，打斗的持续时间更长，狗的主人也变得更加冷漠，甚至具有虐待狂倾向。实际上，我们的生活似乎只是虚构中的真实故事而已。

最容易改变的记忆是情景记忆，即那些我们对生活中的传记性事件的记忆。其他类型的记忆，如感知-运动记忆（对如何骑自行车和操作机械等执行技能的记忆）和语义记忆（对我们自己的语言的记忆，如狗是什么、如何对数字进行加法运算）则不容易失真。但是，那些似乎冻结了时间的情绪事件产生的情景记忆呢？这类事件的例子有空袭珍珠港、约翰·肯尼迪遇刺、挑战者号航天飞机爆炸和"9·11"事件等。许多美国人无论身在何处，正在做什么，只要一听到或者看到这类事件的信息，脑海中就会生动地再现事件的细节。但是，当我们探索这些记忆时会发现，尽管这些记忆很生动，但它们可能是错误的；其实，我们的大部分记忆都很容易改变。事实上，有些记忆完全是捏造出来的，似乎是凭空而来、没有任何事实依据的故事，但持有这些故事的人却相信它们是真实的。

 想一想

你是否曾经讲过一个故事，并加以润色，以增加故事的吸引力，然后有一天，当你讲到第十遍的时候，发现自己开始相信这些润色？你认为自己讲过多少次这样的故事后，就无法控制自己，并最终相信了自己编造的故事？

实验研究已经表明，人们在不真实回忆的趋向方面存在差异，这可能是由于先天的差异或个人经历的不同造成的。尽管存在这些差异，但大多数人在催眠状态下都会特别倾向于扭曲记忆或者伪造记忆。催眠师的引导性提问或在催眠状态下被试的期望都会导致虚构的记忆。不管大多数人想到的是什么，如果人们通过催眠来找回失去的记忆，他们找回的记忆很可能是虚构的（不真实的记忆），而不是准确的回忆，并且这些虚构的记忆是围绕着催眠师或被试的期望而产生的。这种虚构可以描写过去生活的回忆，并且已经被用来解释有些人会出现乱伦错误记忆的原因。

下面这则轶事就是一个很好的例子，尽管有些极端，但也能说明记忆的塑造本性和不可靠性。这则轶事似乎描述了一个与真实事件不一致的重构性记忆，然而记忆主体却认为它是真实的。

一名老兵来找心理医生，抱怨自己一直受到噩梦的困扰，这些噩梦都是关于当年他在战争中遭遇的情景。在睡梦中，他满头大汗、心跳加速，并被周围都是受伤战友的画面和到处都是鲜血的景象所惊醒。他无法摆脱那种习惯了在战壕里随时待命的状态，对任何风吹草动都保持警觉，条件反射性地握紧匕首。在此期间，他会哭诉他看到牺牲的战友，或者会为一场格斗的回忆而惊恐尖叫。经验丰富的心理医生会安慰他说，战争已经结束了，他现在在家里很安全。

尽管如此，老兵还是没能被挽救回来，他通过吸入一氧化碳自杀了。在他死后，他的遗孀试图把他的名字刻在战争纪念碑上，因为她认为自己的丈夫是一位无可争议的"战争牺牲者"。然而对这位男士参军经历的进一步调查显示，他从未参加过那场战争。

遗忘

记忆不仅可以改变和损害我们的思维，而且也可以被我们完全忘记。有些记忆实际上似乎是为了遗忘而存在的，如一个我们以后再也不会用到的电话号码。在不加复述的情况下，这些短期记忆大约只能维持 20 到 30 秒。一旦它们完成了自己的使命，就会被遗忘，而且很可能无法被再次记起。

对我们的大部分思维来说，最重要的记忆是我们的长期记忆。这些记忆是指我们需要在考试中取得好成绩、讨论柏拉图的哲学，以及对我们周围的世界进行批判性地思考。与大多数人所认为的相反，长期遗忘大多发生在刚获得信息后不久；随着时间的推移，遗忘的速度逐渐减慢。例如，我们在大学课程结束一年后记住的大部分内容，在两年后我们还会记得，但是我们今天记住的很多内容会在几周后被遗忘。

回忆和识别

识别信息比回忆信息要容易得多。有一项研究极有力地说明了识别的力量:以每10秒1张的速度向被试展示2560张照片,在最后1张照片放映完1小时后,每个被试都会看到280对照片。每对照片中有1张是从2560张照片中选出来的;而另1张是与之类似的照片。每个被试都被要求辨认出属于2560张照片中的那1张。你认为准确率是多少?人们可能认为这种类型的回忆任务的准确率不超过10%。然而,在这个识别实验中,准确率在85%到95%之间!这也是警察使用面部照片来帮助受害者识别罪犯的一个很好的理由。不幸的是,我们经常无法选择如何回忆信息。但每当我们这样做的时候,选择性的识别通常都会比较成功。

为什么我们会遗忘

有时候我们会忘记一些事,因为那些回忆是痛苦的。这种被称为"抑制"的遗忘理论表明,我们会更多地忘记生活中不愉快的事情,而不是美好的事情。这一观点已经通过大量的案例研究得到了一些实证支持。遗憾的是,所有人都会记住一些不好的事件。没有人知道为什么有一些负面的经历会被压抑,而另一些则不会。

我们遗忘的另一个原因是其他信息,特别是类似的信息,干扰了我们正在努力记住的内容。这种遗忘的干扰理论解释了死记硬背方法的问题和障碍。在刚开始采取死记硬背方法时,我们也许能够准确地将名称与事件或理论联系起来,但是随着信息的增加,干扰也会随之增加,我们经常会发现自己对名称和事件的记忆是不正确的。死记硬背的方法确实能提高学习效率,但需要更多的学习时间来克服干扰的问题,所以在学习时我们最好能够避免过度消耗时间。

想一想

干扰理论建议我们不要同时学习两门外语。如果同时学习的话,是否有一些方法可以避免干扰?

遗忘的第三个原因是我们无法找到正确的线索。线索可以是类别的名称(工具）、事件发生的地点（华盛顿公园）、特定的气味（李子树）等。甚至我们的情绪状态也可能成为一种线索。当我们悲伤时，更容易记住悲伤的事情而不是快乐的事情，反之亦然。针对为什么无法找到正确的线索我们不得而知，但往往可能是我们从未将强烈的、独特的线索与最初的信息联系起来。

压力对记忆也有一定的损害。研究发现，某些在身体和情绪压力下增加的激素会损害记忆。罪魁祸首是下丘脑产生的促肾上腺皮质激素释放激素（CRH），以及由肾上腺产生的糖皮质激素：皮质酮、可的松和皮质醇。在压力下产生的高水平 CRH 会破坏大脑中有关学习和记忆区域的神经元，尤其是海马体部位的神经元，从而干扰记忆和学习。因早年压力产生的损害，如在童年时期发生的虐待，甚至可能影响个体成年后的记忆。关于糖皮质激素，一项针对老鼠进行的有趣研究发现，电击给其造成的压力通过皮质酮的作用干扰了记忆的再现。近来一项针对人的实验研究证实了这些结论。被试被要求记住 60 个动词，然后在测试前 1 小时服用可的松。结果显示，服用可的松组的得分下降了 35%。这些研究成果也许可以解释与抑郁症和老年人有关的一些记忆问题，这两种情况与较高的皮质醇水平相关。这些研究也可以解释法庭证人在胁迫下的记忆问题，或者在压力条件下出现的其他人类记忆错误，如由于考试焦虑导致的记不起之前学过的内容。那些本来可以表现得更好的学生，大多都被考试焦虑带来的压力击垮。换句话说，没有压力的佼佼者最容易战无不胜。

 想一想

为什么学生在考试时记不起之前学的内容？上述研究表明，考试前和考试中的压力可能会干扰学生的记忆。如果是这样的话，这些信息对考生有什么影响？

如何提高记忆力

提高记忆力的基本策略是一开始就把信息很好地存储下来，因为我们的记忆能力与记忆最初被保存的程度成正比。我们不能仅仅用笔写下我们的记忆，我们应该像雕刻家那样用凿子把记忆深深地雕刻在石头上。我们可以通过让信息变得更有意义、将信息与已经熟知的事物联系起来、使用记忆技巧及通过复述和练习来达到这个目的。

让信息变得更有意义。那些激动人心的经历很容易被记住是因为它们特别有意义，我们能够不费吹灰之力就将这些记忆存储下来。有意义的信息比无意义的信息更不容易被遗忘。虽然我们可能并不觉得这个世界总是很精彩，但可以通过其他方式让它变得有意义。例如，找到我们所要学习的内容的相关性，以及它与日常生活的关联性，就会增加信息的意义，让我们更加难以忘记。我们也可以尝试了解信息是如何被组织起来的，或者最好的方法是自己组织信息。这样就可以提供一个有意义的结构以便于记忆。

将信息与我们已经熟知的事物联系起来也可以使信息变得更有意义。例如，许可证号 KLB100，其中的字母可能是我们名字的首字母，其中的数字可能是我们希望活到的岁数。当我们注意到这种关系时，可能会在数月或数年以后再次毫不费力地回忆起这个号码。

使用记忆技巧。记忆技巧是对信息进行编码以便于记忆的策略。一种策略是使用图片、韵律和联想，另一种策略是使用连接技巧，还有一种策略是运用我们对家庭环境的熟悉程度。那些以出色的记忆力给观众留下深刻印象的艺人，通常都会使用这些或其他记忆技巧。

 想一想

我们通常可以按照意愿提取以前的记忆，这说明我们的记忆是被组织起来的。如果你的记忆没有被组织过，并且提取记忆也是任意的，那么请你估计一下提取你所骑的第一辆自行车颜色的记忆，会花费多长时间。

 思维训练 4.4　　　　使用记忆技巧

以下记忆技巧可以帮助你有条理、有意义地把记忆存储起来，以方便回忆。

韵律联想法

如果你想给朋友留下深刻的印象，这是一个很好的记忆技巧。它会帮助你记住前后有顺序的一系列单词，有助于你识别和任一数字相关联的对象。第一步首要要记住数字 1 到 10 的押韵词，例如，

One—Bun （1—小面包）　　Six—Fix （6—修理）
Two—Stew （2—炖）　　　　Seven—Heaven （7—天堂）
Three—Bee （3—蜜蜂）　　 Eight—Bait （8—诱饵）
Four—Floor （4—地板）　　 Nine—Dine （9—用餐）
Five—Dive （5—潜水）　　　Ten—Dog pen （10—狗圈）

一旦你记住了这些押韵词，就可以把自己试图记住的想法或事情与押韵词建立联系。为了强化记忆，这些联系应该尽可能地荒诞和生动。

定位法

这种记忆技巧与上述方法类似，最主要的区别是你不必先记忆押韵词，而是利用你已经知道的信息，如客厅的布局。当你试图记住一张清单时，在脑海中浏览你家的客厅，并将每个单词与客厅的物品联系起来。

连接法

有时候，我们试图记住的信息很难用上述技巧来描述。此时，使用连接法可能会更好。在使用这种技巧时，所有要记忆的项目都是相互关联的。每一项都可以被描述成要么与其他的物体相联系，要么听起来非常像可以替代其位置的物体。例如，如果你想记住明尼苏达、加利福尼亚、纽约和佛罗里达，你可以想象一个维京人（明尼苏达）戴着一顶米老鼠的帽子（佛罗里达）站在自由女神像（纽约）旁边，一场地震（加利福尼亚）的震动使自由女神像和维京人来回摇晃。

复述。我们重复新的信息和想法的次数越多，就越容易记住它们。一位教过一门课已经无数遍的大学教授，往往仅凭记忆就能讲授一整个学期的课程。但是，仅仅是一遍又一遍地复述某件事情，而不关注它的意义，即没有对其进行思考，通常不能形成牢固的记忆。人们在一生中会不断地看到某样物品，但很少有人能把它画

下来。从这个例子中我们可以清楚地了解到，学生可以反复阅读大学课本中的某一章，但如果没有把这一章的内容组织起来或者与之建立联系，从而使它变得有意义，他们学到和记住的知识就会非常少。然而，单纯的重复也有其存在的价值。例如，诗歌是靠重复来学习的，因为我们在努力记住的是确切的字，而不仅仅是这些字的意义。但如果诗歌没有意义，我们所学的单词就是空洞的。

练习。记忆就像肌肉一样：如果得到锻炼，它就会变得强壮；如果得不到锻炼，它就会变得衰弱。让记忆发挥作用就可以提高我们记忆的能力。俗话说："用进废退。"

记忆药物

我们可以看到，存储记忆是需要付出努力的。如果我们可以通过直接吃药来存储记忆，那不是很好吗？"记忆蛋白"已经成功在动物身上进行了验证，目前正在进行人体试验。因此，未来的大学生在学习课本内容的同时服用记忆药物的想法并非遥不可及。正如一位研究人员所说，"记忆药物将进入市场，这只是一个时间问题，而不是假如的问题。"但是，记忆量达到多少才算过量呢？我们真的想记住每一次糟糕的争吵、每一次尴尬的事件，或者每一部无聊的电影的细节吗？为了在考试中取得好成绩你愿意付出多大的代价呢？

总结

我们的大脑是一个由数十亿个神经元组成的思维工具，这些神经元细胞之间存在着难以想象的复杂联系。为了让大脑正常运转，为了发挥思维的潜能，我们的大脑必须得到足够的营养和充足的睡眠。它还必须远离药物、酒精、大麻、可卡因和其他能够影响大脑中微妙的神经递质平衡及会导致思维扭曲的物质。但是，我们的大脑需要的不仅仅是足够的营养和不被有害药物侵害，它还需要刺激。丰富的、具有挑战性的环境会把我们的大脑打造成一个更强大的思维器官，并且还会预防老年痴呆症的发生。我们的大脑可能无法解开所有与我们有关的谜团，但是它却可以在我们揭示个人宇宙秘密的过程中提供新的视角和见解。

我们的记忆隐藏在大脑中。我们已经探索了记忆的一些本质和奥秘，并且已经认识到我们必须听取不同于我们的记忆内容的其他人的意见。这是因为我们的长期记忆一直处于持续的变化中，它不仅可以修正过去，甚至可以创造未来。我们还关注了一些导致遗忘的原因——抑制、干扰、失去线索、压力——我们还探讨了通过让信息变得更有意义、运用记忆技巧、复述和练习来提高记忆力。

通过对记忆本质的进一步了解，我们不再完全信任记忆呈现给我们的东西。但是，我们也学会了如何提高记忆力，进而成为更好的思考者。

挑战练习

1. 本章的内容表明，我们可以做很多事情来最大限度地发挥大脑的潜能。列出一些改善大脑工作的方法，然后确定你会采用哪一种方法。

2. 我们知道，大脑对于咖啡、睡眠、药物和食物很敏感。这种敏感性对我们的行为有什么影响？

3. 我们了解到，保持锻炼的老人较少患一些脑部疾病。你认识一些上了年纪但精神状态非常好的人吗？他们做了什么（阅读、有兴趣爱好、与人聊天等）以促进大脑的活动？

4. 你认识一些没有表现出智力（动脑）兴趣或行为的年轻人吗？在生活中，你有没有发现自己在智力（动脑）上有懒惰的地方？读一本有挑战性的书会为大脑输送养分。你还能做些什么让你的大脑定期得到锻炼？

5. 再回顾一下莎士比亚《奥赛罗》的引文（参见本章"食物和药物"部分）。针对"敌人"会偷走我们的大脑，你有何感想？

6. 运用你自己的经验或你认识的其他人的经验，找出本章中提到的药物影响思维和判断力的例子。批判性思维能力下降会导致什么后果？

7. 为什么一个生理大脑可以产生一个心理世界，而这个心理世界的特征是生理世界所没有的？有没有其他情况，在生理物质中产生一些具有非生理特征的事物？

8. 我们知道大脑是由五种感觉来供养的。你能想象还有什么其他类型的感觉存在吗？或者这是无法想象的？

9. 你的大脑是如何过滤、创造和构建现实的？在没有认知工具（即大脑和感觉）来影响和扭曲我们的认知的情况下，我们还有可能认知一些事物吗？我们知道某件事情的真实情况，这种说法意味着什么？

10. 是你支配大脑行动，还是大脑支配你行动？你是独立于大脑而存在，还是由大脑制造出来的？

11. 你有过几天不睡觉的经历吗？这种情况是如何影响你的思维和注意力的？

12. 你的思维能力在一定程度上与你所处环境中的刺激有关。鉴于此，你会如何评估你所处的环境？

13. 除了本章提到的记忆技巧外，你还能想到其他的记忆技巧吗？

14. 尽管记忆至关重要，但它也容易出错。你能回忆起自己曾经对某件往事很确定，然后发现自己的回忆出错了吗？你能确定是什么原因导致你的记忆力变差吗？

15. 干扰会妨碍记忆。制订一个学习计划，把你受到的干扰降到最少。记住，不要超负荷死记硬背，也不要连续地学习相似的科目。

16. 你有考试焦虑症吗？如果有的话，你可以做些什么来缓解焦虑，使你的记忆力在下次考试中更好地发挥作用？

17. 牢固的初始记忆是以后回忆的基础。你能做些什么让一些事情在你的脑海中留下深刻的记忆，以便在需要的时候能回忆起它们？

第 5 章　语言：思维的媒介

我的语言的界限就是我的生活的界限。

——路德维希·维特根斯坦

语言可以像演说家演讲那样被清晰地表达出来，也可以像狗吠一样大声地喊叫出来。语言可以优雅地切开一切现实的边缘，也可以像扫帚一样横扫阴沟里的一切。它可以在法庭、会议室、教室和酒吧里回响。它的字里行间可以包含我们生活中的诸多方面。

我们通过语言来思考。当我们读到这里的时候，正在使用语言进行思考。我们已经把思维广义地定义为有交流性的潜在的大脑活动。尽管除了语言之外，我们还可以通过其他方式思考，如图像或感觉，然而语言在我们的思维中发挥着核心作用。

本章的重点是理解语言，以便我们更好地思考。我们没有使用语义学和语法学和语用学等语言学术用语，而是使用了意义、词序和语境等普通的语言形式。在这一章中，我们将分析语言如何使我们的思维得以实现、结构化并限制我们的思维，关注社会对语言塑造的影响，研究语言基本的、隐喻性的本质并学习如何使用隐喻，同时指出语言的局限性。之后，我们将详细了解英语的丰富遗产，如它的词库、定义、内涵和词序的能力。而后我们将聚焦上下文和表述清晰的重要性。最后，我们会介绍要避免的一些陷阱，如概括和抽象、啰唆、冗余、不符合逻辑和陈词滥调。

　思维训练 5.1　　　　**语言与思维**

维特根斯坦在《逻辑哲学论》(*Tractatus*) 中提出了语言与思维的二元论：思维是内在的，语言是外在的。在维特根斯坦的《哲学研究》(*Philosophical Investigations*) 中，他弥合了语言与思维之间的鸿沟。他说，没有语言，思维就不可能存在，即当一个人学习语言时，也在学习如何思考，语言与思维是一体的。

1. 你是否认为思维是内在的，而语言仅仅是思维的外在表现？
2. 想一想维特根斯坦关于语言重要性的主张（即语言与思维是一体的）的准确性。你能想出支持或反驳这种说法的方法吗？
3. 没有语言的话你能进行任何思考吗？
4. 如果你相信可以不通过语言进行思考，那么现在请做一些"无语言"的思考。
5. 接下来，如果你能够不通过语言进行思考，请试着把这种"不通过语言的思考"传达给别人，同样不使用语言。
6. 你有什么发现？

当你思考语言的作用时，当你阅读这些文字时，以及当你讨论它们时，你都在使用语言。这有力地支持了维特根斯坦的语言即思维的主要观点。无论他或你的具体立场如何，语言与思维的根本联系都表明了在我们的思维中语言的重要性。

语言与我们的大脑

大脑皮层就像一片沟壑纵横的土地，等待着语言的种子。借助于功能性核磁共振成像（MRI）和正电子发射断层扫描（PET）技术，以及在像安东尼奥（Antonio）和汉娜·达马西奥（Hanna Damasio）这样的研究人员的帮助下，我们开始发现这些种子在沟壑中的哪些地方长成了语音、动词、名词和句子。直到最近，人们还认为大多数语言处理，如"命名中心"，仅位于新大脑皮层的额叶和颞叶部位。但是，新的功能性核磁共振成像研究表明，大脑中参与运动控制的一个比较早熟的部位——小脑——也具有语言的功能。这种种植的类比跨越了关于语言是天生的还是后天习得的争论。答案是二者兼而有之。显然，人们从出生就具备了语言能力。婴儿会无意识地发出咿咿呀呀的声音，其中的很多声音在其所生活的文化中是找不到的，然后大约在婴幼儿十个月大的时候开始在其生活的语言环境中牙牙学语。简而言之，大脑有接受任何语言的潜能，但是语言是后天习得的。

语言是一种"软件"，它允许我们的大脑以自己的方式思考；没有语言，大脑皮层基本处于闲置状态。没有语言的大脑就像没有种子的田地或没有汽油的汽车——只有潜能而没有性能。如果你知道海伦·凯勒（Helen Keller）的故事，你就会了解到，她小时候很聪明，但语言贫乏。

她又聋又瞎，然而当她用手指触摸文字并将其印刻在自己的大脑中时，她就开始了一个飞跃式的学习过程，最终她熟练地掌握了七门语言。如果离开了语言，我们的行为就像动物一样。

大脑中一直"运行"的语言会限制我们的思维。语言是人脑输入——记忆、分类、创造、判断和做出决定——的翻译性媒介，语言同样极大地塑造了这些过程。对于能够进行抽象思维的大脑皮层来说，如果没有了语言，大脑皮层就像人体模特身上的衣服一样，毫无用处地悬挂在我们的大脑之上。

语言的普遍性

普遍性是语言的巨大功能之一。我们的脑海里有"树"这个概念，而我们也大致知道所有的树都是什么样子的。尽管它们的顶端可能是花蕾、花朵、球果、种子、坚果、水果或针状叶，但我们知道它们都有根、树干和树枝。"树"这个字涵盖了地球上所有的树。我们可以从一个实例中形成这种普遍性的概念。例如，如果你只看到过一只金黄色的金丝猴（一种毛茸茸的、敏捷的、小巧的、有着金色闪光皮毛的猴子），那么你就会认出下一只金丝猴。即使下一只金丝猴的皮毛是红色的，你也会很容易就认出它。从一只金丝猴，你可以概括出"金丝猴"的普遍性特质。

也许有些语言的普遍性特质较弱。按照路易斯·乌里亚特（Louis Uriarte）的说法，他曾在亚马孙河上游的奥马瓜部落待过几年，这些土著人说话总是特别具体，善于描述细节，比如"我们在河边看到过爪印的那只豹子"。奥马瓜部落的父母不会警告孩子"小心豹子"，而是会这样说："小心大石头旁的豹子，我们听到它在咆哮。"我们不知道奥马瓜人是否对所有的存在都有一个概念，但在我们的语言中，我们有"宇宙"这个词。我们可以形象地把宇宙装入我们的头脑中！因此，我们可以提出那些根本性的探究性问题。

语言的结构性

如果说语言是大脑的软件，那么我们就可以期待它引导我们的思维，然而令人惊讶的是，语言还可以引导我们的认知。这意味着语言不同，我们看待事物的方式也会不同。这种语言相对性的概念在 20 世纪 50 年代非常流行，并以本杰明·李·沃尔夫（Benjamin Lee Whorf）命名，通常被称为"沃尔夫假说"。它在 20 世纪 60 年代受到挑战，到 90 年代以更普遍化的形式再现并被人们关注。沃尔夫认为，因纽特人（即爱斯基摩人）对雪的认知与一般人不同，这是因为在他们的语言中有很多描述雪的词汇。由于因纽特人的视杆细胞、视锥细胞和视网膜与我们的一样，那么是否他们有很多描述雪的词汇使得他们在认知上与一般人不同呢？我们向一位山地滑雪运动员同时也是一个滑雪队的原教练询问了这一问题，他使用的词汇有路基、新鲜、人工的、粉末、颗粒、泥浆、积雪、硬、风力堆积的雪、眩光冰、蓝色冰和样板。他的大脑中的这些词汇是否帮助他认识了更多种类的雪并且使他的滑雪技术更好？是的，而且也更安全了："如果你滑雪滑得很快，突然有树木凸出来，你最好能识别出风力堆积的雪，否则你可能会受伤。"（出现风力堆积起来的雪说明前方有障碍物）理查德·尼斯贝特（Richard Nisbett）在他的《思维的版图》（Geography of Thought）一书中认为，亚洲人注重的是语境和联系，而西方人注重的是对象和范畴。这本书的评论者说："通过大量的社会心理实验，作者论证了亚洲人实际上是以与西方人完全不同的方式来看待世界、思考世界并在心理上组织这个世界的。"例如，在对一个鱼缸观察 40 秒后，美国人对较大或较亮的鱼的评论是日本人的三倍，而日本人对鱼缸环境的评价则是总评价的 60%。

同样重要的是，当你向医生描述身体上的疼痛时，语言也构成了医生的认知。例如，如果你心脏病发作并把疼痛描述为"剧烈的"，你被正确诊断的可能性会比你把它描述为"压力""紧张"或"辐射状"的要小。

我们再来看看其他几个例子。一个从未接触过汽车的人，他打开引擎盖后看到的是一大堆电线、金属物及软管；而机械师们脑子里都是这些零件的单词，他们看到了什么？一个普通人听一个由 95 件乐器演奏的音乐，听到的是一个混合的声音；而一位训练有素的音乐师听到的是什么？都市人首次进入深山老林了解到的是"黑暗""巨大"和"可怕";而一位园艺博物学家了解到的是什么?认知的诸多差异在很大程度上是存储在语言中的经验的差异。

再看一个例子。作为星期六早上的任务,一个男孩不得不在他家的老房子里打扫迷宫般的壁架和门框。在大学里,他学到那些壁架是以希腊圆柱的七个部分为原型设计的。今天,他看到的不是迷宫,而是这些壁架的每一个部分,从底部的柱状物到顶部的突起,因为在他的脑海里每一部分都对应着一个词语。

我们之所以看到自己所看到的东西,部分原因是我们使用的语言。哲学家蒙田告诉我们,"心灵按照其自身的观念切割(现实)"。因此,他警告我们,无论大脑抓住或者拒绝的是什么,我们都要保持高度怀疑的态度。培根称这种扭曲的过程为"心灵的假象"。他把我们特定的假象称为"洞穴假象"。"每一个人"都有一个属于自己的洞穴或巢穴,它折射和褪去了自然的光辉;每个人的思维、身体、教育和习惯都是独一无二的;如果我们把某个东西当作偶像,通常它的重要性就会被扭曲。你拥有何种类型的头脑,就会使用什么样的语言。

思维训练 5.2　　　　简单的思维扫描

请在下面的表格中列出一些你感兴趣的领域,如你的兴趣、爱好。在表格的右边,写几个专业术语,使你能够看到该兴趣、爱好的特定部分。例如,如果你喜欢修车,你可以写上"凸轮轴""摇臂"等。请你继续填写这个表格。

我喜欢的领域	构造认知的术语
我不喜欢的领域	

（续）

我所知甚少的领域	

如果我们听从培根和蒙田的忠告，我们的好恶清单将提醒我们警惕一些较深的认知偏见。我们也许发现最后一部分内容最难填写，如果我们对这个领域不是很了解，那么怎么可能写下这些术语呢？因此，最后一个列表的重要性变得显而易见：如果我们希望学习和成长，在学校和工作中（或在生活中）取得成功，就需要这些术语，需要头脑中的语言（并且在生活中我们也会增加语言）。更好的语言不会使我们变成更好的人，但它会为我们了解更多的东西、更有效地思考及更好地从生活中得到更多回馈提供更好的机会。

语言与社会

语言反映社会，是社会价值的载体。它的好坏取决于塑造它的头脑，只有我们吸收了它，它才对我们产生作用。正如我们将在下文中看到的那样，英语语言反映了一个丰富多彩的社会，并为我们提供了一系列令人惊奇的选择。同样，有时它也束缚了我们的思维。

20世纪40年代，乔治·奥威尔（George Orwell）在其著名的"政治与英语"（Politics and the English）一文中宣称，英国的衰落反映在英语语言的不严谨上。很少有专业人士支持奥威尔的语言与价值观之间相联系的观点。然而，如果我们看一看美国政府的用语，奥威尔学派的观点就有了可信性。在20世纪70年代，美国的政府报告将越南平民的死亡称为"附带损害"。这听起来没有人性，就像我们为获得贷款而提供的"抵押品"。"和解"一词被用来指通过放置B-52炸弹的"地毯式"轰炸等策略以获得国家"和平"。在这样一种和平的轰炸模式下，谁还会因为一点附带损害而被激怒呢？如果这些扭曲的用语不能使我们退缩，考虑一下水门事件中企图掩盖事实的一个辩护者所说的,他说:"真相被谎言的乌云保护着。"乔治·奥威尔谴责这种政治语言是"使谎言听起来像真理,谋杀听起来值得尊敬,同时给完全虚无缥缈之物以实实在在之感"。

进入21世纪,这种委婉的说辞仍然存在。一对没有孩子的夫妇被冠名"丁克家庭"。F(不及格)的成绩被温和地称为NP(挂科)或NG(无等级),并且那些不及格的人被称为"新兴学生一族"。加油站工作人员是"石油输送工程师"。学习如何杀死其他蛙人的蛙人被纳入了一个"游泳者淘汰计划"。"我说错话了"成了"我撒谎了"的常用语。

这种扭曲的变相说法并不总是美国文化的一部分。人们认为理想的美国人是直率的,近乎粗鲁般诚实。在文化用语中我们可以听到褒扬诚实的说法,诸如"乔治·华盛顿从不说谎话""他是一个言行一致的人""请相信我一定践行诺言"和"我向你保证"。这种诚实类用语会让他人对说话者产生信任,促进双方的交流。当语言被用于撒谎时,它就会撕破信任的面纱,而变成战争的武器。

语言的隐喻力量

隐喻是语言的核心功能。如果我们能够理解隐喻,并学会用它们来进行思考,那么我们将会挖掘出一个更丰富的语言和思想的脉络。在本节中,我们从广义上定义隐喻。我们将展示语言是如何进行隐喻性的工作的、如何在隐喻的陪伴下发展的、最根本的隐喻是如何控制知识领域的,以及当隐喻发生变化时我们的理解又发生了哪些变化。

什么是隐喻

隐喻(metaphor)的标准定义是"两种事物之间的隐含比较"。隐喻源自两个古希腊词汇:meta(意思是"与""之后"或"超越")和phorein(意思是携带)。因此,隐喻在原有意义的基础上承载了另一种意义,或者超越原有的意义变成了新的意义,即旧的意义融合产生了新的意义。如果能获得文学评论家们的许可,我们将在最广泛的比较意义上使用隐喻,其中包括明喻(明确的比较)和类比(扩展的比较)。这种隐喻的广泛运用可能就是为什么亚里士多德称之为基本的修辞格,并把隐喻的使用看成天才的真正标志。

与隐喻相同,语言也融合了两样东西:声音标志(字母或符号)和声音标志所代表的现实。在这种声音标志和声音标志所代表的现实二者融合的意义上,语言本身也是隐喻性的。此外,在深层次的根源意义上,语言似乎也伴随着隐喻而发展。例如,"I am"(我是)这个短语很可能来自早期的印欧语系形式,意思是"I breathe"(我呼吸)。这种隐喻性的发展方式扩展了许多常用词的含义,诸如"run"(跑)在其他短语中的隐喻有:"run up a bill"(埋单)和"run the show"(作秀)。当"信息高速公路"的隐喻在20世纪末出现时,几周之内,与之"配套"的词出现了:数字匝道、信息收费站、交通堵塞、电子路线,以及路面坑洼等。隐喻与语言的工作方式密切相关,并且语言与我们的思维方式紧密相连,所以隐喻与我们的思维有着错综复杂的联系。

语言的演变及其对隐喻的影响

按照奥托·杰斯珀森(Otto Jespersen)的观点,语言的发展是积极的,因为现代的语言已经更好地适应于表达抽象的事物,并精确地描绘具体的事物。"与此相反,在古代的语言中会更直接地表达感觉,它们显然更具暗示性、更形象、更有画面感。"实际上,它们是"诗的语言"。例如,一位树木学家可能会看到一棵树有"向外延伸或潮解"的分枝。然而,我们的祖先可能见过一棵树是有腿、胳膊(四肢)和手指的。这些旧的和新的术语适用于什么情况呢?各自的价值是什么呢?哪一种拥有直接的隐喻力量?如果你查一下"excurrent"[(叶脉)延伸的、渐细(狭)的]和"deliquescent"(溶解的、溶解性的)的含义,也许你能发现隐藏其中的遥远的隐喻。

隐喻模型控制思维

隐喻是我们思考自身及世界的一种方式。所有的知识领域都有隐喻根基或者模型,是隐喻模型开创了这些领域;当这些隐喻模型发生变化时,这些领域也会发生变化。例如,我们可以看到人类对世界的理解是变化的,从托勒密(Ptolemaic)的地心说，到哥白尼的日心说，到开普勒（Keplerian）的椭圆轨道说，到牛顿的万有引力，到爱因斯坦的能量守恒，到卢瑟福（Rutherford）和玻尔（Bohr）的原子太阳系模型，再到轻子和夸克模型，"令人惊奇""充满魅力"，等等。随着每一个新的隐喻模型被创造出来，整个知识领域都转向这一新的模型，我们对宇宙的思维方式也随之改变。

为了理解这些模型的隐喻性本质，让我们来看一个大师级的隐喻，这也许是科学或文学史上最伟大的隐喻：$E=mc^2$。爱因斯坦的洞见基本上是隐喻性的，他把两个事物放在一起，并继续深入把它们以一种精确的一致性统一了起来：物质和能量是统一的，也是可以相互转换的。

在遗传学中，沃森（Watson）和克里克（Crick）发现四种类型的重复阶梯组成的螺旋式阶梯状（双螺旋结构）组成了人。一旦他们获得了这一基础性的隐喻性洞见，也就为绘制所有人类基因图谱的基因组计划开辟了道路。双螺旋模型已经主导（几乎控制）了所有的遗传学方面的思维。我们对宇宙和自身有了更多的了解，是因为我们有了隐喻模型。

这些隐喻也决定了我们思考自身的方式。例如，在医学上，药是由医生开出的；受这个隐喻的影响，一些医生非常愿意给我们开药，以缓解我们的"病症"（另一个隐喻）。为了了解这个隐喻是如何控制思维方式的，我们可以想一想带着同样的问题去找内科医生或外科医生的区别。如果我们因为心脏问题去看内科医生，可能更容易接受减压和降低胆固醇的药物治疗方案；如果我们去找一位心脏外科医生（外科医生的本意是指用手工作的人），我们就更容易接受搭桥手术的治疗方案。随着隐喻的变化，职责范围也相应地发生了变化："护士"以前是指代母乳喂养的"奶妈"，现在变成了"医生助理"，承担了更多的职责，享有了与"医生"相关的更高的社会声望。随着隐喻的变化，我们对宇宙的理解也在发生变化。

同样，我们也可以展示棒球和商业、哲学和宗教、工作和爱情的隐喻性基础。再次强调，我们理解这些领域的活动，是因为对于它们的隐喻已经得到了清晰的阐述。然而，有一个关键的隐喻被遗漏了——对大脑的隐喻。大脑及其运作被喻为白板、黑匣子、电灯泡、花园、魔法织布机、记忆丛林、记忆银行、机器、照相机、总机、主器官、图书馆、计算机以及全息图。最近出现了一个令人震惊的隐喻，那就是把大脑比作一个隐喻！由于大脑会产生隐喻，并将不同的观点和想象融合成新的形式，因此，理解大脑的一种方式就是认为它像隐喻一样工作。尽管我们偏向于这种新的隐喻，因为它说明了隐喻在思维中的核心地位，但这可能还不是解开大脑秘密的关键隐喻。

我们已经看到了一些关于隐喻的伟大主张，这些主张在文学评论家卡洛琳·斯珀津（Caroline Spurgeon）处得到了更进一步的推动。卡洛琳·斯珀津认为：

> 隐喻本身就蕴藏着宇宙的秘密。发芽的种子或飘落的树叶实际上是我们所看到的人类生命和死亡过程的另一种表达，这一赤裸裸的事实让我很震惊，就像其他人一样，就像置身于一个巨大的谜团之中，我们只有理解了这个奥秘，才能解释生命与死亡。

语言、律师与立法者

在一场令人瞩目的审判中，双方的著名律师都用隐喻来表达真相，以说服陪审团："真理之火越吹越旺"，以及"这是一座纸牌屋，真理的指尖来了会把它推倒"。在这种真相的语境里，如果法官告知一位律师要停止拖延诉讼的行为，那么这位律师会以一个隐喻性的搪塞做出回应："我们正在前进，法官大人，就像鲨鱼在水中穿梭一样快。"当法庭里响起笑声的时候，这位律师立马把他的隐喻改成"像海豚一样，法官大人"。

来自美国中西部的一位参议员摘记下了其同僚们的一些不经意的话语。

- 这些数据不是我的，而是来自一位知道自己在说什么的人士。
- 我对此并不感到困惑。只是我太忙了，以至于没有时间思考。
- 我没有必要相信我所思考的东西。
- 我的知识无法与他的无知相比。
- 北部的那片土地一直未被开发，处于自然的状态。
- 这项法案对于人口稀少的大城市会有所帮助。

- 只要我还是参议员，我的州就不会出现任何的核能栓剂。
- 我从一次致命的心脏病发作中幸存了下来。
- 我知道我所相信的与我所知道的事实是不同的。
- 预计会遇到严重事故的人应该系好安全带。

语言的局限性

语言的结构化、普遍化以及隐喻性的力量使我们的认知和理解更丰富，但也可能会削弱我们的认知，使新数据迁回到旧的结构中，使类比发生歪曲并扭曲我们的记忆。为了保证思维的准确性，我们需要警惕这种对思维的语言方面的扭曲。对于普遍化的用语，如树，语言会对我们起到遮蔽的作用，使我们看不到每棵树的特征。即使语言帮助我们看得更具体，如枫树，或者再具体一点，如银枫树，但在这个狭隘的定义中，语言还是会蒙蔽我们的眼睛。我们利用大脑中的语言词汇想到的是我们知道所有的树（或者所有的银枫树）是什么样的，然而每一棵树和树上的每一片叶子都是独一无二的。

同样，随着新数据的输入，我们试图将其纳入现有模式，有时这会带来危险的结果。例如，大多数人对于警告卡车司机前方有陡坡的道路标志都很熟悉。一位小汽车司机第一次看到类似的路标（一辆卡车倾翻在路边）时，他认为这就是他已经知道的"陡坡"路标。他并没有放慢速度，而是驶进一个急转弯道。卡车倾翻的标志意味着"前方是有危险的弯道"，而他错误地理解了这一点。因为大脑里已经有了语言的缘故，他没有注意到标志的细微差别。同样，当司机开车穿过美国堪萨斯州无边无际的麦田时，他看到远处有一个没见过的方格图案，当他试图将它转化为自己已知的城市标志时，这个图案在他看来就像一个汽车回收厂的标志；当他开车靠近时，发现是一个挤满了牛的饲养场。他的语言定式扭曲了他的认知，即把牛当成了汽车。

历史上，错误的隐喻也限制了我们的理解。只要人们认为心脏是感情的中心，他们就不可能理解它。人们被错误的隐喻束缚住了。直到哈维（Harvey）注意到血液循环和纽科门（Newcomen）发明了真空泵，人们才能够正确地描述心脏的活动：它像一台水泵一样。

语言的定式甚至会导致我们无法准确地记忆。例如，一个在橡树（oak）林周围长大的男孩，曾经能正确地拼写美国所有州的名字，但最近他却把州和树混淆了，把"俄克拉何马州"（Oklahoma）拼成了"奥克拉何马州"（Oaklahoma）。

因此，语言的矛盾本质既让我们的思维获得自由，也让我们的思维受到禁锢。语言用普遍的概念、隐喻和结构化"激活"了我们的大脑皮层。但它也在某种程度上将我们的思维禁锢在语言的边界内，使我们对周围世界的细微差别视而不见。

英语的力量

如果说语言禁锢了我们的思维，那么我们使用的语言——如英语——就是我们选择的监狱。丰富的多元文化语言遗产以及英国和美国在世界历史上发挥的影响，使英语在全球范围内得到应用。在几千种口语中，英语已成为地球上重要的语言之一。

词义

我们不是天生就会说英语，而是要学习它。考虑到语言对我们的思维、人际交往、自己和世界的理解，以及推理能力和选择成功和幸福的重要性影响，我们可能希望更好地学习它。

每一个词都是什么意思？答案是"一个词的确切意思就是我选择让它表达的意思"。其实，一个词的意思是社会选择让它成为什么意思。例如，当一个担心被绑架的小男孩收养一只小狗时，他把个人的恐惧转移到语言模式上，担心自己的小狗会被"绑架"。如果社会接受了这个词，如果这个词变得普遍，那么它就会进入语言的词汇库。为了让思维更有效，我们将简单研究一下词干和词缀的扩展模式，通过研究定义以达到清晰，通过研究内涵以达到精巧。

思维训练 5.3　　　　我们脑海中的语言

下面一系列问题能帮助你思考头脑中语言的现状。既然你已经看到你的思维只有在你的语言中才能得到体现,那么这个训练可能会让你意识到需要加强和磨砺你的语言。

1. 你的口头表达有多流利?
2. 你的脑海中有什么样的词语?有多少个?你可以通过思考你读过的书的类型,以及你在说话和写作时使用什么样的词语来回答这个问题。
3. 你能清晰地表达自己的想法吗?不问问题、不做解释,其他人能跟上你表达的速度吗?
4. 你的阅读水平如何?你读什么样的书?你想多读什么样的书?你需要读很多书吗?
5. 你的语言基础在内容上有哪些优势?换句话说,你在哪些方面知识渊博,能够轻松地进行思考和交流?你希望向哪些领域拓展?
6. 你的隐喻能力是什么?你能把现有的想法合成新的想法吗?
7. 你的思维方式是什么?花点时间思考一下词语和想法是如何在你的脑海中穿行的:按随机的顺序还是按紧凑的顺序?单个的还是成串的?以图像的、带着感情的方式,还是以你能识别的任何其他方式?

词根和词缀

大脑里的语言文字就像银行里的钱:我们拥有的越多,就越富有。我们思考的时候需要词汇,我们的词汇量越丰富,思维就越丰富。快速地积累英语语言财富的方法就是学习词根和词缀。例如,如果我们知道词根 cog 的意思是"思考"〔如笛卡儿著名的"我思故我在"(cogito ergo sum)〕,我们就可以开始猜测 cogitate(动词,沉思)、cogitation(名词,沉思)和 cogitator(名词,沉思者)的含义。这是一个简单的步骤,添加一个前缀表示"深、沉"的意思。字词意识,特别是对词根和词缀的认识,可以使我们的词汇量迅速增加,这就是我们的思维库。

正确的词语

清晰的思路依赖一个扩大的词汇库，它可以帮助我们选择那个最恰当的词。弗朗西斯·培根告诉我们，"不恰当的言辞"会阻碍人们的理解，"使人们陷入无数空洞的争论中"。你有没有听说过，当人们认为他们在争论同一件事情的时候，实际上他们在激烈地争论不同的事情？当人们没有在话题及其定义上达成一致时，就会产生类似于盲人摸象"摸到了大象的不同部位，也就有了对大象的不同看法"的沟通问题。定义的力量如此强大，以至于往往是定义问题的那个人决定了辩论。

有时语言的使用者一点也不严密。例如，美国芝加哥市的一档脱口秀节目的主持人说，"放任"和"宽容"的社会是一回事。你觉得这两个词有什么不同？

有时人们使用错误的词汇是因为它听起来与所寻找的词汇很接近。有时我们很难找到最恰当的词，因为语言有时很草率。例如，我们的学费可能会通过计费部门、财务处、助学处、财务主管、审计长或者只是普通的业务部门来处理。或许我们要警惕那些有裸露、暴力画面与语言的电影。我们希望回到没有语言的无声电影时代吗？我们的语言有时候比较草率、含糊，但这并不意味着我们的思维也是凌乱的。如果我们有很多工具可供选择，而其中一些工具枯燥乏味，那么我们就不必使用那些枯燥乏味的工具。我们可以选择自己的措辞，并仔细界定问题。

内涵

即使我们的话语精确地对准了目标，内涵之风也会把我们的意思吹偏。大多数词语并不局限于单一的意思，相反，它们有很多不同的含义。一家医院将其用于疝气和胆囊的腹腔镜手术宣传为"创可贴手术"。当你听到"创可贴"时，你会有什么想法和感受？该宣传的本意是"一次简单的手术"，但"创可贴"一词还带有"廉价、临时、表面"的内涵，如"给问题贴上创可贴"。

这个例子表明了一些词语所蕴含的情感内涵。语言具有激发我们情感的巨大力量。语言本身可能不是事物，但有时它们可以用其所代表的全部力量给我们一记耳光。

思考词语内涵的一个有用的方法是判断其积极或消极的影响。例如，关于超重

第5章　语言：思维的媒介

的人，你会把粗壮结实的、河马、丰满、胖家伙、矮胖的、超重的、肥的、牛、黄油球、身材丰满、健壮的和极为肥胖的这些词语放在下面格子里的什么位置？

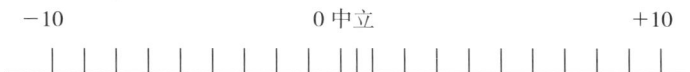

 思维训练 5.4　　　识别我们的激情词语

每个人都有不同的"激情词语"，例如，愚蠢的、丑陋的、说谎者、骗子、福利、艾滋病，以及粗俗用语等。请列举一些能触发你情绪的词语。

_____　_____　_____　_____
_____　_____　_____　_____

有时候，激怒我们的可能不是上述词语，而是说话者的语调，它能让词语的意思发生180度的转变。

变化

不要做第一个尝试新事物的人，也不要做最后一个抛弃旧事物的人。

——亚历山大·蒲柏

当内涵发生变化时，为了保持思维的敏锐性，我们必须紧跟这些变化。显然，我们不希望把自己的汽车说成马车，把一个快乐的人说成同性恋，或者把玫瑰的香味说成气味。在决定何时改变时，亚历山大·蒲柏的建议是可靠的：不要做第一个人或最后一个人。当然，如果我们对语言有深入的了解，一个"破旧的小屋"会让我们感到困扰，因为在英语中"破旧"的意思指"石头掉下来"；而一则带有"解剖座椅"的山地自行车广告同样会冲击我们的深层语感，因为它在英语中的意思是"切开的座椅"，但很少有人会被更深层次的含义困扰。一般情况下，一个词语的新的含义在日常会话中会更快地被接受，而在正式用语中则会被更谨慎地使用，但当新的含义被大多数受过教育的人使用时，我们就可以使用它了。在所有改变词语内涵的用法中，我们需要明智地决定何时放弃词语中旧的意思，而使用新的含义。

想一想

过去人们常常去图书馆浏览信息，现在大多数人通过网络获得信息。想一想这些隐喻中所蕴含的不断变化的内涵。你是喜欢通过网络获取信息还是喜欢在网络中漫游？从根本上讲，哪项活动更深入？或者你更喜欢不同的隐喻吗？

词序创造意义

当我们用英语思考时，必须小心地放置单词，因为单词的位置有助于表达意思。"排列不同的词表达不同的意思，不同的意思产生不同的效果。"帕斯卡说。不仅帕斯卡所使用的法语是如此，对英语来说更是如此：英语是按词序排列的。如果我们移动了单词的位置，就会改变句子原本的意思。在"狗咬人"（The dog bit the man）和"人咬狗"（The man bit the dog）这两个句子中，仅从位置上就可以看出谁被咬了。同样，我们可以通过位置来分辨名词和形容词，因为通常形容词在前面：我们不采黄色的花，而是采那朵黄花（We do not pick the flower yellow, but the yellow flower）。一个词的位置决定了它的意思。如果我们小心地放置单词和短语，就会避免句子的结构混乱，如错位的修饰语和空置的分词。这样我们就会更接近清晰的思维。

作用强大的部分：名词和动词

最基本也是最常用的词序就是简单的主语、谓语、宾语。在我们的语言和思维中，这些基础性的位置由名词和动词来填补，它们是语言中最重要的部分。如果我们在思考中注意名词和动词，通常不需要一系列的形容词来修饰名词，也不需要一连串的副词来激活动词，相反，我们可以选择具体的名词和动词。例如，我们不说"那个巨大的、毛茸茸的、强壮的、丑陋的家伙在地板上沉重且有力地移动"，而说"大猩猩轰隆隆地在地板上移动"。

你能感受到这两句话的巨大差异吗？后者用了不到前者一半的文字，"发出雷鸣般吼叫声的大猩猩"给人的心灵带来了更大的冲击。与之类似，如果我们想让一个

第 5 章 语言：思维的媒介

女人"穿"过房间，我们可以从大摇大摆、闲逛、漫步、缓行、摇摆、滑行、跟跟跄跄、旋转、起伏或流动中做选择。如果我们倾向于用过多的形容词和副词来修饰自己的思想，不妨更努力地寻找那些构成我们思维靶心的具体的名词和生动的动词。

思维与语境

环绕声比任何一种声音都要大。绿地上的白色球体没有任何意义，直到它出现在上下文中：一个外场手把球从草地上捡起来，金属球杆将白色的球击向果岭上的一个洞。语境是理解球体和绿色的关键，也是理解几乎所有词语的关键。每当我们使用词语时，都要考虑一下语境。在一次全美电视辩论中，一位副总统候选人说，其对手的环保计划的成本将达到 1000 亿美元。为了让自己的陈述听起来真实，他还引用了对手书中的页码。这位候选人没有提到的是，环保计划是国际性的，其成本将由许多国家承担。因为观众是美国人，他们自然而然地认为自己要为此买单。这种歪曲事实的做法近乎说谎。如果真相被扭曲，它就不再是真相。

语境的作用可以如此强大，以至于讽刺或语调可以让一篇文字的意义发生转变。一名男子在机场迎接一位朋友，他一边拥抱并拍打朋友的后背，一边不停地咒骂他。侮辱性话语的意思被语境颠倒了。没有语境，就没有参照物来引导我们的思维；没有语境，就没有立足点来建立我们的思维；没有语境，我们就无法清晰地思考。

清晰

清晰来自正确地做好每一件事。如果我们意识到语言的概括能力可能是一个弱点，那么我们就会小心翼翼地使用具体、准确的语言。如果我们意识到词语的多重含义，意识到听众的背景，我们就能谨慎地定义术语并准确地使用词语。就像宝石一样，清晰是难能可贵的，在我们思考的各个方面都非常值得追求。

英语的陷阱

英语有所有语言都有的局限性：它构建了我们的认知和记忆，它易受不准确的定义、相互冲突的内涵、模糊的定位和扭曲委婉的话语的影响。此外，由于英语的词汇量庞大而灵活,如果我们不保持警觉,我们的思维就会被概括和抽象、啰唆、冗余、不符合逻辑和陈词滥调所蒙蔽。

概括和抽象

尽管我们需要概括和抽象,如原理、自然规律、公式和理论,帮助我们理解各部分之间的关系,然而概括和抽象却被过度使用。为了清晰地思考和交流,我们最好用实例来充实我们的概括。其中经常使用的"80-20法则"提供了一个很好的规范,即用80%的例子、事实、类比、图表、统计、具体的言语和特定的词语来支持20%的概括和抽象的内容。

> **高特异性**
>
> 约翰·济慈(John Keats)的诗歌《希腊古瓮颂》(*Ode on a Grecian urn*)就是一个很好的例子。济慈在诗中描述了森林和田园风光、冷酷无情的男人和少女,以及管乐器的旋律和歌声,他的大部分文字都是为了唤起人们的感觉,最后他总结道:
>
> 美即是真,真即是美,
> 这是你在世界上所知道的一切,也是你需要知道的一切。
>
> "80-20法则"使我们的思维建立在事实的基础上,并确保我们的交流能够引人注意。

啰唆

当有超过一百万个词需要我们思考时,我们就很容易被它们错综复杂的词意所困住,而忽略了直接的思考,这是可以理解的。培根指出,当我们"只研究文字而不研究物质"时,就会出现"学习的第一个困境"。为了说明这种"紊乱",美国国家标准局给了水电工这样的建议:"盐酸的功效毋庸置疑,但离子残留物与金属不是永久相容。"当水管工无法理解这句话的意思时,国家标准局的相关人员写道:"不要用盐酸!它把管子都吃掉了!"这些操作指南中的明显差异表明了对我们思维的挑战：我们的陈述和解释既要简明扼要，又要保持准确完整。正如我们将在第 13 章中了解到的那样，简明扼要是如此重要，以至于有时它们是对我们思维质量的考验。

冗余

我们很容易就能避免一种被称为冗余的措辞形式，如果我们意识到这一点。虽然冗余并不会使我们的思维变得不准确，但它们会稀释我们的思维，使其失去紧致的力量。冗余是指无谓的重复，这与强调性的重复（如"人民的政府来自人民、为了人民"）是有所区分的，这种重复的强调可以强化我们的思维。

不符合逻辑

我们的语言并不总是合乎逻辑。它并不是由逻辑学家或数学家设计的，而是由活生生的说话者说出来的，尽管 19 世纪的一位数学家确实试图给我们的语言设定一个双重否定的规则，即两个否定词等于肯定的表达，但在文学作品中却充满了使用大量重复的否定词来表达"不"的例子。此外，多义词存在模棱两可的意思，如果不小心使用，就会引起歧义。

语言的不一致性会令人恼火，也许嘲笑语言的弱点会更有帮助。例如，如果素食者吃蔬菜，"人道主义者"吃什么？ 我们越是意识到语言含义的多重性和不符合逻辑的本质，就越需要更好地选择我们的语言来帮助自己清晰地进行思考。

 想一想

所有语言固有的缺陷都可能因为翻译而加剧。雪佛兰（Chevy）车型 Nova 在西班牙语中是"不走"的意思。你会买一辆叫这个名字的车吗？同样，在把其他语言翻译成英文时也会出现问题。在一本书中提到两种医学名词，如果你知道牛黄和红花被翻译成"毒坚果"和"毒橡木"，你还会用它们吗？

陈词滥调

陈词滥调可能是我们没有进行独立思考的一种表现。在最初的表述中，陈词滥调背后的思维过程很精彩,随着时间的推移和不断地重复,这些词语就变得枯燥、空洞。当我们使用这些陈词滥调时,就是在使用别人旧有的表述,而我们可能并没有意识到自己的感觉、感受、思考和沟通。在思维过程的每一个层面,陈词滥调都在起着保存原有含义的作用。我们可以通过简单的复述来避免这类陈词滥调。

总结

语言是我们思维的风景画,其中有高山和森林,也有城市和马路。它既承载了内容,也建构了形式。我们需要用语言来思考。语言的功能与我们思维的各个方面都密切相关,我们在其他章节讨论的感觉、情感、记忆、创造力、组织思维、推理、评价、决策、说服及行动等密切相关。随着我们更多地了解语言的优点和缺点,以及随着我们进一步提升和完善我们的语言,我们将会更好地进行思考。

我们已经把语言看作人们大脑的软件,没有语言,人们的大多数思维就不可能实现。为了讨论思维的实践目的,我们把思维定义为"被表达的思想"。语言是承载这种思想的载体,但语言不仅仅是载体,它既是容器,也是被装纳其中的思想。

我们已经证明,语言赋予思维以普遍化的能力;语言构建了我们的认知,对于语言运行的方式及我们思维的方式,隐喻在其中都起着至关重要的作用。同时,我们也看到,语言的普遍性、结构性和隐喻性本质也会束缚我们的思维。

最后,我们了解到英语是一门仍在不断发展的内涵丰富的语言,它的词序决定了语句的意义。我们可以通过关注词根和词缀,更快地记住其庞大的词库,从而获得更多的词汇来支持我们的思维活动。为了避免思维中出现啰唆、冗余、不符合逻辑或陈词滥调,我们可以精确地定义、仔细地注释,具体化名词、激活动词并寻求隐喻的力量,这样我们的思维就会充满活力。

虽然我们在这短短的一章中结束了这样一个庞大的议题,但是我们不会丢下语言不管——我们不能这样。我们将用语言进行思考。

挑战练习

1. 尽管我们同所有的讲话者一起分享语言，但是我们也有属于自己的语言，它来自我们的父母，来自当地的社区，以及来自我们从出生就听到的所有语言与我们的心智结构和兴趣相结合的独特方式。试着找出你脑海中的语言结构。这可能很困难，因为我们常常觉察不到语言竟然如此接近我们。例如，一个好的开始是分析我们写下、录音或录像的内容。在接下来的几个月里，如果你关注自己的语言模式，你可能会对它们有更多的了解。寻找你大脑中独特的语言状态。

2. 提高英语理解能力的一个很好的方法是反思性阅读，并注意倾听单词的模式和含义。阅读任何书籍或文章的一页并分析它。仔细观察每个词语的位置、使用的词语的种类，以及这些词语在该模式中一起使用的微妙内涵。

3. 提高语言意识的一个方法是听一个好的演讲者说话。识别演讲的不同方面，如语序、隐喻和其他任何显示出强大思维的东西。

4. "说不出来就是不知道"，对此你同意吗？

5. 在你的专业研究领域中，有哪些基本的隐喻？如果有必要，请重读"隐喻模式控制思维"标题下的内容，了解一些被隐藏的想法。

6. 当我们不理解一些东西时，我们会寻找一个模型或隐喻来帮助我们进行理解。作为大脑的模型，隐喻有哪些可能性和局限性？

7. 你能否想到某次你费力地解释某件事情，却想出了一个错误的类比，结果你的想法要么被人嘲笑，要么被误导？

8. 哪些话题或情境会促使你使用委婉的语言？

9. 隐喻是一座桥梁，它跨越了人与人之间的差异并让我们得以沟通，这是真的吗？如果你觉得这种想法有道理，那它对你未来的思维有什么意义？

10. 在化学实验中，先将水倒入容器中，然后再倒入硫酸，还是反过来操作，这有很大的差别：前者形成了溶液，而后者则会导致爆炸。同样，在思维中，把正确的单词放在第一位可能就会带来顺畅的沟通，而把错误的单词放在第一位则会导致灾难。你能想到这样的例子吗？

11. 不同的隐喻会对孩子的成长方式产生怎样的影响？如果将养育孩子比喻为种一棵树、盖一栋房子，或者做一把斯特拉迪瓦里小提琴，会有怎样的影响？

12. 当维特根斯坦说："我的语言的界限就是我的生活的界限"，这是什么意思？你赞同吗？

第 6 章　情感

情感先于理智。

——卢梭

情感和思维

情感和思维有什么关联？我们为什么要用一章的篇幅来讲情感？在某种程度上，思维和情感几乎是对立的：思维是理智的，情感是本能的；思维往往是清晰的，情感则是混乱的；思维可以很容易地用语言表述，情感却常常难以言说；具有思维能力是人类（智人）的特点，而来自情感方面的生理反应是许多动物所共有的特征。看到这些对比，我们很容易忽略情感，而把注意力格外集中在理性思维上。然而，如果我们这样做，就会失去探索一个巨大资源库的机会，这个资源库可以激发我们的思维，并帮助我们打造一流的口才。

人是身体与大脑的完美结合体，亚里士多德称之为"理性的动物"。从比例上讲，人的身体远比头脑大得多。在身体顶部的整个大脑仅 1.4 千克，大脑之中负责思维的部分——大脑皮层——只是覆盖大脑其他部分的一层表皮。如果我们的体重大约是 68 千克，那么身体的重量就占了 98%，大脑只占 2% 而已。

但是身体与大脑重量的占比并不重要，重要的它们之间的联系。庞大的身体通过一个小小的脊髓及其神经网络与大脑进行连接并接受大脑的指挥。我们感受到的强烈的情感，是一个复杂的由腺体、激素、酶和神经元等构成的系统所激发的。我们的思维和情感之间似乎存在着一荣俱荣、一损俱损的关系。

在第 2 章中，我们已经了解了情感是如何阻碍和扭曲思维的。在本章中，我们首先审视一下文化背景，文化背景在很大程度上贬低了我们的情感，使其难以被理解和运用。之后，我们把情感视为思维背后的积极力量，将情感的范畴扩大到包括强烈的信念、偏见甚至价值观的领域，因为正如我们将要展示的那样，人类对于思维/情感这些领域具有强烈的情感和认知内容。最后，我们将介绍在谈话和写作方面运用情感来激发强大思维的方法。

 想一想

安东尼奥·达马西奥（Antonio Damasio）说，人类"总是对各种情况进行瞬间的情感评价，这种评价如此迅速，以至于人们通常意识不到这一过程"。如果我们的情感运行如此迅速，而且处于场景之后，那么我们就会想知道它们是如何影响思维的。很久以前，卢梭就说过，"无法想象一个无所恐惧、无所欲望的人为什么要花心思去讲道理。"你同意他的观点吗？他进一步说："正是由于激情的作用，我们的理智才得以发展。"你是否同意这种大胆的说法——激情使理性得以发展？如果是这样的话，这是如何实现的？

文化背景

当社会压制大多数公共情感的表达时，我们就很难了解情感，也很难运用情感进行思考。这种对情感的压抑是欧洲理性主义、清教徒主义，甚至是禁欲主义传统的一部分。美国的开国元勋，如托马斯·杰斐逊（Thomas Jefferson），直接从孟德斯鸠和洛克等思想家那里得到启发，他认为"启蒙式"思维可以解决所有问题，既包括社会问题，也包括科学问题。这种理性基础与清教徒主义的朴素的宗教观相结合，非常适合拓荒者在艰苦环境中的生存需要。在这些力量的作用下，塑造了一种早期的美国气质，这种气质与罗马斯多葛派的气质完全不同。现在，这种气质也仍然伴随着我们。在商界、教会和家庭中，同样可以看到这种对情感的贬低、对理智的强调、对情绪的限制，以及强硬的态度。

企业

你能想象一些企业允许员工对领导大喊大叫吗？如果允许的话，他们的工作能维持多久？若从积极的一面来看，你能想象很多企业允许员工发出欢乐的尖叫声、兴奋的欢呼声，以拥抱和亲吻来表示赞许吗？更多的时候，人们所期待的是冷静、理性、客观的决策者，是了解事实、推理出有利可图的结论及下达命令的执行者。我们听到过"意志坚定的企业高管"和"精打细算的公司"的说法。这样的措辞隐含着一些有限的情绪，但主要还是沿着坚忍或严格控制的传统路线。

家庭

尽管在美国的家庭中有时会允许孩子叫喊，甚至允许他们与兄弟姐妹发生肢体冲突，但这也向男孩们传递了一个明确的信息——不要做一个懦弱的人，要控制自己的情感。而对于女孩们来说，在传统上被允许的余地更大，也就是不要歇斯底里或发脾气。简而言之，在美国家庭中情感常常被视为幼稚和软弱的表现。

思想背后的力量

> 世界上任何伟大的成就都离不开激情。
>
> ——黑格尔

帕斯卡把理性和情感之间的关系称为"一场永恒的战斗"。如果我们像帕斯卡所描述的那样，把情感看作与理性在战斗，那么我们就有了一个危险的对手；然而，如果我们与自己的情感联手，那么我们就有了一个强大的盟友。

在理性的表面之下

我们的经验是，如果我们与许多高智商的成功人士合作，如与大学教授和首席执行官等人一起工作，他们的需要和希望会推动我们思考。大多数时候，人们"知道"自己想要什么（这种知道往往是一种感觉），然后他们找理由来说服自己或他人，这个愿望是好的。我们很少遇到一个人从不同的角度考虑各方的利益，并用客观的、收集数据的思维方式来处理大多数情况并试图用长远的眼光做出决定。但矛盾的是，有时候那些声称最客观的人，那些声称所有决定都是以事实为依据的人，往往是最不了解自己的人。他们的情感对自己来说是隐秘的，因此，隐秘的情感一且发作可能会更强烈，也更危险。

与需要和欲望密切相关的是价值观、信仰、偏见和道德。这些基本观念通常是在生命早期形成的，由父母教导，经过同伴示范，最终被牢牢地固定下来。尽管我们的大脑很容易找到理由来证明自己的基本观念，但这些理由通常不是我们坚持价值观、信念、偏见和道德的原因，情感才是。思维和情感是双向互动的。思维方式会强烈地影响情感，以至于改变我们思考事物方式的认知疗法已成为塑造我们情感的一种绝佳方式。幸运的是，我们经常能够意识到自己的想法，因此我们有能力调整它们以及它们对我们的情绪产生的影响。然而，我们往往意识不到自己的情感，因此，我们需要对情感进行识别并处理它们。我们的情感就像地表下的岩浆，为喷发的火山提供燃料。

语调的重要性

我们的情感的力量是如此强大，以至于它可以凌驾于我们所表达的信息的内容之上。绝大多数情况下，是语调表达出了真实的意思；而言语内容凌驾于语调之上的情况则很少见。如果有人不喜欢我们，那么在他们试图发出友好声音的背后，可能是一种反感的语调，并且我们能够听出来。如果有人不爱我们而嘴里却说爱我们，那么我们可以从他们的语调中听出来。如果当朋友难过时，面对我们的问候"你还好吗"的回答是"很好"，我们可以听到他们的声音缓缓下沉。语调是不容易撒谎的。测谎仪已经应用于司法领域，它是通过检测语调轻重来测试一个人是否在撒谎。

语调反映出我们对一个事物或一名听众的态度。如果我们厌恶所谈论的话题（也许是蜈蚣或铜斑蛇），那种厌恶就会通过语调表现出来。而如果我们对听众或观众有一种高高在上的、傲慢的、不友好的、轻视的态度，在我们的语调中也会显现出这种态度。

令人惊讶的是，即使在写作中，这种语调的真实性也会显现出来。我们曾经要求伊利诺伊大学芝加哥分校的13名优等生撰写诚实的立场论文，并要求另外13名优等生撰写不诚实的立场论文。"不诚实"组被要求写得好像他们真的相信自己的立场，使用那些持有该立场的人的词汇和观点；简而言之，"不诚实"组的任务是尽可能让人信服他们的谎言。26篇论文中的每一篇都由小组中其他4名学生宣读，这4名学生不知道作者的真实立场。读者的任务只有一个，那就是确定这些论文的内容是诚实的还是不诚实的。在全部的104（26×4=104）项判断中，只有2项判断错误。令人震惊的是，超过98%的读者能分辨出论文中的真实语调（或语气）。因此，即使是在写作中，语调（或语气）也能清楚地表明作者传递的信息。所以，顺应他人的语调来解读他们所表达的思想就变得非常重要；同样，当说话和写作时，我们也要调整自己的语调，并使其与我们的思想相匹配。如果我们的情感和思维是一致的，那么我们表达的信息就会传递出自己的真情实感。

思维训练 6.1　　　　思想背后的情感

你的思想和行为背后的情感是什么？是什么样的情感支撑你做出选择？在你进行挑选、选择和决策的过程中，内心深处真正驱动你的是什么？想一想你在人际关系、学校活动、工作中的行为，以及你珍视的信念和价值观。在下面写下这些领域中的一些内容，然后记下影响你行动和决定的感受。

_____
_____
_____
_____

你是否能发现自己思想背后的情感？你是否发现情感比你想象中重要得多？如果一个你瞧不起的人接近你，你会怎么想？这些想法是否被你对那个人的情感所驱使？

情绪控制

情感伴随着思维。试试看，用高度情绪化的方式来思考任何事，并开始感受自己的那些情绪。想一想当你非常高兴或悲伤的时候，很快你就会开始感受到这些情绪。你对情感的思考让你感受到了这种情感。因此，如果你正在经历一种你讨厌的情绪，如即将让你当众哭泣的悲伤情绪，那就改变你的思维，用一种完全不同的情绪如快乐、兴奋来代替。很快，你的情感可能就会与你的思维一致，你也就不想哭了。

大脑中关于思维和情感之间的这种密切联系正处于研究中。

现代大脑图像学研究显示出两种截然不同的模式。一种是经历短暂性悲伤的人的大脑生物学特征与其他患有重度抑郁症的人的大脑生物学特征很相似。这表明，悲伤和抑郁有很多共同之处，而有些人的思维就是无法从这种状态中切换出来。另一种模式是，强烈的情绪会在先前的大脑边缘系统和当下的大脑皮层之间发生激烈的冲突，尤其是在首先进行思维和计划行为的额叶部分。随着悲伤或抑郁情绪的加剧，大脑边缘系统会超负荷运转，在思维部分关闭的同时激活神经元。"大脑可能会被迫做出选择。你不能一边打喷嚏，一边睁着眼睛，这是天生的。或许情绪也是一样。"梅伯格（Mayberg，多伦多罗特曼研究所的神经学家）说，抑郁的人即使专注于普通任务也非常困难。由于大脑思维部分功能恢复，健康的人能够比较快速地摆脱悲伤。

我们有敏锐的洞察力。如果我们有快乐的想法，就更容易感受到快乐——这是一句古老的格言，我们会选择把玻璃杯看作还有半杯水吗？随着重复、习惯的形成，我们可能会发展出更频繁、更规律的思维模式，从而产生我们想要的情绪。思考，你的情感就会随之而来。

激发话语表达

情感和想象力使我们能言善辩。

——昆体良，古罗马修辞学家

来自情感的压力是如何激发我们的思维的？想一想你真正快乐的时候：也许你刚刚收到了一个好消息，你急忙告诉朋友。你是不是感觉自己说话的语速比平时更快？或者考虑一下，当你生气的时候把自己的感受告诉别人。将这些话激烈并快速地表达出来是不是有一定的困难？你是不是不知道该怎么说？

反思上述情况我们可以看出，情感是可以自然流露并变成语言的。我们称之为"流畅"。举两个例子，一名打赢了很多官司的律师告诉我们，在她接受信任她的客户的案件后，她会深入地研究案情，并认真做好准备工作，然后在陪审团面前，她"出口成章"。事后，当她听完法庭录音时，通常会对自己的口才感到惊讶。同样，一名在辩论中大获全胜的大学生辩手，在回顾自己在辩论的最后以反驳取得胜利时也做出了相似的表述。他告诉人们，他做了充分的准备，然后在唇枪舌剑中情绪十分激动，以至于他的话都是脱口而出。在情绪力量的引导下，他雄辩的口才就像海浪扫过沙堡一样，毫不费力地驳斥了对手的观点。

 想一想

这两位说话者都做了充分的准备，进行了缜密的思考和深入的研究。然后，他们相信自己的情感会所向披靡。

激发文字表达

我们期望优秀的演讲者能够让他们的思维充满情感。如果他们不这样做，我们可能会感到很乏味，忍不住打哈欠，甚至试图从听众席上溜走。读者放弃读一本书远比从听众席上离开要容易得多，因此，从某种程度上说，作家甚至比演讲者更需要运用情感。因为读者阅读文章中的文字全凭兴致，文字必须带有鲜活并且恰当的情感语气。下面我们将探讨一些运用情感进行创作和提升写作水平的方法。

灵感法

为我歌唱，哦，女神。

——荷马（Homer）

有时候，我们的想法似乎是突然涌进了脑海。对希腊诗人来说，思想的冲击是如此突然，以至于它们看起来好像来自控制着我们头脑的某种力量。希腊诗人把这种力量归结为被称为"缪斯"的神灵，希腊人召唤缪斯给他们的作品以灵感。柏拉图在《理想国》（*Republic*）中，把这种灵感称为"一种使作家如醉如痴的诗意的狂热"。（因为柏拉图把诗人从理想国中驱逐了出去，他可能指的是使他们醉酒的酒神仪式，柏拉图肯定不喜欢我们用他的理论来支持情感在写作中的作用。）

如果我们希望用情感来激发写作灵感，那么下一次当我们感受到强烈的情感要爆发时，就可以拿起笔开始写作了；然而，我们在情感充沛时，通常手里没有笔。例如，当为了避免碰撞而踩刹车时，我们的手里就不会有笔。因此，我们需要通过人为地引发自己的情感来激发灵感，如喜悦或愤怒，并让自己陷入某种程度的"疯狂"状态，然后再开始写作，这样如行云流水般的文字自然就来了。

回忆法

也许，更自然的情感运用是效仿华兹华斯（Wordsworth）写诗的方法。华兹华斯说，伟大的写作来自"在宁静中回忆的情感"。因此，我们不是立即参与到情绪场景中，而是稍后用手中的笔去回忆它。我们可以尝试这种回忆的方法，首先找一个安静的地方，然后选择一段触动情绪的经历，对内容方面的问题不做过多考虑，开始写下这段经历，之后再进行修改。如果你尝试这样做，那么你可能会被你所写的文字的力量及其流畅性所震惊。

意识选择法

现代诗人 T.S. 艾略特（T.S.Eliot）通过有意识地选择词语来唤起读者的情感，而不是用情感来激发思维。他把自己的理论称为"客观对应理论"，意思是当人们听到一个词（如"母亲"）时，每个人对这个词都有着相应但不同的感受。艾略特在他的许多诗歌中都运用了这一原理。例如，在《空心人》（*The Hollow Men*）一诗中，他通过把人们的声音描述成"风吹过干草的声音"或"老鼠的脚踩在碎玻璃上的声音"，来表现人们之间的疏远和不相往来的情景。

我们可以通过以下方式来建立这一过程：首先选择一种情绪，然后列出一系列能唤起这种情绪的有形的、看得见的词语,最后有意识地用这个词语表造句。例如,我们想营造一种宁静的氛围,可能会使用如温馨的火堆、随风飘动的花朵、一个熟睡的孩子、轻抚肌肤的阳光、一曲柔情的萨克斯音乐、一把安乐椅、云上的彩虹等有画面感的短语。也许当你读到那些有意识地选择的场景词汇列表时,你就会感受到相应的情绪。如果是这样的话,那么艾略特的理论就起作用了。

对话题和受众产生的情感

既然我们已经看到了情感和思维之间的一些强有力的相互作用,那么我们便可以对这种力量进行深入的探究。首先,我们能够意识到我们对自己思考、谈论或写作的话题有何感受。这种意识将帮助我们认识到我们对当前话题所有的根深蒂固的态度、价值观、信仰、喜欢或不喜欢。这种意识将帮助我们理解和评估自己的想法,然后通过对其进行调整,使之更加客观、准确。

其次,我们要检查自己对受众的情感。例如,如果我们没有意识到自己对受众持有一种消极的情感,那么我们就会以一种敌对的语气说话或写作。这种语气会被受众感受到,他们会因为我们的这种敌意且不友好的语气对我们做出评判。然而,如果我们意识到了敌意,并充分意识到这种情绪对受众的潜在影响,我们就可以选择沉默,小心翼翼地调节它,或者选择用多种方式来表达。通过控制我们的情感和考虑受众,可以更有效地接近受众。

最后,通过深思熟虑,我们可以相信自己的情感是一种积极的力量。当我们对话题和受众持一种积极的态度时,就可以把自己的情感释放出来,让它们为我们所用。我们可以用这种情感,让自己成为思想家、演说家和作家,让自己充满活力。大多数伟大的演说家和作家都对自己的思想有着强烈的情感。这些强烈的情感造就了像帕特里克·亨利(Patrick Henry)这样雄辩的演说者。亨利有一句名言:"我不知道别人会做出怎样的选择,但对于我来说,不自由,毋宁死!"

思维训练6.2　　　　激发情绪

试试像艾略特那样有意识地激发情绪。在下面的表格中，在第一列中填写能唤起恐惧的词汇，在第二列中填写能唤起温和感的词汇，在第三列中写下你选择的情绪词汇。

恐惧	温和	

现在从你的清单中选择那些看起来最能带来每一种情绪的词汇。用这些词写一段话，然后与其他人讨论你的文字是否激发了预期的情感。

观察情感

意识到他人的情感，并与他人产生共鸣，是社会学思维的一个必要组成部分。如果我们近距离地观察别人的脸，而不是盯着看，那么我们就能够读出他们的非语言信号，这些信号就是情感表达的方式。有些情绪，如快乐、悲伤、愤怒、平和、喜爱等，几乎能够被所有文化认同，即使你不认识某种语言中的这些词。要想读懂这些情绪，首先我们要注意观察对方的眼睛，其次要注意观察对方的嘴巴。通常，眼睛和嘴巴会同时动，并随着个人内在情感的变化或张开或紧闭。通常，我们更相信这些非语言信号，它们甚至比语言更可靠。例如，如果你问你的朋友感觉如何，她嘴上说"很好"，然而她的头低垂着、眼睛半闭着、嘴角向下，你就能从她的非语言信号中知道她的真实感受了。下一步，你应该用这样的话验证你的观察结果："你看起来真的很累。今天过得不好吧？"如果你在话语中加入了同理心，如果你真的关心你的朋友，那么你很可能会得到一个可靠、诚实的回应。

总结

我们已经看到，情感是我们思维背后的一种力量，然而我们的文化在企业和家庭等领域常常贬低我们的情感。尽管如此，情感确实存在，它们以一种强烈的语调掌控着我们的语言，以至于我们无法忽视情感的作用。我们发现，情感可以成为一种积极的能量，并源源不断地产生并传递我们的思想。我们发现，话语中的情感基调可以凌驾于其内容之上，我们还研究了控制这些情感的方法。我们可以通过灵感、回忆、有意识的挑选等方式，运用情感来激发我们的思维，更积极有力地表达情感。

挑战练习

1. 评析帕斯卡的话："那些习惯于凭感觉判断的人，不懂得理性推理的过程。"
2. 你还记得自己的身体因恐惧而变得没有知觉的时候吗？你能回忆起自己在考试或演讲时大脑一片空白，或者因为压力而无言以对的时候吗？如果发生过类似的情况，你能做什么来控制这种情感的力量？
3. 语言是如何反映我们的文化对感觉的"看法"的？例如，描绘一个情感丰富的男性的积极词汇有敏感、善良。你能否想到一些积极或消极的词汇来形容情绪化的男性？想一想其他能反映我们文化对情感态度的例子。
4. 你描述情感的词汇量有多大？要回答这个问题，首先列出你能想到的所有形容爱、仇恨、愤怒或恐惧的词汇。
5. 为了更清楚地了解你对某些话题的情感，请你对下面的事物进行评分（0 为中立，10 为最佳，−10 为最差）。

____ 蛇	____ 日出	____ 政治家	____ 体育明星
____ 花	____ 蚯蚓	____ 巧克力	____ 孩子
____ 教师	____ 冰淇淋	____ 这本书	____ 聚会
____ 考试	____ 汽车	____ 房屋	____ 森林

6. 卢梭认为"情感先于理智",E.E. 卡明斯(E. E. Cummings)认为"情感是第一位的"。难道只有浪漫主义者或诗人才会说这些话吗?它们可能是什么意思?

7. 请描述你所在文化对情感的看法并举例支持你的描述。

8. 当你听到其他人说话的时候,注意他的语调及其思想背后的情感并加以描述。他的语调是否与其所说的内容一致?

9. 下次你写文章或者思考你会对别人说些什么时,请停下来辨别一下你的语调。你对自己正在思考的主题是什么感觉?你对将要看到你所写文字的人有什么感觉?

10. 看一看这本书中的任意一段,并找出与之相符的语调。语调是否足够强、是否太弱、是否不恰当或是否有效?

11. 尝试更多的灵感、回忆或者有意识的选择等以找到和利用自己情感的方法。首先,从任何一个你对之有着强烈情感的话题开始,用五分钟的时间快速写作。让你的情感倾泻而出并赋予文字以力量。当你完成后,你可能会对文字的数量和自己的口才感到惊讶。强烈的情感是否帮助你产生了什么有价值的想法?你能保持这种形式的文字吗,或者你需要对它们进行修改以便与公众交流吗?如果是的话,对它们进行修改,然后讨论你的经验和你的作品。

12. 帕斯卡说过,"心有其理,而理智却一无所知。"你如何评价这一说法?

13. 由于本章的大部分内容是关于思维与情感的融合,所以你可能希望在自己的思维中反思情感和理智是如何相互作用的。

第 7 章 创造性思维

想象力比知识更重要。

——爱因斯坦

"我明白了！"对此我们想要尖叫。在睡梦中、看球赛、骑自行车或开车时，某个念头会强烈地闪现在我们的脑海中。这种突然迸发的洞察力是如此强大，以至于当阿基米德发现如何计算国王王冠中黄金的体积时，他跳出浴池，光着身子在大街上边跑边喊："我找到了！我找到了！"在这一章中，我们不会裸奔和尖叫，但我们会大喊"我找到了"。在这里我们将看到，创造性思维对批判性思维至关重要；我们将探究对难以捉摸的时刻及创造性过程的认识；最重要的是我们会发现，我们也有创造力，并且能够提高我们的创造性思维的水平。更具体地说，我们将定义创造性思维，审视它的隐喻本性，并讨论它的局限性和条件。之后，我们将通过头脑风暴、星暴、激发创造力等方式练习创造性思维。创造力是我们思维的早期基础，因为它的功能之一是产生我们用来思考的灵感。创造力在人们获得灵感的时候才会运作（在古典修辞学中，这一获得灵感的过程被希腊人称为"话题"，被罗马人称为"发明"）。然而，就像所有的思维基础一样，创造力贯穿我们的整个思维过程，并且可以在任何时候被激发。

什么是创造

创造就是把旧的变成新的，我们不会无中生有地创造。莱特兄弟用 4 个古老的想法（风扇叶片、自行车链条、汽油发动机和翅膀）"创造"了飞机。爱迪生用 3 个旧想法（玻璃容器、真空和通过灯丝产生电流）"创造"了灯泡。

创造就是混合、移动、打破旧的东西，把它变成新的事物。有时候，我们从整体中取出一部分（树枝变成了棒球棒），或者从不同的整体中各抽取一部分（早餐和午餐变成了早午餐），或者将一个部分嵌入一个整体（将打字机键盘加到计算机上），或者将两个整体合并（音乐和电视变成了MTV）。有时我们会保留一部分，然后更换或添加其他部分（茶包变成了咖啡包），或者我们只是移动一些部件（前轮驱动车）。我们改变一些元素的方向。例如，迪克·福斯贝里（Dick Fosbury）在跳高时，其向后翻越跳高杆的动作使"背越式跳高"成为标准动作。我们改变一个物体的用途（玻璃杯变成了花瓶或笔筒）或者省略它的一部分（半个西瓜变成了一个果盘）。我们把一个概念叠加到另一个概念上（雕琢过的南瓜变成了南瓜灯），或者将原材料的形式变换一下（一块大理石蜕变成了米开朗琪罗的《大卫》雕像）。

在所有这些例子中，变化发生了，新事物就产生了。大脑看到了物体或其部分之间新的关系或比较。从广义上讲，这种关系是一种隐喻关系。我们可以说，创造就是制造隐喻。

隐喻思维

隐喻是创意、语言、理解和思维的核心。我们把隐喻定义为"两个事物之间隐含的比较"（见第5章）。当我们取旧换新的时候，就是在使用头脑中的隐喻能力，即透过一个事物看到另一个事物的能力。无论是爱迪生寻找新的光源，还是莎士比亚描述生活的新图景，其过程都是相似的。

因为隐喻是语言运作的方式（没有其他方式），所以所有伟大的交流者都在锻造隐喻。亚里士多德称隐喻为基本的修辞格，是天才的真正标志。

莎士比亚是隐喻大师。随着他的语言在其所著的悲剧中成熟起来，他开始频繁地使用隐喻。请注意莎士比亚在《麦克白》（*Macbeth*）中的这段话是如何将4个常见的概念（蜡烛、影子、演员和故事）转化为对生命的短暂、脆弱和不一致的隐喻的。

熄灭吧，熄灭吧，瞬间的烛火！

人生只不过是行走着的影子，一个在舞台上指手画脚的笨拙的演员，登场片刻，便在无声无息中悄然退下；

它是一个愚人所讲的故事，

充满着喧哗和骚动，

却找不到一点意义。

莎士比亚的创造能力和沟通能力在古今中外都如雷贯耳。当我们学会了解、信任和挖掘自己的隐喻思维时，就能够更有效地进行思考和沟通。

我们通过隐喻认识和理解世界。如果语言是我们理解世界的方式，如果隐喻是语言的核心，那么隐喻就是我们理解世界的核心（我们刚刚不仅使用了隐喻，而且还使用了三段论推理，在后文中我们会讨论这种思维形式）。

 思维训练 7.1　　　　　　　**隐喻**

想一想生命短暂的其他隐喻，列举出生命很短的事物。

———— ———— ———— ———— ————
———— ———— ———— ———— ————

你刚才使用的是隐喻思维。如果你从自己的清单中选择一两项，并给出适当的语境，可能会得出生命短暂的隐喻。此外，你刚刚完成了你作为人类所能完成的更深刻的任务之一：你正在进行创造！很快，你将学会其他创造性思维方法。

创造性思维的种类

创造性思维可以有多种形式：从烹饪到化学，从艺术到考古，从诗歌到物理，从简陋的小屋到沙特尔的大教堂，从蒙娜丽莎到麦当娜，从女裁缝到外科医生，从棒球到战斗，从制定法律到谈恋爱。创造性思维可以体现在对任何特定情况的反应范围、种类和数量上。创造性思维几乎不受约束，也很难确定。创造性思维无处不在，不仅存在于整个宇宙，也存于我们大脑的隐喻制造中心。没有人会被拒绝在创造性思维的大门之外，这让我们可以思考如何释放自己的创造力。

谁能够进行创造性思维

每个人都可以进行创造性思维。事实上，我们的很多想法在某种程度上都与创造力有关，并在我们思考的过程中不断地变化着。即使我们似乎是在墨守成规地思考，如果我们仔细反思自己的思维模式，那么可能会发现它们并不是完全重复。即使我们有意重复一种模式，如背诵台词，台词也并不总是像节拍器一样有规律地进入我们的记忆中。思维往往是断断续续地、零碎地或以不断变化的模式出现，即使当我们说出自己的想法时，我们可能会顺畅地表达出来。

人们通常认为创造力是少数人拥有的一种天赋或才能。这就是老师过去认为的，创造性思维仅限于少数有创造力的学生。后来，我们进行了一项破冰活动，要求每个学生都为班里的其他学生设想一个形象或诗意的印象。结果令人震惊，每个学生都创造了一些比喻，并且常常妙语连珠。我们都惊呆了。我们的第一个猜测是，这些学生非常聪明。我们调出了他们的成绩记录，发现全班同学的平均成绩只有1.9分（不到 C）！这让我们大吃一惊。我们接下来的想法是，也许这些人都是成绩不佳的创意天才。我们在另一个班级尝试了同样的活动，然后得到了同样的结果：所有的学生都运用了隐喻，而且常常是非常出色的隐喻。如果你想尝试同样的实验，可以使用下面的思维训练。

 思维训练 7.2   **诗意印象**

1. 把一张纸分成两栏，在左边一栏写下你熟悉的人的名字，然后尝试赋予他们一个形象。例如，"你看起来就像一座山，坚强而自信。"这里有一个更复杂的说法："你就像一面镜子出现在雾气弥漫的房间里，有时薄雾散去，我想我看到了你清晰、温暖的微笑。在其他时候，你似乎是隐匿的，我不知道如果我走近你，你会有什么反应。"

2. 看着上述所列的某个人的名字，你的脑海中浮现出一幅图像，可以是自然图像（山川、湖泊、树木、花草、动物）、家庭场景（摇椅、温暖的壁炉、被子、烹饪、封闭的阁楼）或其他任何图像，但不应该是人的图像。

3. 如果没有任何图像出现在你的脑海中，可以试着完成这样的句子："他看起来像_____（自然图像）"，或者"他看起来像_____（人物图像）"。
4. 如果图像不能很快出现，你就转到另一个名字上，稍后再回来。你可能无法获得所有人的图像，但你得到的图像足以证明你也很有创意。

现在，我们已经知道每个人都是有创造力的。有些人可能会比其他人创造出更多的种类、更大的篇幅或更高质量的隐喻，但所有人都是有创造力的！我们的创造力的种类几乎是无限的。如果我们的活跃词汇量是 6000 个，如果我们余生每一秒钟都能想出一个句子，即使这些句子都少于 10 个字，我们也无法列出所有可能的句子。当每个句子都达到 10 个字以上时，当我们从一百多万个词汇中选取更深的语义时，当我们采用缩写式、简约式、剪裁式和缩略式的句法形式时，句子的变化之大令人咋舌。

创造性思维的条件和限制

尽管创造性思维有时似乎是无限的，但实际上它受我们大脑及其所包含的语言的限制，也受到个人思维障碍的约束（见第 2 章）。到目前为止，我们已经研究过的其他思维基础——感觉、记忆、语言和情感——都是作为创造性思维的条件而运作的。随着这些基础在坚定性、灵活性和相互关联性方面慢慢地提高，我们的创造潜力也在提升。

勇气和冷静有助于我们去创造。勇气的对立面是恐惧，它可以像冻结我们的身体一样冻结我们的思维。当我们为自己的想法是否会被接受、拒绝或嘲笑而担忧时，我们就很难产生新的想法。当我们感到恐惧的时候，传统的方式似乎是安全的。但是，如果我们能够摆脱对别人如何看待我们的想法的恐惧，如果我们能够坚定地走自己的路，准备接受可能发生的任何事情，那么我们的创造性思维就会更加流畅。曾有一位年轻的医学研究人员遭到导师的斥责："索尔克，为什么你总是用与别人不同的方式来做事情呢？"难道我们不该庆幸，索尔克博士的与众不同使他发现了脊髓灰质炎疫苗以预防小儿麻痹吗？

幽默也有好处，笑声能让人放松。当我们放松时，更容易打破思维定式，然后将它们重新组合。戏谑的思维让我们不至于狂热地专注于问题严肃的一面："每一个严肃的思想背后都有一些笑声"。所以，尽情享受创造性思维带给你的乐趣吧！

开始创造吧

头脑风暴

头脑风暴可以让我们的思维从一个想法跳到另一个想法，每个想法都会激发出其他想法。对这些想法的所有评价或审查都被暂停，从而帮助消除思维的常规边界，产生更多的创造性思维和非常规思维。

对头脑风暴进行的研究发现，独自思考比团队思考更高效。显然，在团体中，人们担心自己的新奇想法会招来群体的负面评价，即使规定了禁止进行负面性的评价。另外，一个成员的想法可能会阻碍其他成员的想法。之所以会发生这种情况，是因为团队中的每个成员往往会对刚刚提出的想法进行片刻的思考，这时往往就会阻碍他们对自己观点的思考过程。因此，如果成员们单独参与头脑风暴，然后带着自己的解决方案回到团体中，团体的效率将会更高，由此能够产生更多的方案供团体进行评估。如果将头脑风暴应用于"推销产品的方法"这一主题，可能会出现以下答案：

推销产品的方法

直接邮递	把产品寄到学校
电视广告	联合行业协会
杂志广告	把产品推送给某些领导
电台广告	上谈话节目
电话营销	张贴广告牌
零售	让妈妈们参与进来
多层次营销	创建一个网站

雇用天马行空的写手	在奶牛身上挂海报
挨家挨户宣传	促销气球
低价促销	送纪念品

星暴

> 当你试图回答某个问题时,如果你没有准确地弄清楚你想要回答的问题是什么,这时就会出现很多困难。
>
> ——G. E. 摩尔(G.E.Moore),哲学家

虽然头脑风暴可以产生很多有效的、有创意的想法,但它忽略了一些参数和假设,这些参数和假设可能来自另一种方法,我们称之为"星暴"。星暴专注于一个主题,并从主题向外辐射。在运用星暴时,可以提任何问题,任何问题都是合理的,并且问题越多越好。在运用星暴时,我们首先要问"有哪些问题"。我们把星暴也应用于营销这一主题,然后将这些结果与头脑风暴的结果进行比较。

市场营销:有哪些问题

为什么要推销这种产品而不是另一种产品?
我们到底要不要推广这个产品?
现在是最佳时机吗?
为什么我们等了这么久,下次我们会快一点儿吗?
我们想要在营销业务方面投入更多吗?
如果我们把这个产品推销出去,我们的公司会变得更有竞争力吗?
这个产品适合在这个国家销售吗?
人们为什么要做营销?
我们在做营销时是卖产品还是服务我们的客户?
谁来做营销?
今天有关技术的市场竞争是什么?
人与人之间的对话正在从市场中消失吗?
营销是由贪婪驱动的吗?
客户会喜欢这个产品吗?

这个产品的整体吸引力有多大?
我自己会买这个产品吗?

从这个清单中我们可以看到,星暴会产生一些意想不到的问题。虽然这些问题中有些是哲学问题,而不是生产性的问题,但其中很多问题都有合理的商业意义。从上述头脑风暴清单和星暴清单来看,哪一个包含了更多需要在决策过程早期考虑的项目?哪一个包含了更具体的结果?从这两个清单来看,先做星暴更好还是先做头脑风暴更好?每当我们感到思维已经封闭或停滞时,仅这两种创意策略就能使我们产生足够的干劲、乐趣和想法,并释放我们的思维。

也许你熟悉苏格拉底式的教学技巧,即用提问引导学生得出结论。这种方法假定老师知道目标,学生有足够的知识来处理问题。与苏格拉底式的教学方法不同的是,星暴不使用引导性的问题探究具体的解决方案。采用苏格拉底式的方法,可能会出现一个回答者,而采用星暴可能会出现一个提问者。星暴式的提问和苏格拉底式的提问在方法及结果上的区别,可以从两个孩子研究沙滩上狗的足迹看出来。第一个孩子被苏格拉底式的提问问道:"是什么形成了这些足迹?"其回答是:"一只狗或一种动物。"第二个孩子被问了一个更广泛的问题:"有什么问题?"刚开始这个孩子的脸上还带着疑惑的表情,但问题被重复一遍后,孩子环顾四周,开始问以下问题:"为什么这里的海浪比那里的更近?为什么那边的水更蓝?是什么造成了这些(指着狗的足迹)?为什么浪花的顶端是白色的?这是什么(指着海带)?为什么要把这个(指防洪堤)放在这里?"六个问题!第二个孩子的思维没有被苏格拉底牵着走,而是像星暴一样被打开了。如果这样的星暴式提问在生活中继续下去,就可以培养出一个学会质疑和探究的人。

莱昂纳多·达·芬奇

尽管只有19幅画作留存了下来,但达·芬奇的笔记展示了他是一位极富创造力和多产的思想家。诚然,他的头脑产生的思想比他的双手所能创造的东西更多,但他用文字和草图捕捉到了这些思想。并不是自阿基米德以来才会有这样不停歇、充满探索的头脑，提出如此多的疑问和寻求如此多的答案。

激发创造力

创造力迟迟没有来也许是因为我们的信心不足。如果创造力不主动出来，那么我们可以给它一个推力。通过下面的步骤，我们可能会发现，即使在大脑处于低迷状态时，我们也能把创造力激发出来。

步骤 1　渴望

要想变得更有创造力，我们就必须渴望创造力。"改变一个人的思维定式对人类来说可能是最艰巨的任务。"我们中的大多数人都渴望变得更有创造力，因为它能转化为更多的想法，有时会带来更多的金钱，通常还会带来更多的生活乐趣。

步骤 2　知识与技能

我们已经看到，每个人都有创造的能力。但要在一个特定的领域有所创造，首先需要的是知识。如果我们决定做一件石雕，却对石料的加工一无所知，那么我们早期的尝试就不会成功。幸运的是，在思维领域进行创造主要使用语言，并且我们已经有足够的语言技能去创造。随着我们读的书越来越多，我们的词汇量和知识储备就会越来越多，我们的创造潜力也会不断地被激发。更重要的是，我们现在就能进行创造。

步骤 3　爱迪生式的努力

> 天才是百分之一的灵感加百分之九十九的汗水。
>
> ——托马斯·爱迪生

我们听到了太多关于创造力是自发的、偶然的、启发的、灵感的，这些特征几乎都是偶然性的，以至于有时候它似乎不受我们控制。好消息是，努力可以产生创造力。当牛顿被问及是如何发现了万有引力定律时,据说他的回答是"通过不断地思考"。就像牛顿努力思考一样,爱迪生也在实验室里努力工作,他以坚持不懈著称。他断言,努力工作是无可替代的。他尝试了一千多种不同的灯丝,最后才找到一种足够亮、足够持久的灯丝用于灯泡中。爱迪生通过自己的"汗水"变得富有。同样,一项对1300名百万富翁的研究发现,勤奋工作和创造力是他们成功的主要因素。像爱迪生一样,我们可以运用自己的技能,开始通过推动、拉伸、弯曲、断开、反向、旋转等使之焕然一新。我们可以不断地变化、摆弄这些数据,直到有新事物出现。下面的思维训练可以帮助你产生创造力。

思维训练 7.3　　　　预备活动

1. 选择一个需要创造力的主题。
2. 写下三到四个该主题重要部分的标题。例如,如果你想设计一门创新课程,你的标题可能是:

| 学生 | 就业市场 | 设施 | 师资 |

3. 把你在每个主题下想到的任何事情都列出来。把每列的每一栏写在一张纸上,或者把这一栏整齐地剪下来,这样你就可以将相邻的两栏上下滑动。现在,在"学生"或你选定的主题下面开始进行头脑风暴。
4. 在上述任意两列之间放置一个介词列表(如下所示),将三列各项对齐。

超过	大约、几乎	在……周围
之后	因为	在……之前
在……之间	超出	在……之下
在……里	下面	当……时
来自……	为了	在……前面
里面的	在……里面	进入……中
附近	紧邻的	在……近旁
相对的	在外面	在……之外

5. 因为介词显示的是关系,所以你可以从左到右阅读你所列出的词语之间可能存在的关系。例如,将第一列介词插入前两个主题列表之间,你可能会得到如下列表。

学生	超过	就业市场
专业	之后	开始工作
高年级学生	在……之间	研究生院
优等生	在……里	公司
通勤人员	来自……	小型企业
居民	里面的	创业
失效	附近	热门领域
光明	相对的	未来领域

我们从上文中可以得到以下方案。
- 让学生了解就业市场(让他们了解概况)。
- 先工作后选择专业(先工作,然后决定选哪个专业)。
- 允许高年级学生在研究生院学习(或者允许高年级学生在附近两所大学做联合研究生项目)。
- 让优等生到公司工作(类似于公司的勤工俭学项目)。
- 诸如此类。

6. 移动一列,使所在列的项目向上或向下滑动一行。例如,如果将介词列表向上移动一行,我们就会得到"进入就业市场后的学生"(调查或工作一段时间后的学生)。正如你看到的,这样组合出来的创意的数量是巨大的。列表可以切换(从左到右)和插入不同的列表。另外,我们可以看到,并不是所有的组合都能成功,但即使只有一小部分组合成功,这个过程仍然可以产生大量的创意。

从这一思维训练中,我们再次看到创造是以新的方式把旧的东西整合在一起。它涉及对数据的处理,不断进行排列组合,使其达到一个临界值,再把它分离成新的形式,直到产生自己的创造性形式。此外,还有其他的辅助工具。尽管这些"自动"程序可以在我们需要的时候帮上忙,但是,我们还是要用人类的思维能力认识自己的潜力。

步骤 4　发酵和洞察力

当创造力不能以闪电般的速度产生时,当我们的努力还不能满足自己的需求时,我们就不得不给这个过程一点时间,或者先"睡一觉"。吕贝克大学的一项研究发现,被试在睡眠充足后茅塞顿开,他们的顿悟比睡眠时间少于 8 小时的被试多出一倍以上。在需要创造力的时候我们并非总要去睡觉:当我们在开车、喝饮料、做梦或做白日梦时,我们的大脑似乎仍然与想法联系在一起。正如爱因斯坦所说,当我们吃苹果时,想法突然就出现了。在期待、努力、发酵之后,回报来了:洞察力!解决方案!新发现!

步骤 5　评估

尽管我们的想法可能很好,但最终它还是需要被分享和认可,即使不是在我们的有生之年,也需要被后人认可;否则,它就只对我们自己有价值,只能让我们自己满意。正如科学方法的第 4 步,我们的想法需要得到验证。在这种情况下,验证是通过接受以我们的想法为基础的其他想法和时间的检验来完成的。一个不可思议的创意需要时间来验证。阿洛克·达斯(Alok Das)正在设计一颗以自身为燃料的"微型卫星"。为了减轻重量,蜂窝状的外壳中填充了聚四氟乙烯等硬燃料,当卫星进入太空不再需要硬外壳时,就可以将其转化为能量。

 想一想

激发还是胁迫?我们将这一部分内容称为"激发创造力",但在步骤 3 "爱迪生式的努力"中,我们谈到了如何让创意产生。这是否类似于强迫式创意?如果是的话,那么强迫与创造力是对立的吗?

总结

我们将创造力简单地看成将旧的东西以新的方式组合在一起。创造根本上是一个隐喻过程。创造力并不局限于米开朗琪罗，每个人都可以创造，希望通过本章的一些思维训练，我们发现自己也可以进行创造。我们看到了头脑风暴和星暴是如何提升创造力的，当我们没有创意的时候可以遵循五个步骤激发创意。有时候，我们的创造力可以产生数量惊人的成果，创造力正在不断地参与我们思维的各个领域。在下一章中，我们将学习如何组织这些信息。

挑战练习

1. 描述一个你所认识的最具创造力的人。他的性格特点、生活方式、创作方法是什么？
2. 列出你觉得适合发挥创造力的主题领域。你是如何在这些领域进行创造的？你能不能用同样的过程在其他领域进行创造，如绘画或写作？
3. 我们"强迫"创造的方法是将词语列表放在旁边，并将这些词语连接在一起。你能找到其他的方法来激发创造力吗？
4. 请你发挥创造力为大脑的工作方式想一个新的比喻。有人认为大脑如同储物箱或文件夹；有人认为自己的大脑就像一个海口，在那里想法汩汩而出。你可以以"我的大脑的工作方式就像……"为开头写一段话。
5. 一种既放松又保持警觉的"动态宁静"是创造力产生的理想状态。当我们放松的时候，可以开始放弃日常的想法，让思想自由漫游。而后我们可以把四处游走的想法的各个部分组合成新的结构。放松的方法有很多，但就目前而言，请尝试最适合你的方式，看看你是否能达到那种产生创造力的理想状态。尝试解决一个问题，或者让你的大脑进行一个主题的头脑风暴，并注意结果。
6. 试着用头脑风暴寻找下列问题的解决方案：30岁的玛丽离婚了，她有两个儿子，一个11岁，一个12岁。她住在一个大城市带有三居室的公寓里。她有一份全职工作，拿着最低的工资，经济状况十分窘迫，无法支付房租、信用卡账单、汽车尾款、保险和其他日常的生活开支。请利用头脑风暴，想出尽可能多的建议帮助玛丽解决财务问题。

7. 试着通过问"有哪些问题"来进行星暴练习。选取任何你觉得"卡壳"、需要一些新想法的话题或领域。让你的思维自由发散，你可以提出任何类型的问题，然后审视这些问题，选择你想要寻求答案的问题。

8. 下面的记忆装置是创造力的结果。我们把这个装置命名为"小精灵"（ELVES），以帮助你记住本章的主要内容。在思考的过程中，每当你发现自己陷入困境时，请记住运用"小精灵"。

    E——轻松自在（Ease）。放松时创造力会更容易产生。

    L——列出清单（Lists）。进行星暴和头脑风暴。

    V——在介词之间改变这些清单（Vary），即预创建。

    E——找到了（Eureka）！认可并享受这种洞察力。

    S——从你的创造中选择（Select），并在其他地方检测你的创意。

    选取一个你希望产生创意的领域，并尝试上面的"小精灵"步骤。

9. 下次当你需要记住物品清单的时候，请自创一个记忆装置。

10. 因为创造力总是以新的和不同的方式出现，所以很难定义，很难用旧的标签对新的事物进行分类。如果你对创造力感兴趣，不妨承担起为创造力下定义的任务。

11. 美国创造力大师迈克尔·米哈尔科（Michael Michalko）认为，思维的一个困境是，当你不思考某个主题时，你就可以更有创造性地进行思考："当你有意识地试图发展新的想法时，这些想法通常被你现有的类别和概念以一种可预测的方式组织起来。"你能想出"不去想它"的有效方法吗？

12. 创造力有时可能来自失败。不妨考虑一下亿万富翁乔治·索罗斯（George Soros）的这一建议："通常，一种流行观念的缺陷会刺激另一种可能被认为与其相反的观念的出现。"

13. 本杰明·富兰克林认为，如果每个人的想法都一样，那么就没有人在思考。你能想出政治家、科学家或学生，他们的思维相似的例子吗？

14. "反向思考"可以救你一命。2004年，当海啸袭击印度洋时，一些人到海边观看海水时被卷走。看上去他们似乎没有危险，因为海水正在退去。当巨浪以每小时805千米的速度返回时，大多数围观者都被淹死了。所以，当你站在海滩上时，如果海水退去了，就反过来想，跑吧！还有其他明显做"反其道而行之"的事但可以救你一命的例子，你能想出一些吗？

15. 反向思考也可以带来创造力。例如，把传动制动装置移到汽车的前面，你就有了前轮驱动；又如在股票下跌的时候买入股票。把我们日常的事物和动作列出来，然后尝试"反着来"。

16. 作为对"反着来"用法的一种延伸，还有其他一些方法也可以帮助我们获得新的视角，也就是说可以"激发"创造力。首先，写下或选择任何一个问题或对象，并将这些创造性的变化应用其中，看看是否有新的想法出现。

    - 改变它。改变你做某件事的时间，或者改变在做某件事的过程中情况发生的时间。例如，你的汽车遥控器在你到达之前就会让车解锁、闪灯，甚至启动汽车。所以，改变你思考问题的时间，并想象一下提前（马上、以前、现在、其间、随着、断断续续、直到、以后、很久以后、何时、从未）做。

    - 重新排列，移动它——向上、向下、在上面、在下方、在前面、在后面、在里面、在外面、向后、倾斜、支撑、旋转、在旁边。

    - 将其与其他事物合并——与多个对象、与另一个人、包围并圈起来、混合、加入、只合并其中的一部分。

    - 将其人格化。想象一下它的人类品质，让它思考，与你交谈，感受成为它的感觉。

    - 打开它的顶部（底部、一扇窗户、一个插槽），展示其内部，增加更多的部件，去皮，显示结构。
- 将其反过来：翻转，从最后开始，给它换新的方向，改变其目的。
- 强化它：让它更亮、更白、更黑、更重、更密、更轻。
- 否定它：丢弃它，选择另一个，打破，换个新的，找个旧的，不再使用。
- 塑造它：更高，更宽，更厚，更薄，增多，倾斜，使它变形，使它缩小。

17. "太阳底下无新事"，这句话对吗？

第 8 章 组织思维

所谓组织，就是把各个部分连接起来使其成为一个整体。

——塞缪尔·柯尔律治（Samuel Coleridge）

如果我们已经参与一个丰富的创作过程中，那么我们可能会因杂乱无章的数据而感到力不从心。如果我们能把这些零碎的材料组织起来，那么它们可能会成为一幅令人惊艳的图案。在本章中，我们将探讨形成这种图案的不同方法。如果我们能够找出既存在于宇宙又存在于我们大脑中的基本秩序，那么我们就能够将这些秩序运用于思维之中。首先，我们研究秩序的起源；其次，我们仔细考虑秩序的位置（即主题）、相似度（即类比）、时机（即时间）和起因（即因果），并且我们还研究了人类创造的许多逻辑秩序；最后，我们采用聚类、分析和排序的方法来处理一些更重要的秩序。

秩序的起源

宇宙是有秩序的吗？我们应该称其为有秩序的宇宙还是混沌的宇宙？还是说，秩序只存在于我们的大脑中？我们的大脑是否天生就有自己的组织模式？还是我们的大脑学习并复制了周围的秩序？我们的大脑能创造结构以满足自己的需要吗？

一些有影响力的思想家认为，我们的大脑并不是生来空白。柏拉图认为我们有先天固有的思想，康德认为空间和时间是思维的结构，休谟认为因果是大脑对现实进行组织的方式，荣格认为我们有与他人共享的原型，乔姆斯基认为大脑具有学习语言、产生和识别意义的自然能力。尽管很难验证这些先天的结构是什么，但大脑中有一个巨大的"区域"用来存储数据和进行思考，这一事实说明，大脑确实存在先天的结构。我们的大脑早就准备好了接收和存储信息数据，并对这些数据进行检索，然后用语言这种更高级的、符号化的方式来处理和解释这些数据。

自然秩序

我们大脑中的许多秩序似乎是从宇宙的自然秩序中学来的。下面我们简单看一下宇宙和我们的大脑中都存在的四种自然秩序：主题秩序、类比秩序、时间秩序和因果秩序。在本章的后面部分，我们将利用这些秩序来帮助自己组织思维。

主题秩序

在宇宙中，大多数事物都有其"自然"的位置或者主题秩序。水往低处流，铅向下沉，氦气球上升；行星在自己的轨道上运行，因为它们和太阳的距离与它们的质量成正比，与它们的距离的平方成反比。即使是人造物也服从这一主题秩序。在比萨塔开始倾斜之后的很长一段时间里，中心对称式的金字塔能屹立不倒。当我们环顾四周时，就会观察到这类主题秩序（或称为宇宙中的位置秩序）。

类比秩序

我们从周围可以看到许多相似性：球和星球，花和树，苹果和哈密瓜，老鼠和马。大脑识别这种相似性的力量与我们在第5章和第7章中讨论的隐喻的力量相同。这种类似的洞察力秩序既存在于世界中，也存在于我们的头脑中。

时间秩序

在宇宙中，我们观察变化并对其进行解释。我们看到白昼接替黑夜，行星绕着太阳旋转，花开花谢，我们的身体会成长和衰老。这种变化是随着时间而发生的，我们看到事物的变化是有顺序的，我们称之为"时间秩序"。

 想一想

如果没有时间秩序，我们的世界会是什么样子？会更安全吗？考虑一下飞行员使用的时间秩序，即操作流程：飞行前检查、预点火、点火、运行系统、起飞前、起飞、爬升、巡航、下降、预着陆、着陆、着陆后、保养飞机。我们是否乐于让飞行员严格遵循时间秩序呢？在有些情况下，我们是否不应该严格遵循时间秩序呢？

因果秩序

在时间秩序变化的背后,我们要寻找原因。如果听到隔壁房间有一声巨响,我们就会推测是有人或某种力量造成了这种声音。如果一棵树倒下了,我们就会寻找切口、腐烂、风吹、雷击、推土机推过的痕迹,或者找找看是否有巨大的啄木鸟把树叨空了。即使我们看到一片狼藉,依然会试图寻找秩序。80 年前的一场飓风看起来就像混乱无序的狂风暴雨,现在,通过空中的卫星勘探技术,我们会发现巨大的气流旋涡,了解到是冷热变化造成了这一现象,并且可以在一定程度上预测其方向及持续时间。

我们的经验(也许还和我们大脑中的结构相匹配)告诉我们,所有的变化都有其原因;当我们找到原因时,就会称它们为"起因",而它们所引发的变化,则称为"结果"。我们称这种秩序为"因果秩序"。

思维训练 8.1　　　　　其他自然秩序

当环顾四周时,你是否能找到其他的自然秩序,而这种自然秩序与人为无关?例如,达尔文的适者生存的思想是最适合的自然秩序吗?生命形式更复杂的生物是否在食物链上处于更高的位置?你还能找出其他秩序吗?

思维训练 8.2　　　　　元素秩序

德米特里·门捷列夫(Dmitri Mendeleyev)将元素按其原子序数排列成行和列,创建了元素周期表。在一个假定有秩序的宇宙中,门捷列夫预言这一规律将会继续下去,并且新的元素将被发现。很快,有三种新元素(镓、锗和钪)被发现。这些元素都符合门捷列夫的描述,并且其表现与预测完全一致。元素周期表有助于确认宇宙中的秩序吗?你认为在这四种秩序中,门捷列夫最常用的是哪一种?他还用了其他的秩序吗?

心理秩序

以上四种秩序——主题秩序、类比秩序、时间秩序和因果秩序——似乎既是自然的,也是心理的;它们存在于自然界,也反映在我们的大脑中。其他存在的秩序主要是心理秩序,因为它们主要来自人体结构。这些心理秩序可以是任意的,如按字母顺序排列座位,也可以是合乎逻辑的,就像我们决定根据价值把贵重物品存放在不同的地方:将钻石放在保险箱里,将大笔的现金存入银行,将少量现金藏在床垫下,将日常生活费放在梳妆盒里,将零用钱放在钱包里,将零钱放在桌子上。这是将物品的感知价值与位置的感知安全相关联而形成的逻辑秩序。

木匠、哲学家、记者、会计师、水管工、律师等领域已经开发出了数千种心理秩序。这些秩序与我们周围的自然的物理秩序并非完全脱节。例如,当一个水管工处理重力和渗透性带来的问题时,自然秩序在其中起了很大的作用;但是,当水管工应用新的方式连接和清洁水管时,降低成本并增加可靠性的心理秩序就会发挥更大的作用。而当营销人员处理价格、位置、产品和促销的问题时,心理秩序就会支配自然秩序。

有些领域产生的逻辑秩序在其他领域中也有很好的应用。例如,新闻的5W原则(谁、什么、哪里、何时和为什么)也可以广泛应用于律师、教师、作家、侦探、市场营销人员、历史学家等职业领域。一名很好的职业演说家,会在演讲时谈到很多话题,他通过脑海中的5W来组织和完成他的演讲。我们也可以经常使用这种有效的组织模式来进行思考、写作和阅读。记者们受过训练,在报道的第一段就回答了5W问题。在了解了这一点后,如果我们想要快速阅读并获得新闻摘要,只需要阅读每篇文章的开头即可。

另一个主要的秩序,即科学秩序(或称方法),在制造业、商业、烹饪等行业,以及实际上在大多数经验性的领域都有很广泛的应用。科学方法的四个主要步骤对思维来说是不可或缺的,因此针对每个步骤我们都用了单独的一章进行讨论:观察对应第3章"感觉"、假设对应第7章"创造性思维"、实验对应第14章"决策和行动"、验证对应第13章"评价"。

逻辑以演绎推理和归纳推理为基础，也是非常重要的一种秩序，所以我们专门用一整章来讨论逻辑思维。在大多数学习和工作中都一直要用到逻辑秩序。尽管前提项是随着领域的变化而变化，但我们总是可以看到这样一个基本秩序：先陈述一个前提条件，将其运用到特定的领域中，然后得出结论。这是我们大部分思维的基础。

计划者通常使用这样一种心理秩序：定义目标，制订实现该目标的计划，监控进度，调整计划。

一些心理秩序大多数时候是任意的。不同的社会以贝壳、铜、黄金或纸币作为标准货币。不同的语言在其文字中使用不同的符号，诸如罗马文或中文。出于逻辑原因，我们有时会选择任意顺序，如字母表或数字序列，或者通过抛硬币来决定顺序。

思维训练 8.3　　　　其他心理秩序

以下人员所依据的秩序是什么？

机械师 _____　　　房主 _____

制造商 _____　　　工程师 _____

珠宝商 _____　　　护士 _____

学生 _____　　　科学家 _____

记者 _____　　　市场营销人员 _____

数学家 _____　　　房地产经纪人 _____

教师 _____　　　计算机程序员 _____

这些秩序中是否有与四种自然秩序相关的秩序？这些秩序中有任意的吗？

除了群体中的心理秩序，个体也有自己的模式。例如，假设一个投手只有三种投球方式。那么这个投手什么时候倾向于采用哪种投球方式呢？NBA 全明星通常在哪个季度得分最多呢？从第一次测试来看，老师会在第二次测试中考哪些内容？

清晰和记忆

由于我们已经在周围的宇宙中找到了秩序，并且将之运用于社会中，我们自然而然地期望在思维中也可以找到秩序。存在于我们大脑中的结构使宇宙、太阳系、原子、社会，甚至我们自己都变得有意义。如果没有一个结构，我们的生活会变成什么样子？如果没有地图，我们会到达哪里？如果没有语言规则，我们将如何组织词汇？把拼图碎片组织起来，就能让拼图变得有意义。组织让我们的思维更清晰。即使在写这本书的时候，我们也在努力为读者提供一个清晰的思路。在写作和演讲中，清晰是必要的，也是有价值的，它提高了我们思考和表达思想的效率。

一个清晰的结构也会提高我们的记忆效率。在图书、演讲或会议中，清晰的论点对我们有很大帮助，如"在本书中，我们要讨论三个主要问题"。将这些主要部分清楚地区分开来并使之相互关联，就能使我们的大脑以一种相关的方式存储想法，并在我们有需要的时候回忆起来。研究表明，如果我们记住了一些无意义的数据，一旦这些数据得不到重复，我们很快就会忘记它们。但是，如果数据是有条理的，而且我们理解了正在阅读或思考的内容，那么就更容易将它们存储在记忆中。认识和应用这种秩序，就可以增强我们的记忆力，提高记忆的效率，使思维更清晰。这就是组织秩序。

仔细想想我们刚刚提到的秩序。在你的生活、工作和学习中，你什么时候优先使用这些自然秩序：主题秩序、类比秩序、时间秩序和因果秩序？你什么时候可能会优先使用心理秩序，如科学秩序和5W？你能找出自己记录事物和想法的模式和秩序，并能够更有效地回忆和使用它们吗？

组织思维的步骤

步骤1 聚类

聚类就是进行简单的分组。举个例子。假设我们在枪支管制问题上进行了星暴和头脑风暴，我们不确定如何处理下面生成的数据，那么第一步便是看一下这些数据，看看哪些是相似的，哪些是有内在关联的。

枪支	警察	黑帮	死亡
手枪	保护	自由	无辜者
步枪	国防	管制	不法分子
登记	枪支类型	许可证	场所
自动手枪	统计数字	犯罪	权利法案
毒品	飞车运动	运动	狩猎
培训	执照	调查	罪犯
恐惧	流弹	全美步枪协会	城市/农村

把上述事物放在看似合适的类别中。看上去什么样的聚类很明显？如果你遇到了困难或花费了比预期更多的时间进行聚类，这里有一个快速聚类的方法：

1. 寻找类似的事物；
2. 给这些类似的事物起一个统一的名字，如原因、人员、结果、事物；
3. 给每个聚类标上一个象征代号。

按照上述三个步骤，你可以这样标注聚类：

I= 工具   S= 解决方案   R= 结果   C= 原因   P= 人员

I- 枪支	P- 警察	R/C/P- 黑帮	R/P- 死亡
I- 手枪	C- 保护	C/R- 自由	R/P- 无辜者
I- 步枪	C- 国防	S- 管制	S- 不法分子
S- 登记	I- 枪支类型	S- 许可证	S- 场所
I- 自动手枪	R- 统计数字	C/R- 犯罪	C- 权利法案
C- 毒品	R- 飞车运动	C- 运动	C- 狩猎
S- 培训	S- 执照	S- 调查	C/P/R- 罪犯
C/R- 恐惧	I- 流弹	P/C/R- 全美步枪协会	?- 城市/农村

当根据上述类别对这些事物进行聚类时，它们就形成了这些小组。

工具	解决方案	结果	原因	人员
枪支	登记	恐惧	毒品	警察
手枪	培训	统计数字	恐惧	黑帮
步枪	执照	飞车运动	狩猎	全美步枪协会
自动手枪	管制	黑帮	国防	死亡
枪支类型	许可证	自由	黑帮	无辜者
流弹	调查	犯罪	自由	罪犯
	不法分子	全美步枪协会	犯罪	
	场所	死亡	运动	
		无辜者	全美步枪协会	
		罪犯	权利法案	
			保护	
			罪犯	

步骤2　分析

聚类之后，第二步是分析聚类和单个项目，以确定我们是否需要省略某个聚类、增加一些新的聚类、维持原样或者更改聚类。这些选择是在明确我们使用这些聚类的目的时做出的。例如，如果赞成对枪支进行管制，不妨增加一个新的类别"历史"，以表明权利法案的创立者面对的是在拓荒时代的农村环境下确实需要枪支，但现在的城市环境中似乎并不能证明枪支的存在是必要的。或者如果不赞成管制，也许可以忽略"解决方案"这一聚类，因为这些项目大多涉及某种管制。

一旦解决了使用哪些聚类的大问题，我们就可以分析特定的项目。也许我们希望将"自动手枪"和"步枪"从工具一列中删除，而只侧重于"手枪"；也许我们希望增加更多的结果，如尝试过枪支管制立法的城市或国家，或者各种管制措施与死亡率之间的相关性。我们通常会发现需要做一些研究，得出一些数据并填补一些空白。

思维训练 8.4　　　　　分析聚类

根据你的目的，试着分析一下枪支管制问题的聚类。你是赞成还是反对个人拥有枪支？你是反对个人拥有所有类型的枪支，还是只反对拥有手枪和自动手枪？你是希望所有枪支都注册，还是只让某些类型的枪支注册？你是否希望看到只有某些人能拥有枪支？一旦你明确了自己的目的后，仔细考虑一下你的分组和各个聚类，然后根据需要进行增减，必要时对其进行更改，以支持你的目的，并公平地陈述其他立场。你还需要做一些研究来补充自己在这方面的知识吗？

步骤 3　优先性

最终，我们需要对聚类进行分析，给它们排序；也就是说，我们按优先级对它们进行排序。这相当于粗略地勾勒出了一个轮廓。例如，我们对上面的聚类如何进行排序呢？这里有两种可能性。

（1）人员：谁用枪？谁杀人？谁被杀？

（2）工具：我们说的是哪种枪型？

（3）结果：这些枪是用来做什么的（问题）？

（4）原因：人们为什么害怕枪或想要枪？

（5）解决方案：有哪些可能的方法用于解决这个问题？

（1）原因

　　①工具

　　②人员

（2）结果

（3）解决方案

还有哪些其他的可能性？我们能通过改变聚类的顺序来提出另一种顺序吗？是什么决定了顺序？我们能看到各部分之间的关系吗？这种关系能解释这种特定的顺序是如何连贯起来的吗？试着写出一个"故事"，把各个部分联系起来，并说明其中所涉及的优先性原则。

步骤 4　组织你的空间

> 大而无序的图书馆还不如一个小而有序的图书馆有用。
>
> ——亚瑟·叔本华

一名研究者走进一家书店，想买一本书。店员说，她不知道书店里是否有这本书，因为这家书店的书是按颜色分类的！对那些想买书进行装饰的人来说，这样的模式也许是有用的，可以打造一个展示多彩封面的陈列柜图书馆；但对于检索作者和书名来说，却毫无用处。你能想象自己走进一个未进行组织和整理的图书馆的情形吗？

工作环境改造学——高效而健康地使用工作空间——至少 25 年来一直是一门声誉卓著的学科。现在，认知性工作环境改造学已经为人们所了解，它意味着组织你的工作空间以帮助你更好地思考。如果你在办公，当你能很容易地找到你想要的东西时，你的思维会很顺畅。当你找不到所需要的东西时，可能一个和你做着类似工作的人能够找到。而且很可能这个人的办公桌上没有大堆未经分类的资料，他把资料整齐地储存在组织过的系统中，这样他就能够快速地检索到想要的资料。总之，所有的东西都有自己的位置。海沃斯家具公司采访了数百名办公人员，并对他们的工作空间进行拍照，得出的结论是人们希望当前需要的很多物品能呈现在自己的视线中。因此，海沃斯设计了"三层的文件盘、纸张分类器、文件分割夹、杂物盒、鹅颈式粘扣和夹子、记步器、迷你钉和记号板，以及电线盒"。不同的人在不同的环境中能够更好地工作，虽然我们可能无法获得所有的"认知工效学小装置"，但我们可以设计自己的工作环境，以最大限度地提高思维的效率。

想一想

如果你在组织化方面有困难，请不要灰心。本杰明·富兰克林将"秩序"作为自己努力实现的美德之一。他写道："让所有的东西都有自己的位置，让你的每一项工作都有运行的时间。"然而，他发现秩序是最难获得的。虽然他不能够做到让每个东西都保

> 持在合适的位置上,但这样的努力使他"成为一个更好、更快乐的人"。你在组织空间方面付出了多少努力?

步骤5　电子数据的组织化

当我们从网络上得到的电子信息爆炸式增长的时候,我们需要一个系统来控制这些信息数据。但是,如何管理一个信息世界呢?我们可以通过对上网冲浪、搜索引擎及网址进行管理来达到这个目的。冲浪,这个通俗的词语可以帮助我们理解和处理这个问题。冲浪者必须顺着波浪前进。如果海浪是向着南边,冲浪者就不能突然转向北方。同样,在网上"冲浪"时,点击链接就能把你带到"浪花"要去的地方。在这个过程中,你会发现什么呢?一个9岁的男孩有13个网页。你真的想花大量的时间去阅读和引用一个9岁孩子的话吗?尽管如此,有些冲浪也是好的,因为你可能会发现一些漂浮在海上的宝藏。但上网冲浪的时间应该是有限的(也许只占你搜索时间的5%)。所以,设定一个时间,享受你在网上的冲浪。

比冲浪更有效率的是搜索。互联网上包含了数以亿计的网页,因此,明智地选择和使用搜索引擎非常重要。作家埃利·威塞尔(Elie Wiesel)提出了这样的观点:"区分智者和愚者的是他们提出的问题,而不是他们给出的答案。"我们不推荐具体的搜索引擎,因为其中存在着一些波动,但是我们可以给出选择它们的一些准则:精确性、速度和广度。对于精确性,你可以选择那些允许你使用"和""+""或""不"以及"……"等分隔符来控制搜索的引擎。一个简单的精确性测试是在不同的搜索引擎中输入同样的搜索指令,然后看看前10项是什么样子,它们是否接近你所要寻找的主题?一个精确的搜索引擎还会对你的搜索提供类似"相关页面"或"搜索更多类似的文档"。搜索引擎的速度有时就列在页面的顶部,如"搜索速度""本次搜索用了1.2秒"。列出搜索速度的引擎通常都很快。最后,广度指可以通过使用"多重"搜索引擎中的一个来扩大搜索范围,它们的作用就像它们的名字一样——同时使用许多搜索引擎,然后整合结果。当你找到可产生最佳精确性、速度和广度的搜索引擎时，请将其添加到"书签"或"收藏夹"。

马奎特大学图书馆馆长尼古拉斯·布克尔（Nicholas Burckel）说："如今，学生所面临的问题不是如何找到信息，而是如何评估他们找到的信息。"确保找到可靠信息的最佳方式是搜索那些刊载有学术性或声誉良好的期刊和杂志的电子索引。许多图书馆现在都有访问这些索引的主页，可靠的网站通常可以通过域名的后缀来识别，如".edu"和".gov"显示的是特别有价值的、值得信赖的信息。如果你看到".edu"的互联网地址中某处有大学名称，而且文章后面往往有"博士"头衔紧跟其后，那么，你可能正在阅读可靠的数据。同样，当你发现一个可靠的网站时，可将其添加到"书签"或"收藏夹"。

在管理好我们上网的时间、使用高效的搜索引擎，以及保证我们访问网站的有效性之后，我们需要对存储数据的方式进行管理。与其将找到的所有相关数据打印出来，不如为正在研究的专题领域建立文件夹，然后将整个文件或文件的一部分"复制并粘贴"到这些文件夹中，这往往是最有效的。就像以前的旧档案文件（但在数量上似乎也没有减少）分类存放一样，我们对电子文件夹也要有条理地进行管理，这样就可以轻松地检索到想要的内容。因此，在创建文件夹之前，请仔细考虑你的组织方案。正如我们在第 4 章中看到的，我们回忆时最重要的影响因素就是原始记忆存储得怎样。越来越多的电子存储正在成为我们的外部存储器。按照"摩尔定律"，我们的手机和 U 盘中的内存芯片的体积变得越来越小。如何存储好这些数据以便我们能够"回忆"起来就变得至关重要。

排序

现在我们已经有了一种对思维进行分类、挑选和组织的方法，让我们将这一方法应用到在本章开始时讨论的一些自然秩序和心理秩序中。例如，看看下面这个大纲：

（1）原因

　　①工具

②人员

（2）结果

（3）解决方案

我们可以看到，这个大纲蕴含着一个因果秩序。前因后果很清晰。人员和工具是因，结果是果。

当想要讲述发生的事情时，我们使用时间秩序。如果想回顾枪支持有的历史，或者对人们在拥有枪支和没有枪支的情况下发生的事件进行描述，那么按时间秩序就很合适。这也许是最古老的秩序，它采用的是讲故事的形式。古代文献最早记载的文学作品，如《吉尔伽美什史诗》（Gilgamesh）和《荷马史诗》，都是以史诗的形式出现的，通常描述的是世界和人类起源的故事。如果想象一个远早于文字出现的场景，我们可以想象我们的祖先围着火堆讲一个关于狩猎、受伤和逃脱的故事。

在日常生活中，人们经常用到时间秩序。新闻记者、新闻广播员和新闻报刊出版商都依靠它生存；侦查员、检察官界定有罪和无罪也与时间秩序有关；研究人员、档案管理员和历史学家依靠它建立声誉；商业报告、操作手册和经济播报的作者依靠它赚钱；地质学家、古生物学家和考古学家严格地遵循它开展研究；教师和学生也经常使用时间秩序。我们在回答诸如以下问题时都会用到这一秩序：你去了哪里？你在旅行中做了什么？你最近三份工作分别是什么？你上过哪些学校？你的计划是什么？

亚里士多德曾说，每件事都有开始、过程和结果。这些基本的、按时间顺序排列的部分符合大多数著作的宏大结构，即都有引言、正文和结论，但我们也并非总是从头开始。电影经常使用倒叙的手法，史诗作家和现代小说家经常从中间的场景开始，从行动过程的中间开场。在我们的思考中，往往在开始之前就看到了思想的核心甚至是结论；正如帕斯卡所指出的那样，"写书时，最后的观点应该先写"。在我们的写作中，这一原则同样适用：先写下主题，再介绍自己所要写的内容。通常，当我们在撰写这本书的正文部分时，精彩的引子往往就会浮现在我们的脑海中。

聚类、分析和优先排序的组织方法非常简单，就是按照时间秩序工作：沿着时

妙趣横生的思维公开课

间线将数据自动串联起来,并对它们进行聚类和优先排序。那么,我们主要的思考任务就是决定应该包含哪些内容和应该省略哪些内容。我们可以经常自信地按照时间秩序来工作,因为它既是一种自然秩序,也是一种心理秩序,它可以很容易、很自然地融入我们已经做得很好的事情中。

类比秩序既是自然秩序,也是心理秩序,具有一种不可抗拒的力量。我们已经在第5章和第7章中,以及本章开头简要介绍了类比秩序的力量。我们进行组织的方法的第一步是聚类,它与类比自然契合。聚类或者按相似性进行分组的过程,使用的就是包含在类比秩序中类似的洞察力:看到其相似性。与之类似,最后一步,即优先排序,是将类比秩序叠加在聚类上;要做到这一点,我们必须调用自己的创造力,把各种想法结合在一起,直到看到新的结论。例如,亚里士多德把开始、过程、结论作为论述的三个部分(引言、正文、结论)类比为钩、箭、锚。钩,也就是引言,吸引了读者的注意力;箭,将正文信息传递给目标受众;最终,锚将结论牢牢地固定在读者的脑海中。钩、箭、锚就是按时间秩序排列的第一、第二、第三的有力的、类比的、令人难忘的形象表达。

古往今来,类比秩序一直在发挥着作用。有人把青年和老年比作春天和冬天、日出和日落,有人把我们的生命比作五幕戏。下面两位学生使用类比的方式使自己的文章充满活力。

我跑进森林里,把她从我的脑海里赶走。最后一丝微光闪耀在金黄色的秋叶上。这风景像上好的白兰地一样让人陶醉。我静静地坐下,徘徊在内心意识的黑暗走廊里,回想着过去三年的生活。关于她的记忆沉重地挂在我的心上。我最后一次将它们筛出了我的记忆,使它们重新回到黑暗的走廊中,然后轻松地从树林里走了出来。

* * *

它们已经包围了我们。高大沉默的木头哨兵保护着世界的遗迹。它们用又长又瘦的手指指着每个人。风在为它们哭泣。

它们漂亮的绿色、金色和橙色的制服永远消失了。它们不再因美丽而被人欣赏,羞愧地垂下了四肢。任何面具都无法掩盖它们厌恶的现实。风在为它们哭泣。

焦土从它们的脚下溜走,这更加重了它们的屈辱。它们对生命的控制消失了。我们看了看,摇了摇头。风为我们所有人哭泣。

类比秩序适用于大多数交流场合。找到一个适合读者的核心类比,然后加以发展,这通常值得我们花一些时间。我们可以把这样的类比称为"基础结构性类比"。这种基础类比将在我们写作的过程中发展出清晰的结构,就像橡籽中包含着橡树的DNA一样。下面以一个例子说明基础结构性类比。一名学生以"我的情感大厦"为题写道:

你可以进入我的情感大厦,但很抱歉,今天不行。我的情感大厦的墙是用坚固的砖块砌成的,砌得太高,谁都进不去。我有太多的恐惧,所以我建了这些墙来保护自己。我想隐藏的是什么?是我的恐惧、愤怒和信任。

如果我让你进来的话,我的恐惧就在你走进的第一个房间里。房间里充满了悲伤。孩子们心中充满了悲伤的画面。一只迷路的小狗紧紧地蜷缩在房间的一个角落里。空气中弥漫着阴霾,这里不允许阳光照射。

如果你穿过大厅,会看到右边有一个房间。为了大家的安全,这个房间大部分时间都是锁着的。那是我的愤怒房间。一天中的很多时候,你能听到爆炸声响彻这个房间。这里不需要窗户或灯光。愤怒的火焰在屋子的中心熊熊燃烧。锅、碗、瓢、盆、玻璃杯、盘子、书等会从房间的一边飞到另一边。我们不能马上进入这个房间,因为那样你可能会受伤。

还有一个房间,就在拐角处,沿着大厅往左走即到。这个房间的窗户安装了双层玻璃,玻璃外面有铁栏杆。这个房间的门上有三把锁。这个房间中的每一样东西都用铁链锁着。我的家具、灯,甚至一个酒杯都有一条链子围着。这是我的信任房间。正如你所看到的,我真的很信任每一个人,我把所有的财产都放在这个美妙的房间里。我在这里待的时间不多,因为即使没有人在这里,我也不用担心。

我确实曾经有一间快乐的房间,就在我情感大厦旦的某个地方,但我想我把它弄丢了。我记得有一次我确实在里面待了很久,但那是很久以前的事了,我现在已经忘记了它在哪里,也忘记了它是什么样子。

所以正如我所说的,很抱歉,你今天不能进来。

这篇文章是学生在课堂上用了大约10分钟的时间即兴写出来的。它以类比的形式自然成文,只有几个(已被纠正)的拼写错误而已。这个学生很容易就写出了这些内容,是因为他为内在自我和私人空间的核心类比提供了一个适当的结构,这种房间的类比抓住了语言的精髓,提供了结构上的清晰性和独创性,而情感则增添了真诚的个人基调。

类比秩序的有效性是显而易见的。它有助于我们理解相似之处和不同之处。它借助了自然界中存在的类比力量,这种力量体现在我们的语言中,或许还体现在我们的思维功能中,它让我们更有效地交流。

  思维训练 8.5　　　创建一个基础结构性类比

如果你也想以"我的情感大厦"(这几乎可以保证你能写出优秀的文章)为题进行写作:首先,写下开场白"欢迎来到我的情感大厦";然后,写出每个房间里不同的情绪。例如,阁楼可以是你的思考或私人房间,地下室是你的愤怒房间,上锁的壁橱是你的恐惧房间,等等。在一张空白的纸上,你开始快速地描写,不用担心写出来的内容如何。

主题秩序能够很好地用来完成描写,可能在史前它就已经发展起来了。我们可以再想象一下,我们的祖先觅食归来,描述他们在溪流边的山谷里发现了一些树,树上结满了果实。主题秩序有助于描述,因为对象和地点都具有物理维度。在描述一个物体或地方时,我们可以从上到下、从右到左、从北到南、从小到大等,进行描述。建筑师、测量员、雕塑家、天文学家、地质学家、农民、工程师、机械师、公交车司机、社区规划师、卡车司机等其他人都会使用主题秩序。

当学生想要描述一些东西时,也会使用主题秩序。下面是一名学生的描述性文章,运用了主题秩序法(以及一些精彩的类比)。我们从前两段就可以看出主题秩序的作用。

谢幕

闪电在黑色的湖面上飞舞。有时它只是一段快速的小舞曲,有时则是一支精致的华尔兹。它从天空的北端开始,一路向着舞台的中央进发。

雨停了,但墨色的水面上仍笼罩着一层厚重的云幕。一阵电闪雷鸣。

是谁编排了这场辉煌的权力展示?为什么我得到了前排的座位?还有谁在观众席上,他们是否也渴望从座位上跳起来鼓掌呢?

应该致敬,但向谁致敬呢?

与其他秩序一样,我们可以将聚类、分析和优先排序的过程应用到主题秩序中。如果我们试图描述一个事物,如科罗拉多州的一个山地营地,我们可能会把细节列表聚类为树木、露营设备、岩石、湖泊和溪流、山峰、冰川,然后我们将分析希望保留、添加、删除或更改的内容,最后我们会把清单按优先级排列,也许会把场景的细节从上到下排列:山峰、雪、岩石、树木、湖泊和溪流、营地,还有帐篷。

与时间秩序一样,主题秩序也是基础性秩序,时间和空间(位置)都是世界、科学以及我们思维的基础性结构。有条不紊地安排事物、想法和文字,可以让我们的思维清晰有效。

总结

有些人认为,处理细节和精确地放置它们令人振奋。另一些人则觉得组织性工作相当无聊。对于这两个群体来说,组织我们的思维可以增加满足感和兴奋感。我们已经在宇宙及大脑中寻找并发现了基本的组织模式。这些强有力的秩序是时间秩序、类比秩序、因果秩序和主题秩序。我们已经了解了这些秩序,并强调尽可能选择其中的一种秩序,而不是放任混乱的秩序。我们看到还有一些强大的心理秩序,如科学方法和新闻的 5W 法,以及在特定领域还有许多其他秩序。最后,为了处理所产生的信息数据,可以运用组织化方法对数据进行聚类、分析和排序。

挑战练习

1. 下列对象中，我们可以找到哪些秩序？

    一次正式的演讲　　　　　一本字典

    一座图书馆　　　　　　　一本百科全书

    一本科普读物

2. 在下面的商业活动中，可以找到哪些秩序？

    卡片档案　　　　　　　　数据库

    电子表格　　　　　　　　销售报告

3. 你认为你的大脑是天生就有组织思维，还是你发现、学习或者创造了组织思维？

4. 你会如何组织这些对象：幼狮、动物、马、狮子、狼、牛、小牛？你为什么这样做？你进行组织的原则是什么？你是如何找到这些原则的？是否可以采用其他的组织方式？

5. 你还能找到其他的基础性结构类比吗？试着用其他词语代替"我的情感大厦"中的"大厦"一词，然后找一个词语代替"情感"。

6. 为什么新闻的5W——谁、什么、哪里、何时、为什么——如此有用？你能用这种模式来组织你的文章吗？

7. 找出你感兴趣的两三个职业，试着指出其中的一些逻辑秩序。

8. 一个专业领域的逻辑秩序是否也适用于其他领域？你能找出最有用的秩序或主导秩序模式吗？

9. 几何学中的秩序是什么？

10. 当历史学家询问一个作者的素材、日期、真实性及动机时，他们使用的是什么样的秩序？

11. 市场营销的主要组织原则是什么？

12. 当房地产经纪人试图给房子标价时，背后的秩序是什么？

13. 你知道有哪些书是逻辑清晰的？你可以看看托马斯·阿奎那和约翰·亨

利·纽曼这两位思想家的书，他们以最清晰的结构展示了自己的思想。

14. 在生活中，你是如何使用一些基本秩序的？想一想你是如何布置你的房间、工作空间或学习空间的？

15. 有没有家居秩序？在你的衣柜里，另一只袜子在哪里？

16. 随着越来越多的信息可以被即时检索，我们的注意力是否被削弱了？我们的思维是否过于分散？你认为信息革命对我们的影响是什么？

17. 谷歌的创始人之一拉里·佩奇（Larry Page）说："我们正试图衡量网络的想法。"这句话可能意味着什么？

18. 我们已经说过存在一种因果秩序。混沌理论在科学界受到了极大的关注［参见詹姆斯·格雷克（James Gleick）所著的《混沌》(*Chaos*)和汤姆·彼得斯（Tom Peters）的《追求卓越》(*Thriving on Chaos*)］，在商界也以不同的形式受到了关注。你可以在这方面做一些正式的研究，或者分析自己的经验。你是否经历过周围世界的混乱？混沌与秩序是矛盾的吗？

第 9 章 逻辑思维

> 如果我们推理，不是因为我们喜欢，而是因为我们必须这样做。
> ——威尔·杜兰特，《哲学大厦》

合乎逻辑的思维、找出自己和他人思维中的推理谬误是批判性思维的核心。在本章中，我们将首先研究演绎逻辑和归纳逻辑中的基本原理。我们主要通过演绎逻辑的基本形式、三段论，以及观察人们在演绎逻辑中所犯的各种错误，来探讨演绎逻辑。之后，我们将演绎逻辑与归纳逻辑区分开来，这主要在于后者呈现出一套自己的归纳思维谬误。最后，我们将看看其他一些常见的推理谬误。因为在本章中我们处理的信息是思维本身的核心，所以我们要花更多的时间来选择这些信息。你会发现这一章的篇幅很长，也许还很具有挑战性，但耐心和努力会提升你的能力，使你成为一个更加谨慎和独立的思考者。

演绎思维：三段论

演绎思维是指从两个或两个以上的前提开始，并从这些前提中推导出一个必然的结论，这个结论其实就包含或隐藏在这些前提中。演绎思维的基本形式是三段论，下面是一个三段论的例子。

> 所有围绕恒星运转的天体都是行星。
> 地球是围绕恒星运转的巨大的天体。
> 因此，地球是行星。

通常我们的思维不像上述例子呈现的那样正式，而是采取一种更为简洁的形式："因为地球的质量很大，并且绕着太阳运转，所以它是一个行星。"为了理解简化思维背后的逻辑,我们需要理解支持它的结构:三段论。三段论推理是一种三步推理形式,它有两个前提和一个结论(前提是被作为结论的基础或依据的陈述)。并非所有的三段论都是相同的。我们将讨论三种类型的三段论:直言三段论、假言三段论和选言三段轮。

直言三段论

直言三段论的一个经典例子来自哲学家苏格拉底,更改后的内容如下。

大前提——所有的人都会死亡。

小前提——安娜是人。

结　论——因此,安娜会死亡。

我们可以看到直言三段论的归类。在上面的例子中,"人"被归入"死亡"的类别中;"安娜"属于"人"的类别;在最后一句话中,"安娜"属于"死亡"的类别。

直言三段论是一种论证形式,它所包含的陈述(称为直言命题)要么肯定、要么否定某个主体是某一类的成员或具有某种属性。例如,"托比是一只猫"就是一个直言陈述,因为它断定托比(对象)是一类叫作"猫"的动物中的成员。"托比是棕色的"断定托比具有棕色的属性。同样,"托比不是棕色的"和"托比不是一只猫"也是直言陈述,因为前者否认托比具有棕色的属性,后者否认托比属于一类叫作"猫"的动物中的成员。最后这两个命题是否定命题,因为它们否定了一个对象是某一类别的成员。所有有效的三段论都必须至少有一个肯定的前提。

在标准形式的直言三段论中,大前提通常首先出现。它包含"大项"(在这里是"死亡"),也就是在结论中作为谓项出现的项。

*大前提——所有的人都会**死亡**。*

小前提——安娜是人。

结　论——因此,安娜会死亡。

什么是谓项？简单来说就是在前提或结论中，被分配给主语的属性或类别。在上面的例子中，最后一行的主语是安娜，安娜的属性是"死亡"。如果一个三段论的结论是"罗伯特很聪明"，那么"聪明"将是谓项，因为在这个句子中，它是主语"罗伯特"的属性。"聪明"也将是大项，并将出现在第一个（或主要）前提中。

大前提——我们的学生都很**聪明**。

小前提——罗伯特是我们的一个学生。

结　论——因此，罗伯特很**聪明**。

让我们来看看这个三段论中的其他部分，看看它们是如何形成一个有效的论证的。这些部分中有一个小前提。小前提引入了小项（在上述例子中为"安娜"和"罗伯特"）。

大前提——所有的人都会死亡。

小前提——**安娜**是人。

结　论——因此，安娜会死亡。

大前提——我们的学生都很聪明。

小前提——**罗伯特**是我们的一个学生。

结　论——因此，罗伯特很聪明。

小前提将小项和大项联系起来。它通过"中项"建立了这种联系，然后中项在结论中消失。

大前提——所有的**人**都会死亡。

小前提——安娜是**人**。

结　论——因此，安娜会死亡。

大前提——我们的**学生**都很聪明。

小前提——罗伯特是我们的一个**学生**。

结　论——因此，罗伯特很聪明。

然后，小项成为了结论中的主项。

大前提——所有的**人**都会死亡。

小前提——**安娜**是**人**。

结　论——因此，**安娜**会死亡。

大前提——我们的**学生**都很聪明。

小前提——**罗伯特**是我们的一个**学生**。

结　论——因此，**罗伯特**很聪明。

图 9.1 概括了上述讨论的三段论部分的内容。

中项
（未出现在结论中）
↓
大前提→所有的**人**都会**死亡**
↑
大项
（在结论中作为谓项出现）

小项
（是结论的主体）
↓
小前提→**安娜**是**人**
↑
中项
（未出现在结论中）

结论→因此，**安娜**会**死亡**
　　　　　↑　　↑
　　　　主语　谓项

图 9.1　三段论的各个部分

三种类型的命题

你现在可能已经注意到,有些前提是指一个类别的所有成员,如"所有的人都会死亡"。这类命题被称为全称命题。它们也可能采取相反的形式,即"没有人是不死亡的";或者简单地说"人都会死亡",这句话暗示"所有的人"。所有的直言三段论都必须至少有一个全称前提。上述三段论只有一个全称前提,但有两个全称前提也是允许的。

所有的学生都是人。
所有上课的人都是学生。
因此,所有上课的人都是人。

值得注意的是,在现代逻辑中,全称命题并不意味着主项实际存在,而仅仅意味着如果主项存在,它将具有谓项的特征。因此,"所有的二溴联苯①都是红色的"并不意味着二溴联苯存在,而只表明如果它们存在,它们将是红色的。当然,在我们日常使用的逻辑中,我们通常知道主项中至少有一个成员存在,比如在"所有的学生都是人"的语句中。

另外两种命题是特称命题和单称命题。特称命题指的是一个类中的某些成员,如"有些人是女性"。在逻辑上,"有些"的意思是"至少有一个"。"有些人是女性"意味着至少有一个人是女性。此外,"有些"还保留了一种可能性,即所有成员都具有谓项的特征。换句话说,"有些恐龙是冷血动物"的说法,为所有恐龙都是冷血动物提供了可能性。

单称命题的主项是一个特定的人或事物。"安娜会死亡"这句话就是一个单称命题。

四种格

在图9.1中,中项作为第一个前提的主项和第二个前提的谓项出现。这被称为

---

① 二溴联苯在自然界中并不存在,是作者杜撰的。——译者注

第一格，是直言三段论的四种可能的变体或格之一。在其他格中，大项、小项和中项的位置是不同的。因此，我们不能简单地把大项确定为第一个前提中的谓项，把小项确定为第二个前提的主项；虽然在写三段论时，一般的规则是大项出现在第一个前提中，但情况并非总是如此。下面我们来看看三段论的四种格。其中，S 代表结论的主语（即小项），P 代表结论的谓项（即大项），M 代表中项（它从不出现在结论中）。

第一格：	M（中项）	P（大项）	所有 NBA 球员都收入很高。
	S（小项）	M（中项）	琼斯是一名 NBA 球员。
	S（小项）	P（大项）	因此，琼斯的收入很高。
第二格：	P（大项）	M（中项）	所有的基督徒都信仰上帝。
	S（小项）	M（中项）	无神论者都不信仰上帝。
	S（小项）	P（大项）	因此，无神论者都不是基督徒。
第三格：	M（中项）	P（大项）	有些教师很聪明。
	M（中项）	S（小项）	所有的教师都是受过教育的人。
	S（小项）	P（大项）	因此，有些受过教育的人很聪明。
第四格：	P（大项）	M（中项）	所有的恐龙都是已经灭绝的生物。
	M（中项）	S（小项）	没有灭绝的生物都存活着。
	S（小项）	P（大项）	因此，没有存活着的生物是恐龙。

 思维训练 9.1　　　　请推导出结论

下面的三段论只给出了前提。请试着得出每个三段论的结论以测试你的自然演绎思维能力。你可能不同意这些前提或结论，但有了这些前提，你会得出什么结论呢？在一些三段论中，不存在可以从前提导出的结论。稍后，我们将学习分析三段论的方法，这会使类似的任务变得更容易。现在，把它当作一个有趣的练习吧。

1. 所有不好的理论都是会被抛弃的理论。
   有些伦理理论是不好的理论。

因此，_____

2. 非人类动物都是没有道德的动物。
   所有有皮毛的动物都是非人类动物。
   因此，_____

3. 有些体育爱好者热爱足球。
   所有的体育爱好者都是自觉的人。
   因此，_____

4. 所有的星系都有恒星。
   有些恒星有行星。
   因此，_____

5. 自然界所有的生物都有生存的权利。
   所有的胎儿都是自然界的生物。
   因此，_____

6. 无脑的生物不能体验痛苦。
   只有能够体验到痛苦的生物才有生存的权利。
   因此，_____

7. 有些书有丰富的信息。
   有些有丰富信息的书是值得阅读的。
   因此，_____

8. 所有刻薄的人都是不讨人喜欢的生物。
   只有不讨人喜欢的生物才会被人讨厌。
   因此，_____

思维训练 9.2　找出大前提、小前提、中项和格

确定下面每个三段论的大项、小项和中项，然后再确定每个三段论的格。

1. 不可爱的生物是长着可怕面孔的生物。
   有些啮齿类动物是可爱的生物。

因此，有些啮齿类动物不是长着可怕面孔的生物。

大项：_____

小项：_____

中项：_____

第几格：_____

2. 有些美国人是爱国的公民。

  所有的美国人都喜欢苹果派。

  因此，有些喜爱苹果派的人是爱国的公民。

  大项：_____

  小项：_____

  中项：_____

  第几格：_____

3. 不是阴天的日子都是值得珍惜的日子。

  所有的雨天都是阴天。

  因此，没有雨天的日子是值得珍惜的日子。

  大项：_____

  小项：_____

  中项：_____

  第几格：_____

4. 所有的人都会死亡。

  没有天使会死亡。

  因此，没有天使是人。

  大项：_____

  小项：_____

  中项：_____

  第几格：_____

5. 所有的人类都是有自我意识的生物。

  任何有自我意识的生物都是不想死的生物。

  因此，任何想死的生物都不是人类。

  大项：_____

小项：_____

中项：_____

第几格：_____

直言三段论的有效性

以上所有的三段论都是有效的（除了思维训练 9.1 中的部分）。所谓有效是指论证，即从前提到结论的推理是准确的。论证可以有效，也可以无效，但不能称之为真或假（只有对前提和结论可以作真或假的判断）。一个论点即使包含虚假的前提和虚假的结论，也可以是有效的。反之，前提和结论都是真的，但论证可能是无效的。我们在下面的陈述中考察一下这些可能性。

所有的男人都很聪明。

安迪是一个男人。

因此，安迪很聪明。

在上述三段论中，大前提是假的，因为不是所有的男人都很聪明。尽管如此，三段论是有效的，因为其推理是正确的：如果前提是真的，那么结论就必须是真的。这样一来，一个有效的三段论可以通过一个错误的前提产生一个错误的结论。

具有错误前提的有效三段论的结论仍然可能是真的，注意到这一点很重要，但那是因为巧合，而不是因为前提是真的。

所有红头发的人都很好斗。

玛丽拥有一头红发。

因此，玛丽很好斗。

上述三段论是有效的，但第一个前提显然是假的。如果玛丽恰好很好斗，但却有着一头金发而不是红发，那么第二个前提也是假的，但结论却恰好是真的。

现在我们来看一个前提为真，甚至结论也为真的无效三段论。

有些动物是棕色的。

所有的狗都是动物。

因此，有些狗是棕色的。

在这个三段论中，每个前提都是真的，结论也是真的，然而这个三段论是无效的（仅仅因为有些动物是棕色的，并不意味着狗属于那些棕色的"有些动物"），这个论证的结构并不是有效的，即结论可以从前提中得出。

优秀思维者的目标是构造前提真、论证有效的三段论。我们把前提真、论证有效的三段论称为可靠的论证。在可靠的论证中结论一定是真的，这就是三段论的优美和作用所在。

 思维训练 9.3　　　识别有效的直言三段论

三段论有许多有效的形式，它们通常被用字母 X、Y 和 Z 来表示。三段论表达式中的主语、性质和类别用这些字母替代。例如，"没有 X 是 Y"将代表"没有哪个有钱女人是福特·品脱的司机"。请仔细检查下面四种形式的直言三段论。你认为哪些是有效的？（在思维训练 9.4 中有核对答案的方法。）

1. 有些 X 不是 Z。　有效 / 无效（在其中的一个上画圈）。

   所有的 X 都是 Y。

   因此，有些 Y 不是 Z。

2. 有些 X 是 Z。　有效 / 无效（在其中的一个上画圈）。

   所有的 X 都是 Y。

   因此，有些 Y 是 Z。

3. 没有 X 是 Y。　有效 / 无效（在其中的一个上画圈）。

   所有的 Z 都是 X。

   因此，没有 Z 是 Y。

4. 有些 Z 是 X。　有效 / 无效（在其中的一个上画圈）。

   没有 X 是 Y。

   因此，有些 Y 不是 Z。

思维训练 9.4　　　　　　使用维恩图

检验三段论是否有效的一个方法是用图表示出两个前提。如果该三段论是有效的，那么结论就能在前提的图中找到。如果结论在图中不明显，则说明该三段论的结论不能得到前提的支持，该三段论被认为是无效的。描述三段论的一个好方法是使用约翰·维恩（John Venn）开发的图示系统。维恩图使用了三个相交的圆圈，一个代表结论的主语（S，小项），一个代表结论的谓项（P，大项），还有一个代表结论中没有出现的中项（M）。为了练习这种技巧，我们将使用以下简单的三段论。

没有猫（M）是狗（P）。

有些动物（S）是猫（M）。

因此，有些动物（S）不是狗（P）。

首先画出三个圆圈，如维恩图 A.1 所示（方框不是必需的）。

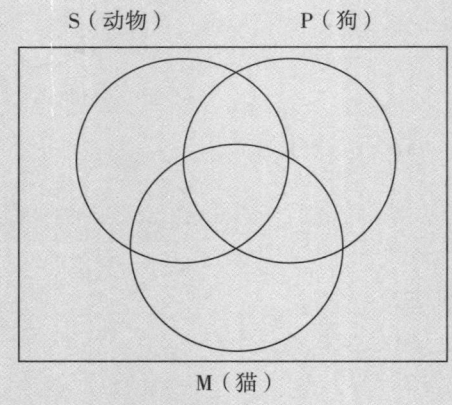

维恩图 A.1

图中的阴影区域表示在该区域或类别中没有实体。因此，我们将通过对代表猫的圆和代表狗的圆的重叠区域涂上阴影说明第一个前提，"没有猫是狗"，如维恩图 A.2 所示。这说明不存在猫也是狗的情况。

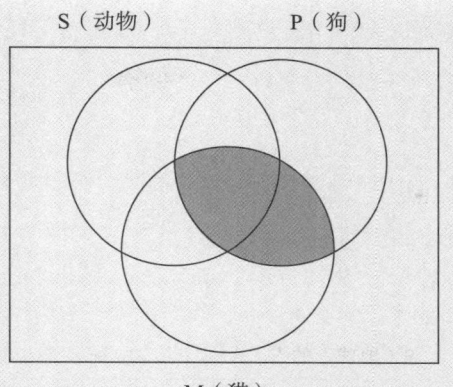

维恩图 A.2

将 X 放在一个区域内意味着该类中至少有一个实体，X 代表特定的命题。我们不能将 X 放在阴影区域，这会导致矛盾。因此，我们将第二个前提"有些动物是猫"用图表示，如维恩图 A.3 所示。

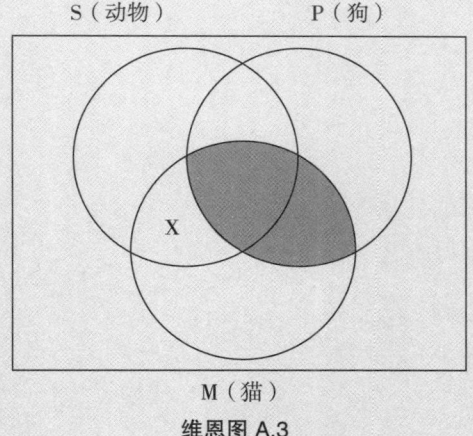

维恩图 A.3

现在我们看一下"有些动物不是狗"这一结论在图中是否得到了体现。在这种情况下，我们发现在代表动物的圆内和代表狗的圆外发现一个 X，这说明有一些动物（是猫）不是狗。因为结论是代表前两个前提的图中呈现出来的，所以我们的三段论是有效的。

有时我们在绘制代表特定命题的图时，X 可以出现在任意一个区域中。在这种情况下，我们把 X 放在两个区域的分界线上，这意味着在这些区域中至少有一个区域有实体，但我们还不知道是哪个区域。下面的三段论图解说明了这一过程。

有些幸运的人是富有的人。

所有幸运的人都是生活在地球上的人。

因此，有些生活在地球上的人是富有的人。

通过在代表"幸运的人"和"富有的人"的两个圆的重叠区域的空间中放置一个X来作图表示第一个前提"有些幸运的人是有钱人"。由于该区域被分为两个部分，并且我们还没有足够的信息来确定X应该放在哪一（些）部分，所以我们将其放在两个区域的分界线上，如维恩图A.4所示，表示至少在其中一个区域中存在实体。

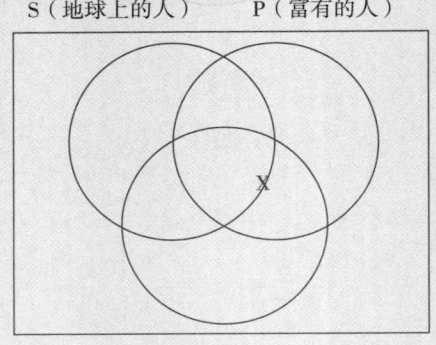

维恩图 A.4

第二个前提"所有幸运的人都是生活在地球上的人"，引导我们把其中一个区域涂上阴影。然后，我们被迫将X放在剩下的唯一一个可选区域中，如维恩图A.5所示。

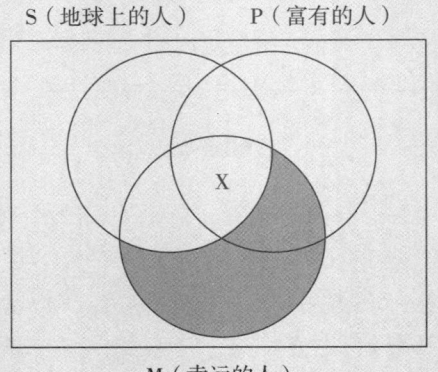

维恩图 A.5

通过检查结论"有些生活在地球上的人是富有的人",我们发现它与我们的图呈现的结果一致。因此,这个三段论是有效的。但是切记,维恩图只能说明一个三段论的有效性,并不能检验其前提的真实性。

让我们再看一个例子,这一次我们使用了一个无效的三段论。

所有的大学生都是优秀的人。

有些老年人是大学生。

因此,所有的老年人都是优秀的人。

在维恩图 A.6 中,我们对第一个前提"所有的大学生都是优秀的人"进行了图解,把代表大学生的圆的部分涂上阴影,这样,所有大学生都必须归入优秀的人的类别(切记,已经被涂上阴影的区域没有实体)。第二个前提"有些老年人是大学生"是通过在唯一允许老年人也是大学生的区域中放置 X 来表示的。现在我们可以看到,我们的三段论是无效的。"所有的老年人都是优秀的人"这一结论没有在图中出现。如果是的话,那么代表老年人的圆的最大区域,也就是允许老年人在代表优秀的人的圆圈外的区域,就会被涂上阴影。既然并非这样,那就留下了一种可能性,即有些老年人存在于代表优秀的人的圆圈之外。

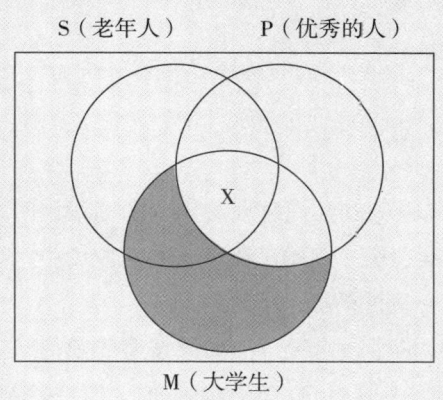

维恩图 A.6

现在,将思维训练 9.3 中 1 至 4 的提法画成图,检查你的评估哪些是有效的、哪些是无效的。

日常生活中的三段论和省略三段论

我们一直在使用直言三段论,但它们通常以被称为省略三段论的简短形式出现。一个省略三段论是一个有着隐含(而不是明确的)前提或结论的三段论,其中一个前提没有被明确地陈述出来。让我们看一些完整的三段论隐含在省略三段论中的例子。

"他是总统,因此,他应受到尊重!"
所有的总统都是应受到尊重的人。
他是总统。
因此,他是应受到尊重的人。

"我们信任你,你是一位老师。"
所有的老师都是可以信任的人。
你是一位老师。
因此,你是一位可以信任的人。

"他是一名牙医。我打赌他一定很有钱!"
所有的牙医都很有钱。
他是一名牙医。
因此,他很有钱。

当把省略三段论及其缺失的前提整理成规范的三段论时,我们就能更加清楚地发现可能出现的任何思维谬误。例如,在上面的三段论中,我们可以看到全称前提(包含或暗示"所有的"一词的前提)不为真。

省略三段论在日常生活中很常见。而如果按照先前提、后结论的顺序陈述,隐含的三段论就很容易被看出来。但在口语中,前提往往是隐蔽的,我们有时会先陈述结论,然后再陈述前提。这就会使潜在的三段论更加难以被发现。让我们来思考一些隐藏在日常语言中的三段论的例子。

安德鲁:沃尔玛新来的经理应该很难伺候。也许我应该考虑辞去这里的工作,再换一个新工作。

马　　克：我记得你昨天说过，你期待和新人一起工作。而且，我觉得你还没有见过新经理。

安德鲁：是的，没有。但有人说新经理是一个女人，你知道女人是很难合作的。

该论证采用以下三段论形式。

所有的女经理都是难以相处的人。（所有的X都是Y。）
新来的经理是一名女性。（Z是X。）
因此，新经理是一个很难相处的人。（因此，Z是Y。）

我们应该注意到，虽然上述三段论是有效的（因为结论是由前提推导出来的），但由于至少有一个前提是假的，因此，不能认为结论为真。在这个例子中，大前提所说的所有女经理都很难相处，这是基于一种错误的刻板印象。

有时，我们的演绎思维包含两个以上的前提和一个结论。在这种情况下，我们通常会形成另一个三段论，我们将一个三段论的结论作为下一个三段论的前提。请思考以下论证。

艾萨克：我会担心和你的新邻居住在一起。

罗伯特：为什么？

艾萨克：他们制造噪声，行为粗鲁，你知道吗？我的意思是，你甚至可能会被打！

罗伯特：艾萨克，你在说什么呢？

艾萨克：你没看到他们吗？他们的车！他们的衣服！那辆车已经有20年了。他们的衣服看起来像20世纪70年代的衣服一样。他们显然是靠领取救济金生活。是啊，如果我是你，我就会搬走。不要相信那些家伙！

上述论点中的第一个三段论如下。

凡是开旧车、穿旧衣服的人都是领救济金生活的人（前提1）。
罗伯特的邻居开的是旧车，穿的是旧衣服（前提2）。
因此，罗伯特的邻居都是靠领取救济金生活的人。

我们从上述论证中得出了一个直言三段论。但（艾萨克）在争论中继续断言，这些人是危险的。在这种情况下，其论证方式是把第一个三段论的结论作为下一个三段论的小前提。

所有领救济金的人都是制造噪声、行为粗暴、喜欢打人的人（前提3）。
罗伯特的邻居都是靠领救济金生活的人（前提4，也是上面的结论）。
因此，罗伯特的邻居是制造噪声、行为粗暴并且喜欢打人的人。

上述论证有四个前提，并形成了两个三段论，每个三段论有两个前提和一个结论。要想使最后的结论为真，构成复杂论证的所有三段论都必须有效，所有前提都必须为真。在这个例子中，前提1是假的，这就使第一个三段论的结论最终无法为真。因为这个结论是值得怀疑的，同时它也是前提4，所以前提4很容易为假。当然，前提3肯定是假的，它表达的只是一种不准确的刻板印象而已。有一个前提是假的，这个论证的最终结论就是假的。在这种情况下，三段论是有效的，但实际上有两个或三个错误的前提。

我们再来看一个常见说法中隐藏的多段式三段论的例子。

面试官1：托尼是我们的下一个面试者。
面试官2：你可以面试这个人，但面试他是在浪费我的时间。
面试官1：你为什么这么说？你知道一些我不知道的事情吗？他的简历看起来还不错。
面试官2：看看他的学校记录。
面试官1：来自一所好学校，成绩全是A。
面试官2：是的，全是A——一个十足的怪才。
面试官1：这有什么关系？
面试官2：怪才们才不会来这里工作。我们以前试过了。

上述对话中的第一个三段论试图论证托尼是个怪才。这个论证是一个省略的三段论。缺少的前提是"成绩全是A的人都是怪才"。第一个三段论采用了如下形式：

成绩全是A的人都是怪才。
托尼是一个成绩全是A的人。

因此，托尼是个怪才。

对话中的最后一句话并不是结论，而是第二个三段论中的一个前提："怪才不会来这里工作"，意思是"怪才不会在这个公司工作"。当我们加上第一个前提的结论："托尼是个怪才"，我们就得到了带有最终结论的第二个三段论。

怪才不会来这个公司工作。
托尼是个怪才。
因此，托尼不会来这个公司工作。

同样，即使这两个三段论都是有效的，但如果我们在其中任何一个三段论中找到一个错误的前提，那么最后的结论就可能是假的。如果"怪才"指的是一个奇怪、古怪的人，那么第一个三段论中的第一个前提肯定会遭到质疑。

思维训练9.5　　找出多个三段论及错误的前提

在下面的对话中，从三个直言三段论得出了一个结论：艾伦应该得到她所得到的。你能找到它们吗？这些三段论中有没有错误的前提？

桑　迪：喂，我听说你的邻居艾伦把她所有的钱都给了一个骗子。这是真的吗？

卡罗琳：是的，可怜的女人。50年的积蓄就这样没有了！

桑　迪：他们抓住那个人了吗？

卡罗琳：不，我想他们还没有找到线索。她将再也见不到她的钱了。

桑　迪：哦，我不会为她感到遗憾。她太容易相信别人了，你知道吗？她活该被骗！

卡罗琳：我不知道你为什么这么说。一个人被骗了，并不意味着他必然是容易相信别人的人。

桑　迪：我同意，但她确实属于异教徒，不是吗？

卡罗琳：是的。

桑　迪：嗯……就像我说的，容易相信别人！我认为，容易相信别人的人活该遭遇不幸。

> 卡罗琳：你怎么知道的？
> 桑　迪：听着，卡罗琳，在我看来，人们会因为自己的选择而变得容易相信别人。他们选择不努力学习，不看报纸，不了解新闻。这些都是他们做出的选择，人们应该为他们的选择负责。他们应该得到他们所得到的，仅此而已。
> 卡罗琳：嗯，我明白了，但我还是为艾伦感到难过。
> 桑　迪：随你的便吧，但我仍然认为她应该得到她所得到的！

直言三段论中的推理谬误

现在，我们已经知道了日常论证中潜藏的三段论的基本逻辑，让我们来看一些违反逻辑并导致结论毫无价值的思维谬误。

中项不周延

在直言三段论中，中项（结论中未出现的项）至少要周延一次。

所有的 B 都是 C。

所有的 A 都是 B。

因此，所有的 A 都是 C。

一个项周延意味着对该项的所有成员进行判断。在上面的第一个前提中，"所有的 B 都是 C"，项 B 是周延的。如果我们说："有些 B 是 C"，项 B 就不是周延的，因为我们谈论的不是 B 的所有成员，我们只是在谈论其中的一部分。如果三段论的中项不周延，那么这个论证就犯了中项不周延的谬误。

所有的 C 都是 B。

所有的 A 都是 B。

因此，所有的 A 都是 C。

粗略一看，这个三段论似乎符合逻辑。但如果我们加上实际的项，错误就变得显而易见。

所有的公共建筑都是装有空调的建筑。
所有的零售建筑都是装有空调的建筑。
因此，所有的零售建筑都是公共建筑。

在这里，中项 B（即"装有空调的建筑"）是不周延的。如果第一个前提是"所有装有空调的建筑都是公共建筑"，那么中项 B"装有空调的建筑"就周延了，论证就有效了。我们应该注意到，在上面的三段论中项"装有空调的建筑"是两个前提的谓项，而不是主词。在肯定全称命题中，这两个前提的谓项都是不周延的。当我们说"所有的零售建筑都是装有空调的建筑"时，我们并没有说"所有的装有空调的建筑"；因此，"装有空调的建筑"是不周延的。同样，说"所有的羊都是动物"也没有说"所有的动物"。

在否定全称命题中，如"没有公共建筑是装有空调的建筑（没有 X 是 Y）"，谓项和主语都是周延的。实质上，我们是在对所有的公共建筑做一个陈述，即它们中没有一个是装有空调的，并且所有装有空调的建筑没有一个是公共建筑。与之类似，"所有 X 都不是 Y"这个陈述的谓项和主语都是周延的，因为这个陈述也可以表示为"没有 X 是 Y"。

很明显，特定命题的主语，如"有些 A 是 B"，是不周延的，但它们的谓项呢？在肯定的特称命题中，谓项是不周延的。因此，"有些鸟是会飞的生物"中的"会飞的生物"是不周延的，因为它并没有对所有会飞的生物进行判断。我们只能从这个命题陈述中推断出一些会飞的生物是鸟类，尽管这个命题考虑到了所有会飞的生物都是鸟类的可能性。然而，对于否定式的特定命题，谓项是周延的，因为这些命题针对的是谓项所属的整体。例如，"有些鸟类是不会飞的生物"意味着整个会飞的生物排除了这些鸟。

单称命题，如"苏格拉底是人"，主语是周延的，因为主语是这一类的全部；不存在"一些苏格拉底"这样的东西。但如果命题是否定的且改成"苏格拉底不是人",那么谓项"人"也将是周延的。当我们把这个命题重述为"没有人是苏格拉底"时,这一点就很清楚了。下面我们再举两个中项不周延的例子。

有些女人是律师。
所有寻求堕胎的人都是女人。
因此,有些寻求堕胎的人是律师。

有些压力大的人不是聪明的人。
所有已婚人士都是压力很大的人。
因此,有些已婚的人不是聪明的人。

想一想

在"只有人类才是创造性的思维者"这个命题中,是否有任何项是周延的?如果你觉得回答这个问题有些困难,请阅读后文中"有效换位"标题下的内容以获得提示。

不当周延

当一个项在结论中周延但在前提中不周延时,就犯了不当周延的谬误。不当周延的谬误有两种类型:大项不当周延和小项不当周延。当大项在结论中周延而在前提中不周延时,就会犯大项不当周延的谬误。

大项不当周延

所有的 X 都是 Y(注意:Y 是不周延的)。
没有 Z 是 X。
因此,没有 Z 是 Y(注意:Y 是周延的)。

上述三段论看起来似乎符合逻辑,但实际上,从这两个前提中无法得出结论,因为 Z 可能是 Y,也可能不是 Y。如果我们用常见的表达方式代入这些项,就可以看出这个错误（见维恩图 B）。

所有的狗都是四条腿的动物。

没有猫是狗。

因此，没有猫是四条腿的动物。

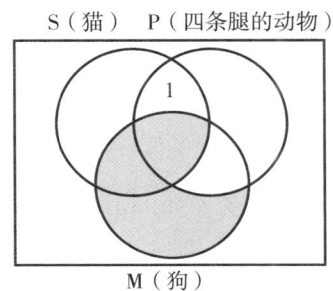

维恩图B

注：图中的区域1显示，有一些猫有可能是四条腿的动物。这种可能性与上述三段论的结论相矛盾。

不幸的是，很多人都对这些错误视而不见。下面给出两个例子。

所有全职的大学教授都是大学毕业生。

没有全职的木匠是全职的大学教授。

因此，没有全职的木匠是大学毕业生。

（事实上，很多木匠都是大学毕业生。问题在于"大学毕业生"在结论中是周延的，但在前提中不周延。）

所有离婚的女人都是以前结过婚的人。

萨利不是离婚的女人。

因此，萨利不是以前结过婚的人。

（莎莉可能是个寡妇。问题在于"以前结过婚的人"在结论中是周延的，但在前提中不周延。）

不当周延的另一种形式是小项不当周延,当结论的主语(小项)在结论中周延,而在小前提中不周延时,就会犯这种谬误。

小项不当周延

所有的 X 都是 Y。

有些 Z 是 X(请注意,Z 是不周延的)。

因此,所有的 Z 都是 Y(请注意,Z 是周延的)。

所有的酗酒者都是不健康的人。

有些女人是酗酒者。

因此,所有的女人都是不健康的人。

当然,结论应该是"因此,有些女人是不健康的人"。错误之处在于项"女人"在结论中是周延的,但在两个前提中都不周延。如果上述第 2 个前提改为:"所有的女人都是酗酒者",那么这个论证将是有效的。在这种情况下,项"女人"在前提中要像在结论中一样是周延的。

在这个例子中,我们很容易看出逻辑谬误;事实上,在大多数情况下,当论证以规范的三段论形式被陈述时,逻辑谬误就会显而易见。但在日常闲谈中,这些逻辑谬误往往不被质疑。请思考下面的对话。

贝特西:喂,莎莉,我不得不给你打电话。我刚读了一篇关于对伴侣施暴的文章。太可怕了!有一位女士曾经是一名模特,直到她被丈夫毁容了。现在她靠领救济金生活,找不到工作。她说她很沮丧,只想去死。莎莉,怎么会有人这么做?

莎　莉:我明白你的意思,贝特西。他们是败类。谁会这样对待自己的伴侣和他人呢?我是说,纯粹的败类。

贝特西:你知道,这也发生在了莎伦身上。她丈夫对她很好,真的很好。我是说,她已经一周不能工作了。据说她感冒了。是的,没错。但当她回来的时候大家都看到了她脸上的伤痕。不过我什么都没说，不像有些人。

莎　莉：男人都是败类，贝特西，十足的败类。

贝特西：你说得没错。

尽管莎莉和贝特西可能会对那两位丈夫感到愤怒，但她们已经从两个案例推广到了所有的人。虽然我们可能不知道有哪些男人是"白衣骑士"，但是我们知道有很多男人确实不是败类。

上面的论证有如下形式。

所有打伴侣的人都是败类。

有些男人是打伴侣的人。

因此，所有的男人都是败类。

思维训练 9.6　　　　找出不周延的项

在下面圈出应当周延的不周延项。然后，在每个三段论的左边，确定它是不周延中的中项不周延、小项不当周延，还是大项不当周延。

_____ 1. 有些男人比大多数女人更聪明。
　　　　　安德鲁是一个男人。
　　　　　因此，安德鲁是一个比大多数女人更聪明的人。

_____ 2. 所有的肌肉发达的男人都是自恋狂。
　　　　　没有一个窝囊废是肌肉发达的男人。
　　　　　因此，没有一个窝囊废是自恋狂。

_____ 3. 有些才华横溢的人不是聪明的人。
　　　　　有些民主党人是才华横溢的人。
　　　　　因此，有些民主党人不是聪明的人。

_____ 4. 有些美国公民是有能力成为总统的公民。
　　　　　这个班的所有学生都是美国公民。
　　　　　因此，这个班的有些学生是有能力成为总统的公民。

四词项谬误

一个有效的三段论只有三项。中项连接大项和小项。因为中项把大项和小项都连接起来了,所以结论可以把大项和小项连接起来。如果三段论中出现了第四项,则结论无效。无效的四项三段论示例如下。

> 所有的酗酒者身体都不健康。
> 比尔是饮酒的人。
> 因此,比尔身体不健康。

在上述论证中,确实有四项。大项是"身体不健康",小项是"比尔",然后还有两个中项"酗酒者"和"饮酒的人"。因为一个人可以喝酒而不酗酒,所以这两个项是不同的。因此,我们有四个项和一个无效的论证。我们再看一个例子。

> 所有的大学老师都是知识分子。
> 苏珊是一个在大学里工作的人。
> 因此,苏珊是知识分子。

上述论证中的四个项分别是"大学老师""苏珊""知识分子"和"在大学里工作的人"。之所以有人得出上述论证,是因为他把"大学老师"等同于所有"在大学里工作的人"。但这是一种虚假的身份,因为许多在大学里工作的人,如厨师、管理人员和保安等,都不是大学老师。因此,上述三段论中有四个项,而非三个,这个三段论是无效的。

歧义谬误

有时,当我们给同一个词赋予两种含义,而没有认识到两者的区别,并把它们当作同一个词使用时,就会犯四词项谬误。当这种情况出现时,歧义谬误就出现了(也就是产生了四词项谬误)。在这种论证中,不能从前提中推出结论。

> 好的东西就是我们应该拥护的东西。

高脂肪食物是好的。

因此，高脂肪食物是我们应该拥护的东西。

在这个例子中，"好"这个词有两个意思，因此有歧义。它首先被用来描述道德品质，它的第二个意思是一种快乐的感觉。这个三段论中实际上有四个词项，因此导致其无效。

请注意下面的讨论中的歧义项"爱"。

莎莉：马克说他爱工作胜过一切。

约翰：天哪，他的妻子知道吗？

莎莉：是他的妻子告诉我的。

约翰：知道马克对自己的爱不如对工作的爱，他的妻子肯定受不了。他的妻子怎么说？

莎莉：她似乎一点也不介意。非常愚钝，我是说。

约翰：绝对的。

马克的妻子可能并不愚钝。她也许明白爱有不同的含义，马克用来描述他对工作的"爱"与他用来描述对另一个人的感情上的"爱"是不同的。莎莉和约翰犯了一个错误，他们认为"爱"只有一种含义。

在选言三段论形式（将在后文中讨论）中，对莎莉和约翰的论证可以进行如下描述。

马克要么爱工作胜过一切，要么爱妻子胜过一切。

马克爱工作胜过一切。

因此，他并不是爱他的妻子胜过一切。

这与下面的描述一模一样。

马克要么爱苹果派胜过一切，要么爱妻子胜过一切。

马克说他爱苹果派胜过一切。

因此，他并不是爱他的妻子胜过一切。

当"爱"一词有两种含义时，它使这个非此即彼的选言命题为假，因为它意味着一个人只能有一种选择，而不能同时有两种选择，然而两者都是可能的。一个人可以爱苹果派胜过一切，也可以爱自己的伴侣胜过一切。这些命题看起来是相互排斥的，但是其实意思是，一个人可以爱苹果派胜过其他任何食物，也可以爱自己的伴侣胜过其他任何人。

意义一致的重要性

当三段论中的项的定义不明确或人们对项的意义的理解发生分歧时，三段论的结论就可能会被否定或变得无效。例如，在托尔斯泰的《伊万·伊里奇之死》(*The Death of Ivan Ilych*)一书中，伊万不认为"人都会死亡"这一三段论的结论适用于他。出于对死亡的恐惧，他试图通过质疑第一个前提中出现的"人"的含义来做到这一点。

伊万·伊里奇眼看自己就要死了，他陷入了无尽的绝望之中。

在他的内心深处，他知道自己快要死了，但他不仅不习惯这种想法，而且根本没有也无法理解这种想法。

这个三段论他是从基耶夫特（Kiezewetter）的逻辑学中学到的："卡尤斯是人，人都会死亡，因此，卡尤斯会死亡。"在他看来，将这句话用在卡尤斯身上总是正确的，但将这句话用在自己身上就不适用了。卡尤斯——抽象的人——会死亡，这是完全正确的，但他不是卡尤斯，不是一个抽象的人，而是一个完全独立于所有其他人的生物。

显然，如果人们不能就项的意义达成一致，那么一个论证即使像具有真前提的有效三段论一样可靠，也是毫无价值的。我们再来看另一个例子。

1912年，当时的一位内政大臣被指控在下议院使用了非议会语言，他称某人"粗鲁"，于是他打开了《牛津英语词典》(*Oxford English Dictionary*)，并将其展示给议员们看，以表明在早期粗鲁的意思并不像议员们想象的那样，而是指"与主题或手头的事情无关、不相关"。内政大臣说："我是在更古老的意义上使用这个词的。"

由于项可以表示不同的意义，因此必须对其进行适当的定义以避免混淆。如果不这样做，就会导致两个人都相信人人生而平等，但他们相信的可能仍然是两件不同的事情。

存在谬误

当人们从两个全称前提中得出一个特称结论时，就犯了存在谬误。在现代逻辑中，全称前提的主项并不假定存在。例如，"所有的流浪汉都是被解雇的人"意味着如果存在流浪汉，他们就是被解雇的人。因为一个特称结论假定该结论的主语中至少有一个成员存在，所以这样的结论不能从两个全称前提中得出。

所有的独角兽都是动物。
所有的动物都是生物。
因此，有些生物是独角兽。

第一个前提并不意味着独角兽的存在，因此我们不能得出至少有一种生物是独角兽的结论，这正是这个三段论中特称结论的意义所在。

当然，我们必须以常识为准。如果你知道全称命题的主项是存在的，就可以得出特称结论。

所有参加这个聚会的都是人。
所有的人都是生物。
因此，有些生物是这个聚会上的人。

简而言之，除非明确说明或者已经知道全称前提的主项存在，否则就不能得出特称结论，否则就犯了存在谬误。

直言三段论的规则

下面我们总结的是有效直言三段论的基本规则。

结构要求

1. 至少有一个肯定的前提（"所有的人都会死亡"）。
2. 至少有一个全称前提（"所有的人都会死亡"或"没有人是永生的"）。
3. 有且只有三项。

逻辑规则

1. 如果其中一个前提是否定的，结论一定是否定的。
2. 如果两个前提都是肯定的，结论一定是肯定的。
3. 如果其中有一个是特称前提，那么结论一定是特称的。
4. 如果其中有一个是单称前提，那么结论一定是单称的。
5. 中项至少周延一次。
6. 在结论中周延的项必须在前提中周延。
7. 如果两个前提都是全称前提，那么结论一定是全称结论（见上文"存在谬误"）。

即使一个三段论完全符合上述规则，如果前提是假的，结论就不一定可靠。

思维训练 9.7　　　　辨别无效三段论

找出以下三段论违反了哪些逻辑规则。

1. 没有马是狗；没有人是狗；因此，有些人是马。
2. 所有的人都是骗子；所有的骗子都是有罪的人；因此，所有的人都是有罪的人。
3. 有些素食主义者的寿命比一般人长；艾伦是一个素食主义者；因此，艾伦是一个比一般人长寿的人。
4. 所有的粉色猎狗都是不忠诚的狗；所有不忠诚的狗都是被宠坏了的狗；因此，有些被宠坏了的狗是粉色猎狗。

假言三段论

　　如果你刺伤我们，我们不会流血吗？如果你逗我们，我们不会笑吗？如果你毒害我们，我们不会死吗？如果你冤枉我们，我们不会报复吗？

　　　　　　　　——莎士比亚，《威尼斯商人》（*The Merchant of Venice*）

我们在日常生活中的很多思维都是假言的。这种思维采用"如果……那么……"

的形式。一个愤怒的员工说："如果我不得不再工作一个晚上，那我就辞职！"面对考试的学生可能会想："如果我这次考试不及格，那我的这门课就挂科了。如果我挂科了，那么我就毕不了业了。"沮丧的家长则会用假设性的语言训斥孩子："如果你再晚回家一次，那么你这个月就要被禁足了！"

这些假设性陈述可以以三段论的形式出现，从而形成纯粹的或混合的假言三段论。纯粹的假言三段论是指两个前提和结论都是假设性语句或条件句，也就是说，它们是"如果……那么……"形式的命题。"如果"命题称为前件，"那么"命题称为后件。

如果 P，那么 Q。
如果 Q，那么 R。
因此，如果 P，那么 R。

如果我的邻居给他的草坪浇水，那么我的地下室就会渗水。
如果我的地下室渗水了，那么我的箱子就会被弄湿。
所以，如果我的邻居给他的草坪浇水，那么我的箱子就会被弄湿。

如果我把这张信用卡切成两半，那么我就能摆脱债务。
如果我摆脱了债务，那么我就能买一套房子。
因此，如果我把这张信用卡切成两半，那么我就能买一套房子。

并不是所有的假言三段论都纯粹由三个假言命题构成。有些是混合的，在混合的假言三段论中，只有大前提是"如果……那么……"的形式，另一个前提和结论都是直言形式。有肯定的混合假言三段论（分离律）和否定的混合假言三段论（否定后件律），肯定的混合假言三段论有一个肯定的命题，否定的混合假言三段论有一个否定的命题。肯定的混合假言三段论有以下形式。

肯定式（肯定的模式）

如果 P，那么 Q。

P。

因此，Q。

如果我加薪了，那么我们就可以去度假。

我加薪了！

所以，我们可以去度假了。

如果股市下跌，那么这将是一个冷清的圣诞节。

股市下跌了。

因此，这将是一个冷清的圣诞节。

请注意，小前提（第二行）肯定了大前提（第一行）的前件P。否定的混合假言三段论否定了后件，看一看下面的例子。

否定式（否定的模式）

如果P，那么Q。

非Q。

因此，非P。

如果下雨，那么街道将是湿的。

街道没湿。

因此，没有下雨。

如果我很穷，那么我就不快乐。

我很快乐。

因此，我并不穷。

因为"如果P，那么Q"这个命题意味着只要有P就会有Q，所以我们可以通过否定Q来否定P。但是，最后一个例子可能会让人感到困惑，因为第二个前提似乎不是否定的，也就是说，"我很快乐"似乎是在肯定而不是否定某件事。然而，通过仔细观察我们可以看到，它实际上是对"我不快乐"这一后件的否定。

假言三段论的推理谬误

否定前件式

混合假言三段论中的一个常见的思维谬误是否定前件。我们已经看到了混合假言三段论的有效形式（否定后件式）是否定后件。

如果 P，那么 Q。
非 Q。
因此，非 P。

如果没有了太阳，那么地球就会变得荒芜。
地球不是荒芜的。
因此，太阳还在。

现在观察一下，当我们否定前件时，会发生什么。

如果 P，那么 Q。
非 P。
因此，非 Q。

如果没有了太阳，那么地球就会变得荒芜。
太阳还在。
因此，地球没有变得荒芜。

同样，区别在于有效三段论否定了第一个前提（Q）的后件，而无效三段论否定了前件（P）。

让我们再看几个否定前件的例子。

如果他打我，那么他就不爱我了。

他不打我。

因此，他爱我。

（第一个前提留下了一个可能性，即他可能既不打我也不爱我。）

如果我不努力学习，那么我就会考试不及格。

我努力学习了。

因此，我不会考试不及格。

（第一个前提留下了这样的可能性，即使努力学习，也有可能考试不及格。）

如果今晚下雨，那么明天草地就会被打湿。

今晚没有下雨。

因此，明天草地不会被打湿。

在假言三段论中，如果有一个条件："如果 P，那么 Q"必须理解为"当且仅当 P，那么 Q"，那么我们就能有效地否定其前件。在最后一个例子中，第一个陈述"如果今晚下雨，那么明天草地就会被打湿"，给我们留下了这样的可能性：即使今晚没有下雨，明天草地也可能被打湿，也许是因为露水的缘故。因此，我们不能根据第一个前提得出结论：如果今晚不下雨，那么明天草地就不会被打湿。但是，如果前提是"当且仅当今晚下雨，那么明天草地就会被打湿"，那么除了下雨之外，使草地湿的所有选项都被排除了，所以我们可以得出结论：如果今晚不下雨，那么明天草地就不会被打湿。

让我们再看一下第一个例子，但条件是"当且仅当"。

当且仅当没有了太阳，地球才会变得荒芜。

太阳还在。

因此，地球没有变得荒芜。

因为有了这个限定条件，结论"地球没有变得荒芜"是有效的。

肯定后件式

当我们肯定第一个前提的后件而不是前件时，就会犯关于这类三段论的另一种思维谬误。一个有效的肯定假言三段论肯定了前件。

如果 P，那么 Q。

P。

因此，Q。

但有时人们用以下无效的肯定后件的方式论证。

如果 P，那么 Q。

Q。

因此，P。

如果我步行去商店，那么我今天晚上会很累。

我今天晚上很累。

因此，我步行去了商店。

在上面的例子中，即使一个人不步行去商店，他晚上也有可能很累。因此，累了并不意味着一定步行去商店了。因此，不能假定结论是正确的。然而，如果这句话是"当且仅当 P，那么 Q"，以这种方式论证是有效的。

上述两种逻辑错误只与假言（如果……那么……）三段论有关，它提醒我们，除非命题为"当且仅当"，否则我们只能肯定前件和否定后件，而不是相反。

 想一想

"如果 P，那么 Q"这个假言陈述是否和"如果 Q，那么 P"有相同的含义？

选言三段论

第三种类型的三段论是选言三段论,它使用"要么……要么……"的陈述,如"飞机要么在空中,要么在地面上"。这种三段论有两种形式。第一种选言形式(否定 - 肯定式)是在小前提中否定一个项,然后在结论中肯定另一个项,如下文所示。

否定 – 肯定式

要么 P,要么 Q。

非 P。

因此,Q。

飞机要么在空中,要么在地面上。

飞机不在空中。

因此,飞机在地面上。

(尽管这种否定 - 肯定式在选言三段论中是有效的,但我们在前面看到,它在没有限定条件的假言三段论中是无效的。)这类三段论的一个变形是否定 Q,如下文所示。

要么 P,要么 Q。

非 Q。

因此,P。

飞机要么在空中,要么在地面上。

飞机不在地面上。

因此,飞机在空中。

选言三段论的第二种形式(肯定 - 否定式)是在小前提中肯定一个项,而在结论中否定另一个项,如下文所示。

肯定 – 否定式

要么 P，要么 Q。

P。

因此，非 Q。

传教士宣讲的内容要么来自马太福音，要么来自马可福音。

传教士宣讲的内容来自马太福音。

因此，传教士宣讲的内容不是来自马可福音。

在这种形式下，我们同样也可以肯定 Q，而否定 P。

传教士宣讲的内容要么来自马太福音，要么来自马可福音。

传教士宣讲的内容来自马可福音。

因此，传教士宣讲的内容不是来自马太福音。

只有当 P 和 Q 相互排斥时，也就是说，P 和 Q 不可能同时发生，这种肯定-否定式的三段论才是有效的。正如我们在下文中将看到的那样，有时人们会犯这样的错误，即创造一个非此即彼的命题，在这个命题中，他们在排他性的意义上使用"或者"，而实际上是非排他性的。

选言三段论中的推理错误

肯定一个非相斥的选言式

有时，选言三段论以非排他性的方式使用"或者"，看一看下面的例子。

凯伦或者去了商店，或者去了银行。

凯伦去了商店。

因此，凯伦没有去银行。

鲍勃或者开始按时上班，或者会被解雇。

鲍勃已经开始按时上班。

因此，鲍勃不会被解雇。

有可能是凯伦去了商店，又去了银行。而鲍勃有可能已经开始按时上班，但因为其他原因被解雇了。在这些情况下，有人可能会说，非此即彼的命题是错误的选言式。尽管如此，人们还是经常以这种方式使用"或者"，然后通过肯定其中的一个，试图否定另一个。肯定第一个前提中的一个选言，从而否定另一个，就犯了肯定非排他性选言的谬误，除非这两个选言不能同时发生。（对前提中使用"和""或"以及"如果……那么……"的命题，其真值的进一步澄清见附录"命题逻辑"。）

有效换位

你现在可能已经注意到了，有些三段论的前提的谓项和主项的位置可以互换，而意义不会发生变化。这种互换的过程叫作"换位"。例如，命题"没有 X 是 Y"（"没有共和党人是民主党人"）可以转换为"没有 Y 是 X"（"没有民主党人是共和党人"），意义相同。同样，"有些 X 是 Y"（"有些计算机是有故障的机器"）能够转换为"有些 Y 是 X"（"有些有故障的机器是计算机"）。

另一个可转换的命题是"所有 X 都是 Y"，但要转换适当。我们必须谨慎对待这个命题，因为它的换位不是简单的谓项和主项的互换。例如，如果我们说"所有的 X 都是 Y"（"所有的 T 型车都是黑色车"），我们就不能说"所有的 Y 都是 X"（"所有的黑色车都是 T 型车"）。再举个例子，"所有非常聪明的动物都是人"不能有效地转换为"所有的人都是非常聪明的动物"。显而易见，这是错误的。对于"所有 X 都是 Y"（"所有非常聪明的动物都是人"），我们可以做的是将其转换为"只有 Y 是 X"（"只有人是非常聪明的动物"）。另一种换位方式是"有些 Y 是 X"。这样，"所有非常聪明的动物都是人"可以转换为"有些人是非常聪明的动物"。然而，"所有 X 都是 Y"到"有些 Y 是 X"的转换，并不能得出一个等价的命题。我们从一个全称陈述变成了一个更有限的、特殊的陈述（从"所有"变成了"有些"），失去了原来陈述中的一些强调的意思。此外，由于全称陈述并不意味着主项的成员实际存在，而

"有些"意味着主项中至少有一个成员确实存在，因此，只有当我们知道全称命题的主项存在一个或多个成员时——在这种情况下，当我们知道至少有一个X存在时，这种从"所有X都是Y"到"有些Y是X"的转换才成立。下面的维恩图C说明了"所有X都是Y"的两种换位方式的逻辑。

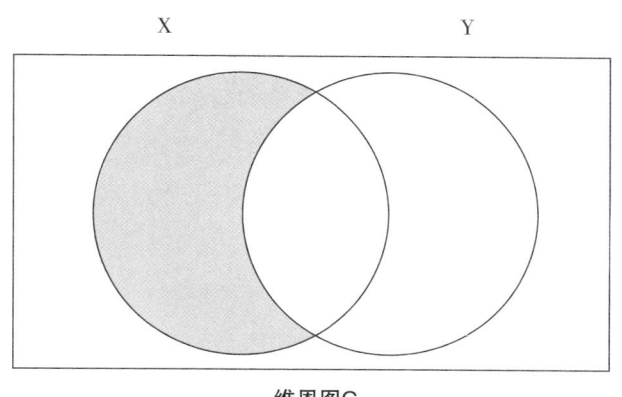

维恩图C

注：由"所有X都是Y"可知"只有Y是X"和（如果X存在）"有些Y是X"。

对于"有些X不是Y"这一命题的换位，我们也必须谨慎，因为把"有些X不是Y"转换为"有些Y不是X"是无效的。"非"必须和Y连用。因此，从严格意义上讲，这并不是换位。我们说"有些律师（X）不是有钱人（Y）"不等于说"有些有钱人不是律师"。在这个例子中，尽管换位后是一个真命题，但它不是从逻辑上推导出来的，从这个意义上说，它是无效的。

让我们把同样的逻辑应用到另一个例子中，以更清楚地说明这种换位的无效性。思考真命题"有些人（X）不是伟大的思想家（Y）"。如果我们将其转换为"有些伟大的思想家（Y）不是人（X）"，我们就已经改变了它的意思，从真命题换成了假命题。尽管有时转换后是一个真命题，但命题的真并不是从符合逻辑的转换中推导出来的，而是根据经验得出来的。命题"有些人跑得不快"换位（无效的）为"有些跑得快的不是人"。我们通过关于动物的经验知道，这种换位后恰好是真的，但并不是从逻辑上推导得出来的。例如，我们可以想象在地球上有某个时间，跑得快的非人动物都灭绝了。如果发生过这种情况，那么"有些人跑得不快"换位为"有些跑得快的不是人"，就换成了一个错误的命题。因此，这个换位在逻辑上是无法得出的。简而言之，对于"有些 X 不是 Y"，我们可以做的只是将其换位为"有些非 Y 是 X"。"有些人跑得不快"变成了"有些跑得不快的是人"。

直言命题有效的换位形式如下。

1. 没有 X 是 Y →没有 Y 是 X

   （没有女生是男生→没有男生是女生）

2. 有些 X 是 Y →有些 Y 是 X

   （有些猫是黑色的动物→有些黑色的动物是猫）

3. 所有的 X 都是 Y（假设 X 存在）→有些 Y 是 X

   （所有的 T 型车都是黑色的→有些黑色的是 T 型车）

4. 所有 X 都是 Y →只有 Y 是 X

   （所有的 T 型车都是黑色的→只有黑色的车才是 T 型车）

无效换位有很多，如果把它们都列出来，只会令我们更加困惑。然而，有一种常见的无效换位特别值得注意：假言（条件）命题的换位。将"如果 P，那么 Q"换为"如果 Q，那么 P"是无效的。看一看命题"如果杰克中了彩票，那么杰克将会非常开心"。它的换位是"如果杰克非常开心，那么杰克中了彩票"。不幸的是，对杰克来说，这种换位是不符合逻辑的。如果这一切听起来很熟悉，那是因为这种换位不过是肯定后件的一种变体，即上述的一种无效操作。这个例子用无效的三段论表达如下。

如果杰克中了彩票，那么杰克将会非常开心。

杰克非常开心。

因此，杰克中了彩票。

思维训练9.8　　　写出有效的换位

请为下列命题写出有效的换位。在技术上无法进行有效换位的情况下,写出一个等价的命题。假设全称命题的主项是存在的。

1. 只有从政的人才是对国家有重大贡献的人。
2. 所有的数学家都是内向的人。
3. 没有人是圣人。
4. 有些有钱人不是吝啬的人。
5. 有些父亲是温和的人。
6. 有些天体不是行星。
7. 只有有大脑的生物才是有思想的生物。
8. 有些无神论者并不是邪恶的人。
9. 所有拥有枪支的人都是反对枪支管制的人。

非形式演绎谬误

我们已经研究了与每种三段论相关的不同的推理谬误。其他推理谬误与三段论没有直接关系,但仍然属于演绎逻辑谬误。下面我们将探讨其中的三种:(1)分割谬误,(2)循环推理谬误,(3)非此即彼谬误。

分割谬误

从来没有到过美国的人可能会错误地认为,美国的所有公民都很富有。他们的推理犯了分割谬误,即试图认为整体(美国)是真的,论证它的部分(美国的公民)也是真的。当然,在许多情况下,部分的确与整体具有共同的特征,但这并不是因为逻辑上的必然性。没有任何逻辑规则允许我们做出这样的推理。

我们必须注意,不要把这个问题与全称命题混为一谈。从命题"所有的动物都是有知觉的生物"中,我们可以认为每个动物都是有知觉的生物,但这是因为"所有的动物都是有知觉的生物"与"每个动物都是有知觉的生物"的意思是一样的。

然而"所有的汽车都是重物"与"汽车的每一个部件都是重物"并不是一回事。因为汽车作为一个整体与构成其整体的各部分是不同的，所以我们不能合乎逻辑地推导出汽车的每一个部件都是重物的结论。思考一下人的本性：我们每一个人都是比人类的任一组成部分要复杂得多的整体。例如，我们神经系统中的钠离子和钾离子不会去寻求爱、知识和苹果派。

循环推理谬误

循环推理谬误，又称回避问题谬误，是指所要论证的结论在论证的前提中已经假定为真的一种错误。

循环推理的一个经典例子来自惠特利（Whately）的《逻辑原理》（*Elements of Logic*）。

允许每个人都享有不受限制的言论自由，总体来说，对国家是有利的；因为每个人都应该享有完全不受限制的自由来表达自己的情感，这对社会来说是非常有利的。

在这个例子中，有人认为言论自由对国家有利，因为个人获得自由是符合国家利益的（对国家有利）。当我们把上述语言重新表述一下时，其中的推理谬误就很明显，但在原文中，很多读者不会注意到这个谬误。

循环陈述越长，我们就越容易忘记是从哪里开始论证的。当循环陈述或论证较短时，我们就会很容易发现错误。无论是我们自己的论证还是他人的论证，当论证比较长、命题比较多的时候，我们最容易接受其中的循环推理谬误。

非此即彼谬误

非此即彼谬误也称全有或全无谬误、非黑即白谬误或错误的两难推理谬误。在选言三段论中，我们看到了演绎论证，它的第一个前提是一个非此即彼的命题。我们表明了如果两个选言支是相互排斥的，就可以肯定一个而否定另一个，反之亦然。这是有效的。然而，如果第一个前提不是对情况的准确表述，那么虽然这个三段论是有效的，但我们可能会得出错误的结论。重要的是，第一个前提必须是一个真命题。换句话说，在设置非此即彼的条件时，必须在命题中考虑所有的可能性，否则结论可能是错误的。

具体来说，非此即彼谬误是用简单化的非此即彼的术语描述复杂的情况，而不承认以下情况：（1）两种选择都为真，（2）两种选择之外还存在其他选择，（3）存在其他可能性。一个陈述是约翰在这次考试中要么不及格，要么及格了；另一个陈述是美国国会要么好，要么不好。前者是一个真的选言命题，因为一个人的考试不能同时及格和不及格；而后者是一个非此即彼的谬误，因为美国国会对国家的一些方面是有利的，对其他方面可能是不利的。例如，可能对美国与其他国家的关系是有利的，但对美国国内经济是不利的；或者可能对一些人是有利的，但对其他很多人是不利的，等等。在这个例子中，一个复杂的事件状态被简化为一个简单化的选择。在现实中，美国国会可能既是好的，也是不好的；然而，上述选言命题意味着它要么是好的，要么是不好的，而不能二者兼而有之。

当两种选择之外还存在其他选择时，也会犯非此即彼谬误。通常情况下，当有其他选择时，人们会给我们提供非此即彼的选择。销售人员经常使用以下伎俩。为了刺激顾客购买产品，销售人员可能会说："促销活动今晚结束，所以你要么今晚购买，要么全价买。我不愿意看到你全价买。"销售人员忽略了许多其他选择：你可以等下一次打折，你可以选择不买该产品，你可以去另一家商店购买，你可以在网上购买，你可以与店长讨价还价，你可以通过要求销售人员放弃一些佣金来促成交易，你可以买一个不打折但更便宜的替代品，等等。

创世论与进化论之争就陷入了非此即彼谬误。许多支持创世论的人认为，如果他们能证明进化论是错误的，或者至少是有问题的，那就构成对创世论的支持。这是基于假言三段论：要么 A，要么 B；非 A，因此 B。以这种方式设置的创世论或进化论的争论，就犯了非此即彼谬误，因为生命的起源可能存在其他的解释。如果是这样的话，当前的进化论和创世论就都可能是假的。

思维训练9.9　　　　辨别非此即彼谬误

当有人设置了一个选言命题,而这个命题不允许有其他的选项时,就会导致非此即彼谬误。在下面的陈述中,请找出有非此即彼谬误的陈述。在犯有该谬误的前面写上"是",在没有犯该谬误的前面写上"否"。

_____ 1. 不耐烦的主管:"今天我们从收到约翰逊的提案,就开始为此争论了。我们不要再废话了,先做个决定吧。要么接受这个提案,要么不接受!"

_____ 2. 愤怒的老板:"凯伦刚刚打电话问她的名字是否在院长的名单上。请你快点回复她,好吗?她要么在,要么不在。就这么简单。"

_____ 3. 同样愤怒的老板:"你的那个同事是个很聪明的人吗?换句话说,如果我给了他一份工作,会对公司有益吗?回答是或否即可。你回复'是,也不是!'这算什么回答?他要么是,要么不是!"

_____ 4. 狂热的科学家:"火星上有生命吗?或者只有我们孤独地生活在宇宙中?"

_____ 5. 新手父母:"是男孩还是女孩?"

_____ 6. 哲学家:"要么每个人都在死后获得永生,要么生命就此结束。肯定其中一个,就是否定另一个。"

归谬法

如果一个演绎论证被指出其前提或结论会导致谬误或矛盾,该论证就会遭到反驳。这种反驳论证的方法被称为"归谬法"。例如,想一想一位演讲者的如下论证。

思维不过是我们大脑的因果过程而已。朋友们,自由是一种幻觉。你所有的想法、行为和感情都不过是错综复杂的因果互动的结果。

反驳这个命题的归谬论证可能如下。

先生,你说所有的思想都只是因果互动,因此我们并非真正自由。如果是这样的话,那么即使是你关于思想的思想也是不自由的,你的关于我们缺乏自由的命题也只是因果关系的产物。然而，你今天来到这里，与我们分享了这些你花了多年时间研究和思考的信息，好像你提到过它是自由的，好像它反映了真理，好像你可以给我们提供一些客观和绝对的真理。也许你应该在今天的演讲前说明一下：你不得不来这里，我们不得不参加这个讲座，你不得不发现你所发现的，你相信你所说的将会成真，因为你不得不相信它是真的。然后你应该说，你在信仰上的无助仅仅是因果关系的产物——这种洞察力也是如此，等等。

那么，先生，在你所有声明的末尾，你不得不这样讲，我们听到的只不过是你的物理大脑的结论，那是数不清的原因的简单结果。而且，因为我们无能为力，所以我们会以娱乐的态度对待它，仅此而已，就像爱丽丝梦游仙境或维尼与蜂蜜熊的故事一样。如果你对我们的这种不尊重感到不快，至少不要责怪我们，因为正如你所说的，我们别无选择，只能这样做。

这种归谬法的论证，通过将命题归为荒谬，或者至少归为说话者不会或不能接受的立场，来挑战"思想不过是无数原因的结果"这一命题。在这种情况下，它迫使说话者要么拒绝自己的主张，要么对其进行修改而不至于得到一个荒谬的结果。

归纳思维

在前文关于演绎思维的内容中，我们了解到，有效的演绎思维是从一组前提开始的，这组前提得出的结论一定是从前提中按逻辑推寻出来的，并且以这样一种方式：如果前提是真的，结论就一定是真的。在这一部分中，我们将研究那些无论前提多么真实，论证多么完美，都只能得出不确定的结论的论证。这种论证就是归纳推理的例子。

归纳推理通常从一组关于某类成员或某些事件的证据或观察开始，从这些证据或观察中，我们得出关于该类别中其他成员或其他事件的结论。归纳论证的证据使结论成立的可能性变大，但是，不像可靠的演绎推理，好的归纳推理的结论只可能或很可能是从观察中得出的，它们并不是确定的，因为归纳推理的结论超越了前提，在逻辑上并不包含在前提中。我们可以从下面的归纳论证中看出这一点。

每天我都会注意到，太阳从东方升起，从西方落下。虽然一百年后我已死去，但我知道，我的孙辈也会看到太阳从东方升起，从西方落下。

孙辈的观察很可能会与上述预测的一致。然而，事实却不一定如此。尽管可能性不大，但也有可能地球会遇到某种宇宙物质或力量，使地球的自转不稳定，从而使太阳从北方升起，从南方落下。我们唯一能确定这一归纳推理的方法就是等到孙辈们观察太阳的时候。

在归纳推理中，论证的前提是由推导出结论的证据或观察构成的。与演绎论证一样，这些前提是可以被质疑的。例如，如果我们看到三只黑色的乌鸦，并得出结论，"所有的乌鸦都是黑色的"，那么有人就会说："好吧，你是从很远的地方看到它们的，对不对？难道你不知道颜色会随着距离而消失，即使它们是红色的，在你看来也是黑色的吗？"于是，观察结果受到了挑战。严重依赖归纳法的科学就经常面临这样的挑战。例如，有人指出，由于糟糕的实验设计，特定实验的结果是有缺陷的（见第10章）。

演绎论证通常包含归纳推导的前提。请思考以下情况。

如果股市崩盘，那么自杀率就会上升。

股市崩盘了。

因此，自杀率将会上升。

在这个假言三段论中，第一个前提其实是一个归纳推理的结论："过去每当股市崩盘，自杀率就会上升。因此，如果股市再次崩盘，自杀率就会上升。"我们在前文中看到的许多三段论都包含着基于归纳推理的前提。而正如我们所了解到的，由于这些前提经常会受到质疑，从而削弱了演绎论证的论证力度。

归纳推理也会因为发现与结论相反的证据而受到质疑。让我们回到黑色乌鸦例子中的证据："我今天看到三只乌鸦，它们都是黑色的。"结论是因此所有的乌鸦都是黑色的。如果有人发现了一只红色或蓝色的乌鸦，这个归纳论证的结论就会立即被驳倒。因此，归纳论证的结论，即使前提是真，结论也有可能是假的，不管这种可能性有多小，因为它们是可能性的陈述，而不是确定性的陈述。相反，在给定真的前提和有效三段论形式的情况下，演绎论证的结论就不可能是假的。

想一想以下的归纳论证："因为太阳系中没有其他行星有任何哪怕是最低等生命的迹象，所以我们得出结论，我们是宇宙中唯一有智慧的生物。"在这里，论证从对一些行星的一系列观察（在太阳系中的任何其他行星上都没有生命存在）变成了关于其他行星的结论，在这种情况下，所有的行星（在任何太阳系中的任何其他行星上都没有生命存在）都是如此。这一结论可以在几个方面引起争议：我们可以攻击迄今为止用来寻找生命的方法，也就是说，我们可以攻击观察结果；我们可以认为，由于我们观察到的行星数量太少，不足以证明对所有行星进行归纳的合理性；或者我们真的可以发现另一个行星上存在生命，因为归纳论证的结论不可能是确定的，所以这种可能性并没有被归纳结论排除。在另一颗行星上发现生命肯定会推翻上述结论。然而，人们通常会用另一种归纳论证来攻击归纳论证，即用暗示相反结论的证据或观察来归纳。例如，天文学家已经发现了围绕附近恒星旋转的行星，并可以从这些证据中论证我们的行星系统并不罕见，许多或大多数恒星都有行星。因此，考虑到每个星系中的数十亿颗恒星和宇宙中的数十亿个星系，生命只存在于地球上的可能性极小。银河系中存在其他行星系统的这一证据并不能推翻之前的结论，即除了地球之外，宇宙中的行星都没有生命，但它肯定会削弱这一结论。

鉴于归纳存在明显的不确定性，那么有可靠的归纳论证吗？我们已经知道，可靠的演绎论证是前提真则结论绝对正确的有效论证。有些哲学家，如怀疑论者大卫·休谟，认为不存在绝对可靠的归纳论证——与可靠的演绎论证不同，所有的归纳论证不能得出确定的结论——但存在恰当的、切实可行的归纳论证。如果归纳论证是基于重复的、精确的观察，那么正如我们将要看到的那样，如果类比是基于强烈的显著相似性而不是微弱的相似性，那么，从实践上讲，这种归纳论证就可能是可靠的。只要我们明白，它们的结论不像在可靠的演绎论证中那样是绝对的，那么我们就可以认为这种较强的归纳论证是可靠的。

我们每天都在使用这类可靠的归纳。事实上，如果没有这些我们将难以生活，以下是一些例子。

1. 刚下过一场雪，我们开车去上班。在路上，一辆车开进了沟里，然后第二辆车开进了沟里。不久，我们看到前面一辆车打滑失去了控制。根据这些观察，我们得出结论，由于刚下完雪，所有的道路都很滑。我们用手机打电话给我们的家人和朋友，提醒他们在上班和上学的路上可能会遇到路滑的状况。

2. 我们把猫从家里放出来，发现它跑到邻居的车库后面去了。第二天我们把猫放出来，它又跑到那里去了。第三天也是如此。根据这些观察，我们得出结论：我们的猫在被放出来后会跑到邻居的车库后面。我们决定和邻居商量一下，看他们是否介意我们的猫在他们的地盘上乱跑。

3. 下班后，我们挥手与朋友再见，然后才开门。我们有房子的钥匙，知道自己能够进入屋内。我们知道这一点，是因为我们已经用钥匙开锁无数次了。

恰当的归纳推理的结论为真的可能性很大，但绝不是完全确定的。在上面的例子中，结论可能已经错了，请考虑以下这些可能性。

1. 只有这一段路很滑，因为一根水管破裂了，水在路面结成了冰。其他道路都还好。

2. 猫去了邻居家车库后面，因为邻居家车库后面有一些刚过完感恩节留下的垃圾，而猫对火鸡"情有独钟"。等垃圾被收拾走后，猫就不会再去了。

3. 我们向朋友们挥手再见，我们知道自己有钥匙，可以开门进屋。不幸的是，这次钥匙打不开门了，因为锁坏了。

想一想

你看不到你最好的朋友的思想，也感受不到你最好的朋友的痛苦，那么你用哪种形式的推理（归纳法还是演绎法）得出你的朋友确实有思想，并且能够体验到痛苦的结论呢？

思维训练 9.10　　辨别归纳论证和演绎论证

分析以下七个命题所使用的推理类型，在归纳论证前面写上"I"，在演绎论证前面写上"D"。需要注意的是：不要把明显通过归纳得出的演绎论证的前提与论证的归纳形式相混淆。

_____ 1. 任何事物只要质疑自己存在的事实，该事物就一定存在。我质疑自己存在的事实。因此，我一定存在。

_____ 2. 每一个质疑自己存在的事实的人都会感到沮丧。玛丽最近一直在质疑自己存在的事实。因此，玛丽一定很沮丧。

_____ 3. 如果一个女人结婚了，那么她会后悔的。莎伦很快就要结婚了。因此，莎伦最终会后悔。

_____ 4. 我的朋友是一个非常聪明的人，但也很神经质。所以，我觉得一般聪明的人，可能因为他们的智力过于发达，所以他们在其他方面一定是不够发达的，导致他们的性格有些神经质。

_____ 5. 我这辈子没有赢过任何东西，也永远不会赢。我没有这个运气。

_____ 6. 没有人会一直撒谎。因此，玛丽并不像你所说的那样，一直在撒谎——她也许撒了很多谎，但不是一直在撒谎。

_____ 7. 这个星球上没有任何物种能存活超过一亿年。人类也不会例外。

思维训练9.11　　　　思考过去的错误

列举你过去使用过的错误的归纳推理的例子。想一想你在工作、家庭和人际关系中的推理。对于每个例子，指出你的结论为什么是错误的。它们是基于观察太少，还是属于因一些非比寻常的情况导致的错误？

1. 举例：_____
   错误原因：_____
2. 举例：_____
   错误原因：_____
3. 举例：_____
   错误原因：_____

想一想

如果演绎论证的一个或多个前提是归纳推理的结果，那么演绎论证的结论是否比归纳论证更令人信服？

类比论证

类比论证是归纳推理的一种，它是基于两个事物之间的相似性的一种推理方法。在这种论证中，我们推论，如果 A 和 B 在某些特征上相似，那么如果 A 具有另一个特征，在不知道或不确定 B 是否具有这一特征时，我们可以推出 B 也具有这一特征。例如，我们可以举出忽视孩子会抑制其发展的理由，也可以说："就像不给玫瑰浇水它就不会开花一样，不给孩子爱他们也无法成长"。这一论证的说服力在于孩子和玫瑰之间的相似程度。孩子和玫瑰都是需要营养的生命体，都会经历生长、繁衍、死亡的过程，都依靠环境来维持生命和正常发展。

上面的类比有隐喻的成分，把孩子比作玫瑰。下面的类比更直接，把一个暴君比作另一个暴君。

我们应该把这个暴君从宝座上赶下来！仅仅惩罚他是没有用的。暴君侯赛因其暴政而受到惩罚，但他很快又回来恐吓和屠杀他的敌人。因此，如果不把这个暴君赶走，他还会回来的！

A 和 B 越相似，类比论证就越有力。即使相似之处很少，但如果相似性很强、很有说服力，类比论证也具有说服力。上面的两个例子都是很好的类比论证。但是，一个人认为适当的论证，另一个人有可能不这么认为。一个类比论证只有当其他人同意类比的恰当性时，类比论证才能有效地说服其他人。

我们没有万无一失的鉴定方法来确定哪些类比是有说服力的，哪些不是。然而，类比的相似性在多大程度上被大多数人认为是恰当和有效的，而不是非相似性在多大程度上被大多数人认为是不和谐的，这是衡量类比有效性的一种方法。任何类比

第 9 章　逻辑思维

都不能用来"证明"什么，因为没有任何两件事物在各方面都是相同的。但我们可以考虑被比较的两个对象之间的相似性和差异性，接受那些相似性惊人的类比。我们有理由认为，如果已知两件事物有很多共同之处，那么它们也可能有其他相似之处。

庄子的类比

类比论证已经使用了几千年。道教哲学家庄子就使用了大量类比论证。在庄子讲述的一个故事中，尧帝给贤人隐士许由一个统治天下的机会，后者拒绝了。

鹪鹩巢于深林，不过一枝；偃鼠饮河，不过满腹。归休乎君，予无所用天下为！（《庄子·逍遥游》）

这种类比承认了人类与其他自然界生物的相似性。我们发现，自然界的生物只取其所需。如果人类按照自然的意愿生活，我们也应该只取自己需要的东西。这个类比有用吗？它是一个好的类比吗？人和鹪鹩鸟之间有许多不同之处，但作为自然界的生物，这些不同之处是否超过了我们之间的相似之处呢？

庄子又用了另一个类比，但这次是感觉和理智之间。下面是肩吾问于连叔不相信一些关于圣人的奇闻轶事。

瞽者无以与乎文章之观，聋者无以与乎钟鼓之声。岂唯形骸有聋盲哉？夫之亦有之。（同上）

理智是否与视觉和听觉足够相似，以至于我们可以确信它也可以变"盲"和"聋"呢？你会认为这些类比中的一个比另一个更好吗？

思维训练 9.12　　　　　使用类比

使用一个或多个类比，尝试为我们这个时代一些最具争议性的道德问题，如安乐死或死刑，提出一个简单的论点，来支持或反对这些问题。

因果论证

在我们的日常生活中，归纳思维的一个常见用法是寻找原因。我们使用归纳思维是因为它是基于对特定事件的观察，然后从观察中推广至所有类似的事件。例如，我们得出水温降低会促使水结冰的结论，是由于以前所观察到的情况。哲学家提醒我们，关于什么原因引发某一特定事件的结论，并不是像演绎论证那样基于逻辑上的必然性，而是基于经验。因此，我们关于因果关系的结论不一定是由我们的观察得出的，它只是可能来自观察的结果。换句话说，经验不能告诉我们一定是什么，而只能告诉我们已经发生了什么；从已经发生的事情中，我们对一定是什么做出一定的假设推理。

尽管从严格的哲学意义上讲，我们可能永远无法绝对确定是什么事件的发生引发了另一个事件的发生，但对于我们而言，我们生活在充满因果关系的世界中，这似乎是至关重要的。通过了解我们所经历的不同事件的不同原因，我们就可以增强这种信心。

根据类型学，原因主要分为四类：（1）必要原因，（2）充分原因，（3）必要且充分原因，（4）辅助原因。必要原因是指事件发生必须具备的原因，但仅有其存在并不能引发事件的发生。例如，要出现无节制的饮酒行为，就必须有随时可获得的酒。但是，容易接触到酒本身并不会导致无节制的饮酒行为。充分原因是指其本身可以引发事件的发生，只要有充分原因存在，事件就会发生。例如，汽车无法启动的充分原因是油箱空了。然而，这并不是汽车故障的必要且充分原因，因为汽车不一定是因为油箱空了才无法启动。汽车无法启动还可能有其他原因。必要且充分原因是指必须存在才能引发一个事件发生，并且其本身足以导致该事件发生。艾滋病病毒是艾滋病的必要且充分原因，因为一个人只有通过艾滋病病毒才能感染艾滋病，艾滋病病毒本身就会导致艾滋病出现，而不需要存在其他因素。

最后一类原因是辅助原因。辅助原因不是事件发生的必要条件，也不是事件发生的充分条件，但它有助于促成事件的发生，从而使该事件因其发生而变得更有可能。例如，在一个已经充满纷争的国家，总统被暗杀可能会导致内战。这样的事件本身并不是战争的必要原因,也不是充分原因,但它却使本来已经激化并倾向于冲突的局势变得更加紧张和敌对。这样,有人可能会说是暗杀事件导致了战争,因为战争随之而来。事实上,暗杀可能只是一个辅助原因。

想一想

　　一个特定的现象有其自身的原因。当气象学家告诉我们,异常天气模式的原因是异常的暖流时,我们可以询问造成暖流的原因。而对于这种解释,我们可以进一步寻找它的原因,以此类推,无穷无尽。我们能否找到一个根本的原因,而这个根本的原因本身是没有任何意义的?

思维训练9.13　　　　思考因果关系

　　在很多案例中,伴侣一方的行为驱使另一方产生酗酒行为,后者试图以此来应对压抑、身体虐待或其他的婚姻压力。这是由什么原因引起的?婚姻是一个必要原因、充分原因、必要且充分原因,还是辅助原因?探讨一下婚姻与伴侣的酗酒问题可能有什么样的因果关系。当人们说"她的婚姻导致她酗酒"时,他们指的是哪种原因?

非形式归纳谬误

　　如果我们利用好归纳思维,就会给我们提供合理的、虽然不是绝对的但赖以生存的结论。遗憾的是,也会出现很多不可靠的归纳思维。下面我们来看一些主要的归纳推理谬误。如果我们能学会避免这些谬误,就能更好地思考。

草率概括

　　概括是基于对一类对象或情形中的某些成员的观察而得出的,关于该类对象或情形的陈述。概括包括合理的概括和草率的概括。合理的概括是指有足够大的样本来确保推断的合理性。例如,如果我们随机调查了一所大学中40%的女生对男生的态度,我们就可以合理地认为抽样结果反映了该大学中一般女生的总体态度。另一方面，如果我们只询问了少数女生的态度，并得出结论说该大学的所有女生都有同样的感受，那么我们就犯了一个错误，具体来说就是草率概括。

当样本的量太少或经过刻意的筛选，我们就不能认为该样本可以代表该调查主体，由此得出的结论就会发生草率概括谬误。例如，如果一名男性和一名女性有过不愉快的经历，他可能会得出结论，所有的女性都不过是"使用者和输家"。或者一名学生在上第一门大学课程时，遇到了一位自负的老师，就可能会得出结论：所有的大学老师都是自负的。不难看出，这些草率概括会形成个人偏见。当一个人与其他种族、信仰或经济地位不同的人有过一次糟糕的经历时，他可能会得出这样的结论："所有这些人都是那样的"。

草率概括往往借助于选择性记忆或选择性注意。例如，在夫妻发生争吵时，盛怒之下的妻子可能会指责丈夫是一个非常自私的人，因为在过去的一年里，他有几次表现得很自私。或者丈夫可能会指责偶尔忘记洗碗的妻子从不帮忙做家务。指控者很容易记住对方几次没有洗碗的情况，却忘记或没有注意到对方洗碗的次数更多。有人称之为选择性注意，即只注意到坏的情况，而没有注意到好的情况。尽管如此，这种指责所依据的案例样本太少，不足以证明这种结论。

草率概括不一定是针对人，也可以是针对事物或情况。如果我们买了一台计算机，但它不能正常工作，我们可能会得出结论，这个品牌的所有计算机都不好。这就犯了草率概括的谬误。或者我们可能在第一次去一个国家旅游时就遇到工业污染，然后得出结论，这个国家就是一个工业污染的污水池。

没有任何硬性规则可以用来确定一个概括是否合理，每个案例都需要一系列不同的事实。甚至有可能一个数据就足以形成合理的概括。例如，如果一名女性遭遇邻居强奸未遂，她不必等有过同样的十几次经历后才得出这个邻居很危险的结论。同样，如果一名男性在赛跑中遥遥领先于其他选手，人们也不必等很长时间才能断定这个人跑步的速度很快。

草率概括有时被称为"急于下结论"，这经常导致我们得出错误的结论。然而，有时一个结论（概括）碰巧是真的，但却不是基于具有代表性的样本。

合成谬误

> 当你聚集了一群人来发挥他们的共同智慧的优势时,你就不可避免地把他们所有的偏见、情绪、错误的意见、个人利益,以及自私的观点都聚集在一起……因此,先生,我惊讶地发现这个系统竟如此接近完美。
> ——本杰明·富兰克林,《自传体著作》(*Autobiographical Writings*)

类似于草率概括,合成谬误认为,如果整体的各部分是真的,那么整体也是真的。尽管通常情况下部分的特征也是整体的特征,但从逻辑上讲,并不是这样的。例如,如果我们知道艾莉森和她的丈夫都很容易相处,我们也不能得出他们是一对相处融洽的夫妻的结论,因为当他们在一起时,可能会相互竞争,变得爱吵架。从这个例子我们可以看出,一个整体的各个部分并不是孤立存在的,而是会相互影响。这种相互影响可以在整体中产生协同效应,而这些效应是各个部分所不具备的。20位杰出的音乐家可能会,也可能不会创建出一个杰出的乐团;同样,100位伟人也不一定能成就一个伟大的国家。

事后归因谬误

一个更有说服力、更有力的谬误是事后归因谬误("在此之后,所以,以此为因")。因为结果总是在原因之后,所以人们很容易犯这样的谬误,即如果一个事件在 X 之后发生,那么它就是由 X 引起的。显然,情况可能是这样的,但不一定必然这样;这样的假设是以偏概全,远远超出了数据可能允许的范围。的确,如果 A 导致 B,那么 B 就会跟随 A,但 B 跟随 A 并不意味着 A 导致了 B。

有些关联仅仅是巧合,有时相关联的两件事之间没有任何关系。例如,父母去世后,可能会出现儿子离婚的情况。然而,仅仅因为父母去世后儿子离婚,就认为父母去世导致儿子婚姻解体是不符合逻辑的。每天日出后不久就会发生许多悲剧事件,但我们不会得出结论认为太阳升起导致了悲剧事件的发生。与之类似,我们也不能因为一个女人结婚后不久就开始酗酒,就理所当然地断定是她的婚姻导致了她的酗酒问题。可能还有其他原因——工作变动、父母去世、与同事发生冲突、学校要求过高等——导致她酗酒,而这些原因的出现恰好与她结婚的时间相重合。

想一想

事后归因的推理可能是很多迷信思维的来源。如果你在路上看到一只黑猫，然后很快车胎就爆了，你可能会得出结论，认为看到黑猫会导致发生一些不幸的事件。你有这类迷信行为或信仰吗？

过度假设谬误

我们刚才已经看到，人们有时会因为一件事紧接着另一件事而发生就对事物的起因妄下结论。人们草率得出结论的另一种形式就是过度假设谬误，即对一个事件可以用简单的解释，却选择了复杂或不太可能的解释。一个被称为"奥卡姆剃刀"的原则指出，只要简单的解释是充分的，那么对一个事件最简单的解释就应该优于更复杂的解释。几个世纪以来，奥卡姆剃刀原则已经被证明是一个很好的思维原则。我们可以比较一下托勒密的地心说和哥白尼的日心说。前者的模型很复杂，而后者则比较简单。科学证据支持了更简单的模型。但这并不意味着夸张的假说永远不会成立。它们也可以成立，但更理性的做法是先探讨更简单、更平凡的解释，它们最有可能是真的。

作为一个过度假设的例子，请你想一想以下经历。

我昨晚在固定的时间上床睡觉。我丈夫已经睡着了。我很快也入睡了，但不久之后有什么东西把我吵醒了。我知道我是醒着的，但却无法动弹。我非常害怕。我试着呼唤我的丈夫，但我做不到。他睡得很熟，没有意识到我正在经历的痛苦。当我躺在那里，吓得全身瘫软时，我感觉到房间里有东西。我说不清它们长什么样，但好像有几个生物站在我的床尾。我感到很无助，被恐惧折磨着。几分钟过后，我又能动了。我忐忑不安地从床上坐起来，我以为会看到一些小生物，但它们都不见了。

有些人可能认为，上述经历是外星人造访的结果，他们绑架受害者以进行科学检查——这是一个很夸张的假设。另一些人则认为这是一个简单的"睡眠瘫痪"的案例，即一种常见但令人恐惧的困扰，常常伴随着幻觉。

人们经常把脑瘤认为是紧张性头痛，或者把一张纸上陌生的名字和电话号码解释为不忠的证据，而不是孩子的老师或汽车修理店的联系方式。患有疑病症和偏执症的人特别容易产生疯狂的假设，但这绝不仅限于他们。没有被教授点名的学生可能会认为教授不喜欢他们，而那些被点名较多的学生则可能会产生极端浪漫的空想。令一些人懊恼的是，这个世界往往比我们想象的要简单和枯燥得多。

> **阴谋论：美国人登上月球了吗**
>
> 一些美国人认为 1969 年美国的登月事件是伪造的。这种观点的拥护者并没有从表面上看待这一事件，而是找出了证据，表明整个事件是在美国的沙漠中上演的。乍一看，他们的论点似乎很有趣，甚至很有道理。然而，调查显示，他们声称支持他们观点的每一个异常现象，都有一个简单的解释。阴谋论是典型的夸张假说。登月阴谋论是一种夸张的假说吗？或者相信在月球着陆时使用的计算机功率比许多玩具所用的计算机功率要少，这是不是更夸张呢？

虚假类比

虚假类比，也称为"弱类比"，当被比较的两个事物之间的相似性，不足以让人认为其中一个事物的一个特征可能适用于另一个事物时，就会出现这种情况。有人可能会说："就像一棵承受一定压力的苹果树比另一棵什么压力都没有的树能结出更多的果实一样，一个承受压力的女人也比一个什么压力都没有承受的女人能生出更多的孩子。"显然，这个类比是错误的。女性和苹果树在繁殖方面的相似之处是微弱的、表面的，两者之间的差异远远大于任何相似之处。

滑坡谬误

水滑梯在主题公园中越来越受欢迎，它们在我们的"思维公园"中也很流行，尽管它们在那里没有地盘。滑坡论证是一种推理谬误，它认为，就像在水滑梯上一样，一个人一旦开始行动，就无法停止，直到触底。例如，枪支管制法的反对者就曾使用过这种论证。这些法律一般都是以清除手枪为目的，无意禁用猎枪、刀具等相关器具。尽管如此，我们还是经常听到对手枪管制的反驳，听起来就像下面这样：

当然，他们想夺走我们的手枪。这就是他们现在想要做的。但接下来他们会想拿走什么呢？很快就会是猎枪，下一步就是猎刀。很快我们就会有一个警察国家，只有暴虐的政府才会拥有武器。他们会得寸进尺。简而言之，放弃我们的手枪就等于放弃了我们的自由！

这一论证背后的错误假设是，从禁用手枪到极端压迫之间环环相扣，除非每一个环节都发生了，该推理行为才会停止。换句话说，我们的假设是，人们一定会不可避免地从手枪管制滑向严厉的压迫，中间不会有任何停顿。这一论证往往听起来很有说服力，但没有任何逻辑上的必然性来支持它。人们有时会沿着滑坡停下来，不再往下滑。

人际关系为滑坡论证提供了很多机会。有时，夫妻双方因为担心一次妥协会导致另一次妥协，直到一方最终完全被另一方所支配，并滑落至离婚。

滑坡论证把握了人类的诉求，但从逻辑上讲，它是一种谬误。如果不是这样，吸烟者永远不会戒烟，每个喝酒的人都会变成酒鬼，每个有暴力倾向的人最终都会出现谋杀等行为。

其他推理谬误

以下推理谬误很难完全归结为演绎思维或归纳思维中的错误。但它们也是常见的且令人震惊的谬误。

起源谬误

从广义上讲，起源谬误是假设 X 的起源的性质就是 X 的性质。认为一种药物有毒是因为它是由毒蘑菇制成的，这就犯了起源谬误。在思想方面，起源谬误是指错误地认为一个思想的起源与它的真假有某种关系。好的思想出自常春藤盟校，但坏的思想也是如此。历史上有些伟大的男性和女性来自贫穷或破碎的家庭，或者他们从事的都是非常卑微的职业。

除了出身卑微外，天才的作品也来自神经病和精神病患者。如果仅仅因为出身而贬低这些人的作品，那将是愚蠢的。例如，19世纪著名的荷兰画家文森特·凡·高心理严重失常，但他却是不朽艺术成就的贡献者之一。所以在《牛津英语词典》中提到："到目前为止，词典里……没有人期望最勤勤恳恳的贡献者是一个疯子，一个杀人犯……"正如哲学家、心理学家威廉·詹姆斯所说："在自然科学和工艺美术领域中，从来没有人会试图通过展示作者的神经质来反驳其观点。在这里，观点总是通过逻辑和实验来检验，无论其作者的神经类型如何。"

显然，创意或产品的来源并不总是与其真实性有关。但有时也会有关系，例如，假设我们怀疑一件物品的质量很差是因为其制造商的坏名声，这并不是谬误。

诉诸权威谬误

> 你手里拿着的这本书，是对物理世界的描述。你为什么要相信我说的这句话？就因为我是物理化学教授，我的观点对你有一定的指引吗？
>
> ——布里安·西尔弗（Brian Silver）
> 《科学的崛起》（*The Ascent of Science*）

起源谬误的一种类型是诉诸权威。每当人们通过诉诸权威来证明自己的价值观和想法是正确的时候，就会使用它。这未必是谬误。在我们生活的这个复杂世界里，没有人能够掌握所有学科的知识。我们就健康问题向医生咨询，就汽车问题向汽车修理工咨询，就育儿方法问题向儿童心理学家咨询，等等。然而，这些人的判断并不总是正确的。因此，虽然认为专家说的就是真的，通常是一个很好的选择，但事实未必如此。然而，考虑到我们对周围发生的大多数事情普遍缺乏了解，所以依赖专家仍然是精明的选择。

尽管诉诸权威对于我们获取周围世界的知识通常是合理的，但也有许多被滥用的例子。其中一个例子就是诉诸虚假的权威，如电视明星、体育英雄和著名的音乐家，当他们被作为他们专长领域之外的权威呈现给我们的时候，就形成了虚假的权威。

即使诉诸合法的权威也并非没有问题。想一想哲学、物理学、心理学等领域有多少权威在其领域内的重要问题上意见相左。卡尔·荣格和西格蒙德·弗洛伊德对性动机在人类行为中的作用产生了分歧。这两个人都是权威,都有聪明的头脑,但至少有一个人最终是错误的!

同样,包括这本书在内,书本也不是绝对的权威来源。在课堂上,学生们经常会用一篇课文来反驳他们的教授。他们的假设是,教材中的知识比教授所教的知识更准确。实际上,书是由人写出来的,而人总是容易犯错。

总而言之,当我们诉诸一个不是准确信息来源的权威时,就是无效的。考虑到即使是合法的权威之间也存在分歧,我们诉诸这些权威时也必须保持谨慎的态度。在任何实际情况下,我们都必须依靠权威机构论证的有效性和所提供的证据的力度来进行判断,而不是仅凭个人的一面之词。

想一想

亚里士多德相信天空是晶莹的球体,医师曾使用放血疗法,化学家过去从事炼金术,而牧师相信女巫是与魔鬼缔结过契约。你能想到还有哪些权威是错误的吗?

诉诸传统谬误

传统具有强大的感召力。传统植根于家庭和企业结构,以及宗教和政治仪式中。如果这些传统是健全的、健康的,并且被证明在提高人们的生活水平和公司的生产能力方面是成功的,那么它们就可以被称为"久经考验的",应该被保留下来("如果它没有问题,何必费力去改变它呢")。但是,某件事情一直以来都是如此,并不意味着它现在是正确的或适当的,也不意味着它曾经是正确的或适当的。诉诸传统是试图证明一种做法或政策的合理性,因为它"一直"是这样的。这是一种错误的推理,因为我们可以举出无数的例子,说明遵循传统的做法是错的。此外,考虑到科学给我们带来的知识方面的变化以及过去几十年世界快速发生的文化变迁,曾经适合的立场或想法现在可能完全不适用了。例如,考虑一下这个论证:"女人应以家庭为重。一直以来都是这样，也应该是这样"。这种诉诸传统的观点不会动摇数百万女性的意志，她们不愿再回到一个数百年来压迫和奴役女性的世界中，更不用说这还会给许多家庭带来经济困难。

一位先生试图把商品退给商店，要求商店退还现金。店员拒绝了他并说："这是我们 30 年来的店规。"人们当然可以争辩说，30 年来这是一个糟糕或不公平的规则（它肯定导致了至少一位客户的流失）。再比如，一名男性正在对他的房屋进行改造，并质疑建筑商的一些不合常规的做法，却被告知"15 年来我一直是这样建造的"。工程完工后，一个更有能力的建筑商看了该项目，发现了十几处不符合标准的施工例子。15 年来，这个人一直在糟糕地做事。显然，有些东西已经成为传统，但这并不意味着它应该一直如此。

欧洲祖先使用的"水刑"，成了一个终极而悲惨的论证：

在审判中，被告或被告人的替身被迫把赤裸的手臂伸进盛满沸水的大锅中，并根据罪行的轻重从锅中拿出一块放置在水中较浅或较深位置的石头。这一步完成后，他们的手臂被包裹起来，法官在布上盖上章；三天后，他们再回来；如果法官发现他们的手臂没有任何烫伤，就宣布被告无罪。

谢天谢地，这个传统已经不存在了。

实然 / 应然谬误

诉诸传统是实然 / 应然谬误的一种形式，每当我们试图争辩说某件事情是这样的，所以它就应该是这样的，就会出现这种谬误。这种谬误的问题在于，人们试图从描述性陈述或事实性陈述转向应然性陈述。这些看起来是完全不同的陈述类型，因此从一个陈述到另一个陈述一般被认为是不合理的。例如，一个思想者可以说，人是有性的生物（事实陈述），因此他们应该有性行为（应然性陈述），这个论证似乎是合理的，但许多人会发现，没有任何力量支持这一论证。他们可能会说，如果我们接受这样一个前提，即因为人是有性的生物，所以他们应该有性行为；那么我们也必须接受这样一个论证，即因为人是有攻击性的生物，所以他们应该有攻击性行为，或者因为人类吃甜食、喝酒，所以他们就应该吃甜食、喝酒，等等。而这些陈述不太可能被接受。如果一些实然/应然陈述的结论是合理的，而另一些结论不一定是合理的，那么从实然到应然的转变就有了限制，必须附带其他的关注、价值或其他条件，如果它是合理的话。总而言之，尽管可能存在一些例外，就像有一些哲学家支持一些从实然到应然的陈述一样，从实然到应然的转变一般被认为是一种无效的思维策略。然而，这并不意味着这些结论（强制命题）一定是错误的，只是说这些结论不能从这类支持或描述性的陈述中推导出来。

关于应然的更多思考

应然性命题能否完全独立于事实？考虑一下这样的论证：人们应该行善，因为行善会带来更大的幸福。在这个论证中，似乎有一个从实然（"善"带来"幸福"）到应然（因此我们应该这样做）的转变。而在这个转变的背后有一个假设，即我们应该追求幸福。这就是人们所追求的吗？如果应然性命题不完全独立于事实，那么，是什么条件允许我们进行这种从事实到应然的转变呢？这些条件又是如何确定的呢？如果应然性命题完全独立于事实，那么我们如何确定我们有义务做什么呢？或者关于应然的问题是不是类似于红色有多重的问题？这些关于应然的问题，我们可以留给哲学家们去思考。

诉诸潮流谬误

与诉诸传统类似的是"诉诸潮流"，也就是赶时髦。这是以"大家都在这样做"为理由，试图为某一立场辩护。大多数人都听说过政治选举方面的"从众效应"。众所周知，大多数人不愿意与失败者为伍。因此，当他们得知某位候选人不再受到公众青睐或吸引大量受众的注意力时，他们就会采取大多数人的立场，实际上是站在胜利者一边。当采取相反的意见时，人们往往需要极大的自信和勇气。因此，我们发现政客们热衷于分享任何他们所能找到的、使他们处于领先地位的民意调查；而从众效应只会进一步增强他们的领先优势。

当然，仅仅因为大多数人都在做并不能证明其合理性，因为他们有可能是错误的。历史上有很多例子，大多数人坚持错误的观念，做出错误的选择，或者采取不公正的行动。

为了抵制潮流的诱惑，我们应该记住，所有伟大的思想，如太阳系模型、进化论、爱因斯坦相对论和DNA的双螺旋模型，曾经都是新奇的想法。大多数伟大的想法并不会立即被接受，它们必须与不那么准确但更流行的观念竞争。就连汽车最初在取代马和马车的时候，也遭到了许多人的质疑。幸运的是，新奇的思想可以克服与大众意见相反的障碍，如果没有新奇的思想，就不可能有进步；没有勇于与众不同的人，人类的思想和文化将停滞不前。

诉诸无知谬误

顾名思义，诉诸无知并不是指诉诸一个人的愚蠢。相反，它通过诉诸没有证据"证明"一个命题为假这一事实，来说明该命题是真的，或者至少是有充分证据支持的。相反，它表明某件事情是假的或者很可能是假的，因为它没有被证明为真。但这种推理是不合理的。例如，我们不能证明天使不存在，但这并不意味着他们存在，就像早期不能证明地球不是平的一样，并不意味着地球是平的。反过来说，我们不能因为没有证据证明它是真的，就相信太阳系之外存在生命的观点是假的。

人们一直在使用这种推理谬误，甚至在美国总统辩论中也是如此。一位美国总统候选人曾经指责现任美国总统故意散布对他不利的虚假和负面宣传。现任总统的一个典型回应是，他不相信有任何证据可以证明这一点。言下之意是，因为没有证据证明这是真的，所以这个指控明显是假的。无论真假，对指控的回应都是一种诉诸无知谬误，无论是否有证据，指责都有可能是真的。

在无可奈何的情况下，辩论双方都有可能诉诸无知。A认为B不能证明A的立场是假的，因此A的立场是真的。但B可能反驳说，A不能证明B的立场是假的，因此B的立场是真的。这种思维的喜剧性就在于此：如果A和B的立场都不能被证明是假的，而每一个立场都与另一个立场相矛盾，想想看，如果双方都认为自己的立场是真的，那将是多么荒谬的事。

这种谬误有一些常识性的例外。例如，如果有人为某一特定的科学假说进行了多次科学试验，经过试验后没有得出支持该假说的结果，而如果该假说是真的就应该找到证据支持它，那么就有理由认为该假说是假的，因为它没有被证明是真的。

总而言之，除了例外，没有证据证明一个命题并不意味着这个命题是假的，没有证据反对一个命题也不意味着这个命题是真的。我们可以想象出一百个神话中的怪兽，但不能仅仅因为没有证据证明它们不存在，就理所应当地认为它们都存在。

总结

归纳逻辑和演绎逻辑与创造性思维一起构成了我们所有思维的基础和实质。我们通过三种主要类型的三段论探讨演绎思维：直言三段论、假言三段论（如果……那么……）和选言三段论（非此即彼）。我们探讨了一些推理谬误，如否认前件和肯定后件，我们强调了对概念进行明确定义的重要性。我们还讨论了三段论的有效转换和无效转换，我们了解到，简单地颠倒一个陈述的元素而不改变它的意思并非总是正确。

在演绎推理内容的最后，我们探讨了一些非形式谬误。我们了解到，不应该假设整体的各部分具有共同的特征。我们也不应该通过假设我们试图证明的东西来进行循环推理，或者通过简化复杂的问题而陷入非此即彼谬误中。在这一部分中，我们还学会了通过揭露这些和其他推理谬误，或者通过将一个命题或结论变成谬误来反驳一个论证。

我们探讨了归纳思维并将之与演绎思维进行了对比，后者的结论必须从前提中产生。我们探讨了作为归纳推理的一种有效形式的类比论证，尽管还不能找到一个强有力的类比的精确测试。并且我们找出了归纳推理中常见的谬误，如虚假类比、草率概括、合成谬误、过度假设和滑坡思维。我们还讨论了"事后归因"和不同类型的因果关系：必要原因、充分原因、必要且充分原因，以及辅助原因，探讨了因果思维中的谬误。最后，我们还研究了其他谬误——诉诸潮流、诉诸权威、诉诸传统和诉诸无知。我们也探讨了实然/应然谬误，了解到某件事情是这样并不意味着它应该是这样。通过对起源谬误的认识，我们学会了要谨慎地因起源而拒绝其产生的想法。通过所有这些练习，我们把自己的思维磨炼得更加敏捷了。

挑战练习

1. 既然自然界的因果规律是对过去事件的描述，那么我们凭什么认为这些规律在未来不变呢？
2. 愤怒和抑郁的情绪如何影响你的逻辑思维能力？
3. 如果有人能证明你珍视的一个信念是基于错误的推理，你会轻易放弃它吗？
4. 你认为大多数人的行为都是符合逻辑的吗？
5. 辨别你周围的人的信念和态度，找出那些建立在混乱的逻辑基础上的信念和态度。你能发现我们的文化信念中蕴含着不符合逻辑的思维吗？
6. 是否应该让那些不了解情况、推理不符合逻辑的人投票给那些决定国家走向的候选人？为什么要这样做？
7. 找出我们的推理符合逻辑而行动不符合逻辑的例子。造成这种不一致的原因有哪些？
8. 在多大程度上，我们可以在没有科学的情况下，仅通过推理发现关于世界的真理？有没有我们通过推理永远无法发现的真理？
9. 你会怎么看待一个逻辑性很强的人？他是最理想的人吗？或者是一个有缺陷的人吗？为什么？
10. 你是否经常以非排他性的方式使用"或"？当你这样用的时候，别人知道你是怎么用的吗？
11. 下一次当你陷入一场严肃的辩论或争论时，请写下有关双方观点的摘要。你能找出任何推理上的错误吗？
12. 你认为最常见的是哪种思维谬误，是归纳思维谬误还是演绎思维谬误？你经常犯什么样的思维谬误？
13. 刻板印象背后隐藏着怎样的思维谬误？
14. 你倾向于用非黑即白（非此即彼）的方式看待哪些问题？

15. 想一想促使你存在的复杂的原因。你能够出生的概率有多大？

16. 你上一次犯事后归因谬误是什么时候？请描述一下。

17. 你能想到哪些流行的假设事件会被认为是夸张的？是否所有的夸张假说都是错误的？如果有人对你说"证明我是错的"，你会如何回应？

18. 有些类比是弱的，有些是强的。即使是强类比，它能证明什么吗？

19. 你最近做了什么草率的概括？

20. 找出当今流行的一些关于当代问题的滑坡论证。

21. 你过去曾诉诸过哪些不合理的权威？

22. 你能想到从"实然"到"应然"的论证看起来合理的例子吗？"人类追求并争取自由，因此他们应该是自由的"，如果在你看来这个论证似乎是合理的，请试着找一个人类为寻求和争取自由而斗争的反例。或者就没有这样的论证？

23. 我们应该在多大程度上依赖权威机构提供的信息？这种方法是否曾经是一种合理的获取信息的方式？如果生活在这样一个世界里，我们只相信自己经历过的东西，而从不相信从别人那里听到的东西，那会是什么样子？

第 10 章 科学思维

> 科学是一种思维方式,而不仅仅是一种知识体系。
> ——卡尔·萨根(Carl Sagan),《布鲁卡的大脑》(*Broca's Brain*)

科学几乎是我们的第二语言,也是一种探究方法。我们几乎每天都能听到关于医学、心理学和物理学等领域的新发现。要想对这些发现(如治疗癌症和抑郁症的新疗法、其他星球上存在生命的证据或者一种新的"特效药"的广告)进行批判性思考,我们就需要了解科学的语言和方法。

在本章中,我们从科学方法的基本步骤开始,探讨科学的本质。我们将识别该方法的一些假设和要求,并将其与其他方法进行对比。我们将研究科学的经验性及其局限性,并简要地考虑证据的问题。我们还将探讨一些研究设计、它们的缺点,以及科学家自身的实验者偏见。我们的目标不是要成为科学家,而是通过了解科学研究的基础,以使我们成为科学信息的智慧消费者。

科学方法

知识爆炸始于对科学方法这一工具的日益依赖,该工具帮助我们理解物质世界和社会心理世界。这种从根本上改变了世界的科学方法是一种归纳思维,它有四个主要步骤:

1. 观察;
2. 提出假设;
3. 实验;
4. 验证。

伽利略在研究重力对自由落体的影响时也使用了这四个步骤。伽利略观察到,物体下落的时间越长,下落的速度就越快。然后,他提出了一个假设,即下落物体的速度会稳定地增加。他做了一个实验，让小球沿着一个倾斜的平面向下滚动，测量它在不同点的速度。最后，他试图通过分析实验结果来验证自己的假设。实验结果显示，球以 9.75 米 / 秒的速度恒定增加，这与他的假设一致。为了进一步验证这一结论，伽利略等人再次进行了这样的实验。

观察

科学的方法始于观察。观察是我们对世界产生好奇的食粮。我们可能会观察到一些需要解释的现象，如旭日东升或彗星扫尾；或者我们可能观察到两个事件之间或许存在需要进行检验的关系，如某个人的素食主义与其长寿，被臭鼬咬伤与狂犬病。观察使我们对所观察到的事物的因果关系、特性和构成想要有更多的了解，并思考我们如何进行干预以实现理想的变革。例如，当我们观察到许多人患上癌症时，我们可能会开始想知道癌症的成因、癌细胞维持或强化的过程，以及预防或清除癌细胞的方法。这种对因果关系的思考，我们可以称之为"科学思维"，它将带领我们迈向科学方法的第二步。

假设

假设是关于两个变量之间关系的一种试探性陈述，通常以预测的形式出现："如果 A，那么 B"。例如，如果我们观察到死于癌症的人通常是大量饮用可乐的人（A1），我们知道，在可乐被发明之前，癌症的发病率较低（A2），关于可乐添加剂的安全性有很多争论（A3），那么我们的思考和观察可能会让我们怀疑人们患癌症的原因是过度饮用可乐（B）。我们可以用"如果……那么……"语句表达这个假设，如"如果人们大量饮用可乐，那么他们患癌症的可能性更大"。这个"如果……那么……"假设可以简化成一个陈述："人们患癌症的原因是喝了太多的可乐"。无论假设是如何提出的，其真实性都必须得到检验，因为仅凭偶然的观察并不足以支持某种假设。

实验

实验是科学方法的第三步，这一步是通过各种研究方法对假设进行检验，其中包括正式的实验。研究方法有很多，每种方法都有自己的优缺点，我们将在后文中进行讨论。例如，在上文关于可乐的例子中，我们可以让黑猩猩饮用大量的可乐，过一段时间后，将它们的癌症发病率与一组没有饮用可乐的黑猩猩的癌症发病率进行比较。或者我们可以找出有过量饮用可乐史的人，将他们的癌症发病率与不喝可乐的人进行比较。实验或数据收集完成后，我们就迈向了科学方法的最后一步，即验证。

验证

验证是对数据进行分析，以确定该数据是否支持假设。例如，在上文的例子中，我们将分析实验结果，看看过量饮用可乐的人是否有更高的癌症发病率。如果他们确实如此，那么我们的假设就得到了支持（但还没有得到证明）。如果两组之间没有差异，那么我们就必须回到第一步，寻找新的观察结果，或者开始思考其他可能解释我们观察到的结果的因果关系。科学方法的最后一步（即验证）可以通过复制来加强，这意味着再次进行研究或者进行一些修改，以确保结果是可靠的。如果其他研究人员重复类似的研究，也能得到相同的结果，这将会特别有帮助。验证也可以通过预测（即利用我们的研究结论可靠地预测其他结果的能力）来加强。

这些都是科学方法的基础要素，是一种有时辅以预感、直觉、好运和创造性游戏的探究模式。

"据我们所知，没有人能够从大脑中培育出神经元，包括任何动物，更不用说人类了……"所罗门·斯奈德（Solomon Snyder）博士说，"我们没有想到它会起作用。我们不能告诉你为什么它确实有效……我们是靠闲逛，靠在正确的时间出现在正确的地点做到这一点的。"

想一想

在创造技术奇迹和产生大量有价值的信息的同时，科学方法的产物也造就了一场生态噩梦，使人类的杀戮能力扩大了上千倍，并提出了似乎超越了我们回答能力的伦理问题。

科学及其他认知方式

通过将科学方法与哲学和诉诸权威等其他认知方式区别开来,可以帮助我们进一步理解科学方法。与科学一样,哲学也有研究世界的体系,哲学家所解决的问题可能是由一系列观察所激发出来的。哲学的不同之处在于它更强调用理性来解决问题,而不仅仅是通过观察。二者的研究对象也有所不同,科学领域是观察的世界,也被称为经验世界;而哲学则往往在经验世界之外进行探究,考察价值、意义、本质等领域。

科学方法不同于诉诸权威。许多人通过求助于权威人物来寻求知识。这个人物可能是受人尊敬的医生、老师或专业图书。然而,科学方法却与这种认知方式大相径庭。当诉诸权威时,我们相信某件事情是真的,因为一位权威人物这么说了,我们就不需要通过再完成一套系统的观察过程来支持它。例如,在中世纪,天主教会教导说,所有的天体都围绕着地球旋转。大多数人都接受了这一教导,因为它来自教会的权威解释。偶然的观察也支持了这一教导:天体似乎确实是绕着地球转的。但从科学的角度来看,这一观察只得出了一种假设,而这种假设并没有得到科学的检验。正如我们现在所知道的,还有其他的解释也同样支持行星和恒星似乎围绕地球运行的观测。这些解释没有经过科学的检验,因为这个假设来自权威人士,所以被认为是真实的。当教会的教义最终受到哥白尼和伽利略的挑战时,哥白尼和伽利略就被认为是异端,这不是因为他们的观点与观察到的现象相悖,而是因为他们与权威相悖!

 想一想

科学的方法是不是已经用到了极致?它还会找到另一个物理定律吗?它会发现意识的根源吗?它会解释大爆炸之前发生了什么吗?它能回答这些重大的问题吗?或者只是给我们带来一些关于深奥课题的技术性的琐碎信息,而不会对我们的生活产生真正的影响?

哥白尼与伽利略

16 世纪，哥白尼认为地球围绕太阳运动。他的观点与教会的观点相悖，教会认为天体是围绕着地球旋转的。毫无疑问，哥白尼的学说激怒了许多基督徒，包括宗教改革的领袖马丁·路德（Martin Luther）。他认为哥白尼是个傻瓜，妄想"把整个天文学颠倒过来"。1616 年，在哥白尼去世 60 年后，教会担心如果哥白尼的观点受到重视，会引起巨大的丑闻和异议，于是将哥伯尼讲述太阳系日心说（太阳为中心）的书列为禁书。

虽然哥白尼提出了日心说，但伽利略却因支持这一观点而被起诉。依靠对太阳、行星和恒星的科学观测，而不是宗教教义，伽利略发现了强有力的支持哥白尼理论的实证，并毫不畏惧地公开了自己的观点。即使被教会禁止，伽利略还是在 1632 年出版了一本支持哥白尼思想的书，并因散播异端邪说而受到审判。伽利略被判有罪，并被命令收回自己的观点，之后一直被监禁，直到 8 年后去世。这就是科学的代价。直到 1992 年，教皇才最终承认伽利略的观点是正确的。

这个故事表明，诉诸权威并不总会产生对现实的有效描述，诉诸权威显示了我们的世界观的力量，无论证据如何，它都会抑制我们对相反信念的思考。在上面的这个案例中，过去的基督徒的世界观将地球和人类置于宇宙的中心。这种观点使他们无法客观地思考其他观点，即使在科学证据确凿的情况下。这个故事也向我们展示了批判性思维中勇气的必要性，有勇气放弃那些让我们感到安全和有保障的信念，有勇气站出来支持一个可能使我们容易受到他人批评的非正统的观点。如果没有这样的勇气，思维就无法实现创造性的飞跃，而这种飞跃往往是突破现有的知识框架所必需的能力。

科学的经验性

科学的世界是经验的世界，是观察的世界。为了运用科学方法，科学家必须能够进行观察和测量。因此，科学研究的所有变量都必须用可观察、可测量的术语来定义。通过这种方式给出变量的操作性定义，我们就能让其他人清楚地知道这些变量是什么，以及什么样的观察或测量才能表明它们的存在。物理学家必须确定原子碰撞产生的物理痕迹表明了什么，或者定义了哪些原子、粒子。天文学家必须对黑洞进行定义，当黑洞出现在他们对外太空的观测中时，他们就可以识别它。而心理学家则必须对爱、挫折和压力等变量给出操作性的定义，使它们能够被观察和测量。

一个非操作性定义的例子是韦伯斯特（Webster）对爱的定义，即对一个人的"强烈的感情"和"温暖的依恋"。尽管这个定义向他人传达了"爱"这个词的含义，但它并没有指出需要怎样的观察或测量来表明爱的存在。如果只考虑韦伯斯特所下的定义，而没有任何观察和测量来表明爱的存在，试想一下，如何确定大街上的行人中谈恋爱人数的比例。如果我们把爱情定义为与某人手牵手走在一起至少 60 秒，那么我们就从操作上给爱情下了定义，我们就可以观察和统计出在大街上行走的人中有多少人处在恋爱中。但在这个例子中，我们对爱情的定义是否准确呢？

错误的操作定义

在对变量进行操作性定义时，有时会出现定义不正确的情况。当发生这种情况时，研究的结论可能是错误的。例如，在医学研究中，对低脂肪饮食者的操作性定义是基于一个人对调查问卷的回答，该调查问卷旨在确定受访者现在的脂肪含量——不是过去，也不是将来。20 年后，这些信息被用于研究低脂肪饮食者是否比高脂肪饮食者在 20 年内患上更多或更少的癌症。由于饮食习惯发生了变化，人们当然可以质疑，20 年前的一份问卷调查能否充分定义 20 年来的低脂肪饮食概念。

另一个例子是，美国国家疾病控制中心在 1991 年进行的一项调查显示，45% 到 75% 的美国人都有"久坐不动的生活方式"，久坐不动被定义为"每周少于三次 20 分钟的运动"。可以想象数百万父母的反应，他们的生活完全被工作、照顾孩子和做家务所填满，其中包括数千米的步行、上百层的楼梯，以及抱婴儿和搬运沉重的食品、杂物，他们没有时间进行常规的锻炼。我们很难说这些人久坐不动！我们可以看到，尽管科学家的意图是好的，但有时研究的概念是一回事，而对这个概念进行操作性定义却是另一回事。

> **想一想**
>
> 在上述对爱的操作性定义中，把爱定义为两个人牵手 60 秒，可能已经失去了爱的意义。当我们计算牵手的时间时，我们真的在相爱吗？我们是否遗漏了一些人呢？更好

的定义可能是将爱情定义为对"你恋爱了吗"这个问题回答"是"。你能想到关于恋爱的更好的操作性定义吗？

操作性争论

制定一个大家都能接受的操作性定义有时很难实现。这种困难往往会引发争论。例如，心理学中的一个争论领域就是催眠状态是否是另一种意识状态。首先，研究人员必须用非操作性的术语来定义他们所说的另一种意识状态；其次，他们必须用可观察、可测量的术语来定义这种状态。那些认为催眠不会导致另一种意识状态的人，通常在操作上把另一种意识状态定义为一种不同于清醒状态的脑电波模式。他们会指出，这种脑电波变化不会在催眠过程中发生，因此催眠不是另一种意识状态。而另一种意识状态理论的支持者可能会对这种操作性定义提出质疑。他们可能会认为，即使一个人的脑电波显示什么都没有，他也有可能正在经历另一种意识状态。考虑到这种可能性，对催眠是另一种意识状态理论的批评者可能就是在依赖一个无效的操作性定义！

科学的局限性

没有可操作的定义，科学方法就无法使用。例如，科学不能告诉我们天堂或地狱是否真实存在。这种形而上的概念通常不能简化为可操作的定义。它们超出了观察的范围，最好把它们留给宗教和哲学领域。

除了形而上的问题外，价值观和伦理问题也不属于科学的范畴。考虑一下堕胎的问题。堕胎是对的还是错的？针对这个问题，通过观察是无法找到答案的，科学家无法通过显微镜观察、观察实验室培养皿中的生物变化，或者观察人类对堕胎问题的反应，来找到这个问题的答案。堕胎问题是一个价值观问题，尽管科学可以给我们提供回答这一问题有用的信息，如确定胎儿的心脏何时开始跳动，但科学本身不能评价伦理道德。价值问题属于宗教和哲学范畴，不属于科学范畴。

考虑一下"除自卫外，以任何理由杀人都是犯法的"这一价值论述。你能想象有什么科学的方法来支持或反驳这样的说法吗？我们可以去哪里寻找答案？也许你会说，在情感上，大多数人都觉得杀人是令人厌恶的。但你如何确定人类的情感是决定价值的标准？这是一个科学的事实还是一个哲学的陈述？任何一种科学观察都不可能告诉我们，人类的情感是决定价值观的标准。我们又一次回到了哲学领域，而离开了科学领域。

简而言之，开展科学研究是揭开我们所在世界的许多秘密的一个极有价值的程序，但它确实有局限性，可能永远不会像叔本华所说的那样，对我们的世界"达到一个最终目标或者给出一个完全令人满意的解释"。卡尔·荣格在他80岁生日接受采访时也表达了同样的观点："真正的事实只能是一种精神上的接近和猜测。"用维特根斯坦的话说，"我们认为，即使所有可能的科学问题都有了答案，生命中的问题仍然完全没有被触及。"

思维训练 10.1　　　创建操作性定义

如果你打算研究以下变量，你可以从操作性上定义哪些变量？哪些变量是不能这样定义的？决定你成功与否的关键是问一问："我可以观察到的哪些东西可以表明该变量的存在"以及"我的定义是否在定义另一个变量"。让别人试试你的定义，看看大家是否一致认为你的定义确实定义了这个术语而又不失其意义。

1. 挫折
2. 肥胖症
3. 侵略
4. 灵魂
5. 科学家
6. 抑郁症
7. 吸吮拇指
8. 偏头痛
9. 复数
10. 无关紧要的东西
11. 黑洞
12. 重力
13. 心灵感应
14. 进化
15. 疼痛
16. 不道德行为
17. 偏见
18. 冥想
19. 催眠对象
20. 心理压力
21. 利他行为
22. 幸福
23. 生命
24. 意识
25. 思考
26. 死亡
27. 人类生命的开始
28. 智力
29. 天堂

思维训练 10.2　　　　科学领域

科学的方法适合以下哪些问题的调查方法？在这些问题的左边写上"S"表示你的回答。

_____ 1. 人类有自由意志吗？
_____ 2. 我们怎样才能减少环境污染？
_____ 3. 其他星球上有生命吗？
_____ 4. 考虑到生理和心理的变化，一个人从出生到老去都是同一个人吗？如果是，为什么？
_____ 5. 脑电波在胎儿发育的哪一阶段出现？
_____ 6. 人类的生命是从什么时候开始的？
_____ 7. 生命是什么？
_____ 8. 一个人面对他人的行为应该遵循哪些原则？
_____ 9. 人类的起源是什么？
_____ 10. 我们怎样才能延长我们的寿命？
_____ 11. 莎士比亚写《罗密欧与朱丽叶》(Romeo and Juliet)的目的是什么？
_____ 12. 人类的心灵是什么？
_____ 13. 人类的恶行应该受到惩罚吗？
_____ 14. 人类本质上是善良的还是邪恶的？
_____ 15. 什么是美？
_____ 16. 大多数的抑郁症都是由压力导致的吗？
_____ 17. 系安全带会降低高速公路死亡事故的发生率吗？
_____ 18. 睡前喝牛奶有助于睡眠吗？
_____ 19. 死亡是生命的终点吗？
_____ 20. 什么是智力？

科学和对人性的理解

由于科学方法在理解物质宇宙方面取得了显著的成就，于是心理学家和社会学家将科学思维应用于理解人类的心理和社会层面。从哲学的角度来看，这种科学思维是建立在决定论的基础上的，当把科学方法应用于有关人类的研究时，就出现了一些有趣的问题。下面我们通过对决定论的讨论来探讨其中的一些问题。

作为基础的决定论

科学家不仅要发现现象，而且要发现各种现象背后的秩序，即事物之间的因果关系。心理学家的长期观察、生物学家的培养皿、物理学家的原子加速器，都是为了发现自然界的组成部分，以及支配这些组成部分运行的规律，无论这些组成部分是人类、舌蝇还是原子物质。大多数科学家认为，世界是有序的、可预测的，并遵循复杂的因果机制运行。换句话说，他们假设的是一个决定性的世界。如果世界是不确定的，是完全混乱的，那么科学调查就不可能促成自然规律的发现。

哲学家和科学家对决定论的范围有很大的争论，但大多数人都认为，对于宏观的物理宇宙来说，决定论是对事件的有效描述。争论的焦点是决定论在粒子物理学的微观世界和人类行为中所扮演的角色。我们将关注后者。

人类与决定论

社会科学家对人类行为的理解与控制比较关注，以促进最佳的社会和心理功能的运作。这种关注背后的假设全部或部分来自决定论：社会科学家假设个人的生物遗传、心理和社会力量支配着每个人的性格和行为。尽管并非所有的心理学家都坚持对人性的决定论观点，但他们通过研究过去的事件来寻找对人类行为的解释，而这种主导倾向似乎也持有这样一种假设，特别当总的目标是发现可能支配人类行为的规律或原则时。例如，

学生：为什么马克成了一个精神病患者？

教授：好吧，我们的答案是这是由马克早期成长过程中的基因、社会和心理力

量造成的。有趣的是，马克的父亲也是一名精神病患者，他可能把一些"精神病基因"遗传给了马克。此外，马克的父亲没有教给马克一个健康的价值观，因为他是一名精神病患者，他甚至成了马克的负面榜样。马克的母亲每天要工作10个小时，每周工作6天，因为马克的父亲经常失业，没有可靠的收入来源。因此，马克的母亲也没有在马克身边帮助他塑造价值观，也从未与马克真正建立过紧密的联系。她经常忽视马克，当她有压力的时候就会对马克进行身体上的虐待，这种情况经常发生。可悲的是，马克的母亲从来就没有对他表达过任何爱。这就是马克成为一名精神病患者的原因！

如果马克的行为是由遗传、心理和社会环境所塑造的，那么他能为他所做的任何事情负责吗？坚定的决定论者必须回答"不"，因为他们认为马克的行为的每一个要素，包括行为背后的选择、判断和评估，都不过是一系列复杂的因果关系的结果。

在大脑中，没有绝对或自由的意志；但是心理是由想要这样或那样的原因决定的，这个原因也被另一个原因决定，最后这个原因又被另一个原因决定，以此类推，没有尽头。

坚定的决定论者认为，如果关于马克的所有变量都是已知的，那么他们就能完美精确地预测他的行为。之所以永远无法完美地预测一个人将会做什么，并不是因为人是自由的，而是因为人们从来没有完全掌握对该行为产生影响的所有变量。因此，科学家们谈论的是概率。他们说，在特定的教育方式和特定的社会环境下，一个人可能成为精神病患者的概率很高。但这种情况很少见，如果有的话，那么他们就可以确定。

与决定论者相对立的是非决定论者，他们认为，尽管我们的生活在很大程度上是由基因、社会和心理力量塑造的，但在我们的行为背后仍然存在着自由意志的因素。我们是自由的，因为我们本来可以这样做，但选择不这样做，所以我们要对自己的行为负责。

如果非决定论者对我们是自由的看法是正确的,那么科学家们能理解和预测我们的行为吗?一些哲学家认为,预测和自由是不相容的。例如,你可能非常了解你的朋友,知道他在特定的情况下会做出怎样的行为。因此,即使他的行为是自由的,你也可以预测他的行为。不过话又说回来,你也可能预测错误。

我观察到一些例子,一个人故意扰乱预测,只是为了重申其不可预测性,从而确认他的自主性和自我管理。例如,一个10岁的女孩一向是个好孩子、守纪律、负责任,她却出乎意料地扰乱了课堂纪律,在课堂上分发薯条而不是作业本,正如她后来所说的,大家只是把她的好行为视为理所当然。一个年轻人听到他的未婚妻说他很有条理,以至于她总是知道他接下来该做什么,于是他就故意做了不被期待的事情。不知为何,他觉得未婚妻的说法对他来说是一种侮辱。

科学家能够预测那个10岁的女孩会派发薯条吗?决定论者当然会认为,无法预测女孩的行为只反映了这种行为背后的变量的复杂性和多样性,而这绝不会破坏决定论。尽管如此,大多数人都会同意,在上面的例子中,强烈的自由意志是显而易见的。在我们的生活中,这种自由意志是如此强烈,以至于决定论者要证明我们是不自由的,可能比非决定论者要证明我们是自由的要困难得多。

问题的关键在于,社会科学家在寻找人类行为和思想的原因时,一般都是在决定论的假设下行动的,尽管他们的研究对象是自由的,并应该对自己的行为负责。例如,当精神病患者马克杀人时,我们的反应是愤怒,不是针对造就了马克的社会心理系统,而是针对马克本人,好像他能对自己的行为负责,并且他本可以做出其他选择。这样,我们就在社会科学家为马克开脱责任的决定论假设与社会科学家的反应之间产生了矛盾。这是以马克的责任和自由为前提的。著名的决定论者斯金纳是这样解释这一矛盾的。

所有这些都表明,我们正处于转型期。我们并没有完全抛弃传统的人性哲学(即我们是自由的);同时,我们还未接纳科学的观点,即我们的行为是毫无保留地被决定的。我们已经接受了决定论的部分假设,然而,我们允许我们的同情心、最初的忠诚和个人愿望上升到捍卫人类自由的传统观点上。

想一想

斯金纳在上面的陈述中解释了社会科学的决定论假设和我们对自由意志的一般性假设之间的矛盾。这是由于我们对自由意志观念的忠诚和向往，导致我们无法完全接受决定论。对此你同意吗？对自由意志的"爱"及其含义是否阻碍了人们对它的直接思考？还是有充分的理由捍卫自由意志？

虽然我们还没有确定人类自由意志的范围，但我们可以自信地说，社会科学的精确性可能会受到自由意志的限制：我们的自由度越大，因果规则就越不适用，人类的行为就越难以预测和控制。如果人类的自由确实存在，那么也许社会科学家的目标应该是鼓励这种自由。正如马斯洛所写的那样，"如果说除了单纯地迷恋人类的奥秘及享受它之外，人本主义科学还有什么目标的话，那么这些目标就是把人从外部控制中解放出来，并使他们更难被观察者预测。"

决定论和概率

虽然决定论是物理学家和社会科学家开展科学工作的基础，但许多科学家更多的是用概率的概念而不是决定论的概念来工作。概率关注的是某一特定事件在特定情况下发生的可能性。例如，在量子力学中，物理学家用维尔纳·海森堡（Werner Heisenberg）的不确定性原理进行工作。这一原理指出，由于原子微粒非常小，我们用来观察和测量这些粒子的方法会改变它们。因此，物理学家可以观察和测量粒子的精确位置，但他们不能同时精确确定其动量，因为观测其位置的行为会改变它的动量，反之亦然。如果物理学家想同时知道位置和动量，只能对粒子落在某一特定数值范围内的概率做出陈述；对于一个给定的概率，一个值的范围越小，另一个值的范围就越大。

社会科学家也研究概率问题。他们的研究大多是针对人群进行的，他们会将一群人的平均值与另一群人的平均值进行比较。例如，如果他们发现，与处在安静工作环境的人相比，处于嘈杂工作环境的人的婚姻关系较差，他们可能会得出结论：嘈杂的工作环境会导致糟糕的婚姻关系。然而，即使在嘈杂的环境中，也不是每个人都一定会受到这样的影响。每个群体中通常都有例外。因此，对于一个在嘈杂环境中的特定个体来说，我们可以谈论环境对婚姻关系的影响的可能性，而不是确定的影响。

这些概率论是否破坏了决定论？不一定。例如，爱因斯坦认为，不确定性原理反映了我们测量原子微粒能力的局限性，而不是原子元素固有的不确定性。与之类似，社会科学家对概率的研究可能只反映了他们在评估每个人的所有重要特征方面的局限性；尽管在一个群体中可能有相似的人，但却没有完全相同的人。这些无法衡量的差异使我们无法确切地预测行为。

证明理论

> 我们不能假装提供证据。证据是一个偶像，纯粹的数学家会在它面前折磨自己：在物理学中，我们通常满足于在较小的合理性的神龛前献祭。
>
> ——A. 艾丁顿（A. Eddington），《神秘主义的辩护》（*Defense of Mysticism*）

想象一下，你是在大城市照顾白血病患者的一名巡回护士。经过几个月对数百名患者的访问，你注意到你的许多患者住得离高压线很近。你立刻怀疑，这些高压电线产生的磁场可能是导致这些人患白血病的原因。在这一点上，你已经形成了一个假设，一个对事件之间关系的初步陈述，这通常基于偶然的观察。现在你要进行科学的操作。你查了一下这些患者的家庭地址，发现85%的患者都住在距离高压线或电力变压器300米以内，这两者都会产生强大的磁场。然后，你去了市卫生局，收集了过去10年里所有白血病患者的地址，发现他们大多数都住在城区，这里是人群聚集的地方。此外，你还发现，随着与高压线距离越远，白血病的发病率也会下降。然后，你写了一篇文章，并阐述了你的理论，即儿童患白血病的比率与磁场强度直接相关。

你证明了自己的假设吗？没有！对于这些结果，还有其他可能的解释。例如，大多数病例来自城市的事实，可能只是反映了美国人口的分布情况。大多数白血病患者都在城区，是因为那里是大多数人生活的地方。高压线附近的白血病发病率较高,也可以从其他方面来解释:可能是大部分高压线穿过城市中工业化程度较高的地方,而工业污染物可能是导致人们患白血病的原因。或者如果高压线在城市比较常见,那么可能是城市生活的压力,而不是高压线造成了这种疾病,等等。

想一想

对于白血病与高压线不相关的情况,你还能想到其他的解释吗?

假设你是这名护士,继续进行你的研究,这次用的是实验室的老鼠,你发现暴露在高压线下的老鼠患上了白血病。假设你的研究如此出色,以至于除了你提出的理论,我们无法为你的结果提供其他任何解释。那么你证明了你的假设了吗?你可能有一个强有力的理由,因为你肯定会有确凿的证据,但你不会想说你已经证明了你的理论。科学家一般不喜欢使用"已证明"和"证明"这两个词(尽管你经常在广告中听到这两个词),即使对一个结果没有其他解释,也仍然可能存在另一个解释。正如维也纳哲学家卡尔·波普尔所说:"对科学客观性的要求,使得每一个科学陈述都不可避免地必须永远保持其不确定性。"

归根结底,证据必须保持主观性,因为让一个人相信一个理论的有效性所需的数据量可能不足以说服另一个人。我们怎样才能让每个人都满意?证明一个特定的理论需要多少数据和什么样的数据?当然,如果有人提出了一个挑战我们世界观的理论,那么我们需要更多的数据。正如我们在第2章中看到的那样,人们非常抗拒改变自己的世界观;要改变世界观,需要大量的数据。但需要多少呢?

一位挑战我们世界观的科学家就是阿尔伯特·爱因斯坦。他的宇宙理论挑战了人们关于空间和时间的基本信念。例如,他认为时间是相对的,两个人以不同的速度在宇宙中旅行,以不同的速度变老;或者生活在山脚下的人和生活在山顶的人衰老的速度不同,这些想法严重扰乱了即使在今天大多数人所持有的时间观常识。尽管如此,他的理论在过去几十年中得到了无数实验的支持。他的理论被证明了吗?对许多物理学家和数学家来说,它当然是令人信服的;然而,由于证据是主观的,每个人都需要或多或少的数据或不同种类的数据,因此有些人可能要等到他们真正以不同的速度在宇宙中旅行时，才会接受相对论。

在本章的其余部分，我们将探讨科学，尤其是社会科学和医学科学向"证明"迈进的一些方式，我们还将更详细地说明为什么研究人员和消费者必须谨慎对待仓促得出的结论。

想一想

相对而言，很少有人能完全理解爱因斯坦的相对论。一个外行怎样才能确信爱因斯坦的理论是正确的呢？

可控实验

可控实验又称实验设计或真实实验，是指允许实验者任意控制实验中的变量，从而使实验结果能更好地建立一种因果关系的研究设计。一个可控实验至少需要一个控制组和一个实验组。控制组是对照组，实验组也叫治疗组，是接受治疗的组。从理论上讲，除了治疗方法外，两组完全相同。例如，如果化学家要研究在普通洗涤剂中加入一种新的化学物质是否能提高其清洁度，就用新的化学物质清洗一组衣服（实验组），而另一组衣服则不使用新的化学物质清洗（对照组）。两组衣物的种类和数量必须相同，污渍的数量和类型也必须相同，而且必须在相同的水量、相同的温度、相同的机器中清洗，等等。除了添加的化学物质外，两组衣服洗涤条件必须完全相同。如果做到了这一点，我们就有了一个控制良好的实验，并且如果实验组洗出来的衣服更干净，化学家就有理由为新的化学物质的清洁力度感到兴奋。

为了说明控制所有变量的重要性，请考虑一项没有得到很好控制的虚构的研究：农夫史密斯想知道，他研制的一种特殊添加剂是否会使母鸡下蛋的数量增加。首先，他将500只鸡随机分成两组。他这样做是随机的，因为他已经了解到，当有大量的被试时，这种随机处理通常是分组的最佳程序。如果他按鸡的大小、年龄或活动水平来划分，他就会有两组不完全相同的鸡。他的随机处理合理地确保了两组鸡在数量、平均年龄、个头大小等方面基本相同。事实上，他的随机化合理地保证了两组鸡在疾病、食欲、遗传等他根本没有想到的变量上也是相同的。两组鸡之间的任何细微差异都不应该具有统计学意义。

到目前为止，史密斯的进展还算顺利。他现在把一组鸡放在农舍附近的母鸡棚里，把另一组放在150米外的母鸡棚里。农舍附近的鸡成为实验组，另一个鸡棚里的鸡成为对照组。然后，史密斯在每个用来给实验组的鸡供水的桶里放上一杯秘密原料，另一个鸡棚里的鸡则用的是普通的水。

在史密斯进行实验的三个月里，他仔细记录每个鸡舍每天收多少鸡蛋。当他的研究完成后，他发现实验组比另一组平均多下了25%的蛋。他非常高兴，终于在一天晚上吃饭时与妻子和儿子分享了他的秘密研究。他得意扬扬地讲完了自己的故事，然后坐下来等待表扬。他的儿子一脸疑惑，询问父亲："爸爸，也许是因为那只狐狸让远处鸡棚里的鸡压力太大，它们才没下那么多蛋。""也许是因为噪声，"他的妻子说，"你知道，远处的鸡舍离公路很近。那些卡车日夜不停地呼啸而过，一定会对那些鸡产生一些影响，你不觉得吗？""或者是太阳，"他的儿子说，"那间鸡舍在外面，没有任何遮挡，而房子附近的那间鸡舍大部分时间都接触不到太阳。也许凉爽舒适的环境会让鸡下更多的蛋。""只是一个想法。"儿子补充道。"是啊，只是个想法。"他的妻子说。农夫史密斯显得很沮丧，他慢慢地从椅子上站起来，找了一个安静的房间，再次计划他的秘密原料研究。

我们现在知道，史密斯没有控制足够的变量，以确保他的分组间的差异是由于秘密原料，而不是两组之间存在噪声、狐狸或冷热条件等差异。让农夫史密斯这类研究人员尴尬的是，经常有人为他们的实验结果提出一个竞争性的解释。然后，实验就必须再次进行，这次要控制上次漏掉的变量。实验就这样不断地开展下去。

所以，下次当你听到类似"睡前用漱口水漱口比单独刷牙多杀死两倍的口腔病菌"的广告声明时，想想还有什么其他变量可以解释这个结果吗？研究人员将他们的产品与只刷牙不漱口进行了比较，但是他们是否将他们的产品与睡前刷牙并用水漱口进行了比较？也许用液体冲洗才是去除细菌的重要方式，而不是这种昂贵的产品中的"特殊成分"。

准实验设计

在农夫史密斯的研究中,他正确地将被试随机分成了两组。然而,这并不总是合理的。例如,如果我们想引入一种新的数学教学策略,我们可能会发现,对于我们的新技术有些学校愿意合作,而其他学校则不想参与。这样,我们的实验组就变成了一个方便样本,而不是从社区中随机选择的群体样本。每当我们通过非随机的方式选择两个组的被试时,我们就有了准实验设计,只要研究人员还是通过"治疗"其中一个组的方式来使这两组有所不同。准实验设计缺乏随机性,更容易出现两组在研究之初就不相同的情况。例如,接受新教学方式的班级可能在一开始就与控制组班级不同,因为它来自不同的学校、不同的社区,也许还有不同的社会经济阶层。这些不同可能是造成任何结果差异的原因。

非实验设计

实验设计和准实验设计并不总是合适或实用的。值得庆幸的是,还有许多其他可用的研究设计,这些设计通常被称为非实验设计,包括但不限于事后回溯设计、相关设计、调查法和案例研究。

事后回溯设计

出于接下来我们将要解释的原因,研究人员有时会使用事后回溯设计。事实上,这很可能是我们从大众媒体接收到的众多的科学新闻中最常见的设计。在事后回溯设计中,研究人员找到了存在差异的群体。换句话说,研究人员是在创造了治疗条件之后才走进现场的,因此被称为"事后回溯"或"在事实之后"。例如,利用事后回溯设计发现冥想的效果,我们会找到冥想者和非冥想者。找到这两个群体后,我们会对他们的另一个变量进行测量,如情绪稳定性。如果发现冥想组比非冥想组的情绪稳定,我们就可以得出结论,冥想会增加情绪的稳定性。然而,这种方法的问题是,在这些被发现的群体中除了被研究的变量外,他们之间通常还有其他方面的差异,而这些其他差异可能就是对任何结果差异的真正解释。在上面的例子中,冥想可能不是两组之间唯一的差异。如果不是，那么我们怎么知道是冥想促使情绪稳定，还是冥想也只是其他差异之一呢？

可能还有其他方面的差异吗？也许冥想的人比不冥想的人受教育的程度更高；也可能冥想的人往往是素食主义者；也可能选择冥想的人有更多的休闲时间和更少的压力；又或者他们更关注精神，这促使他们进行冥想。谁知道呢？关键是，这些被称为"隐藏变量"的其他变量中的任何一个，都可以解释这两组之间的结果差异。换句话说，教育、素食主义、闲暇时间或信仰倾向都可能是冥想组情绪更稳定的原因，而不是冥想本身。

每当我们发现群体之间的差异而不是创造群体差异时，就会遇到隐藏变量的问题。科学家们试图控制那些显然可以解释这些差异的变量。例如，确保冥想者和非冥想者都吃肉，具有相同的教育水平，等等。但智力、滥用药物或早期的家庭经历等这些因素呢？研究不可能总是识别和控制所有潜在的重要变量。因此，这些不可控变量中的一个或多个可能就是造成结果存在差异的真正原因。

假设你听说了一项事后回溯研究，将素食者与非素食者进行比较，发现素食者的寿命更长。大多数不了解事后回溯设计的人都会很快得出结论，即吃素会使寿命延长。但在事后回溯设计中，因果关系并不明显。例如，可能素食者恰好是那种比典型的非素食者更关心自己健康的人，与非素食者相比，他们不仅不吃肉，也不喝酒和抽烟。他们往往定期去医院对身体进行检查。那么到底是吃素能长寿，还是吃素往往伴随着其他良好的健康习惯从而促使了长寿呢？

事后回溯设计的另一个问题是确定因果关系的方向。为了说明这一点，我们来看一项研究，试图找出对婚姻满意的人是否比不满意的人有更强烈的工作动机。很显然，我们必须找到我们的研究对象：要找一组人对自己的婚姻满意，而另一组人对自己的婚姻不满意，这是很"有挑战性"的。假设我们发现，对婚姻满意的那组被试的工作积极性比另一组高，这是否意味着对婚姻满意的人在某种程度上也会有更积极的工作态度，还是说勤奋的人倾向于把更多的精力放在婚姻上，从而产生了更高的婚姻满意度？在这种情况下，除了任何隐藏的变量问题，因果关系的方向并不明确。但有时我们可以剔除一个因果方向。例如，我们用事后回溯设计比较青年人和老年人在骨密度上的差异，就可以剔除一个因果关系方向。改变骨密度不会使人变老！尽管如此，隐藏变量仍然可能会混淆我们的理解，使我们难以准确地知道存在什么样的因果关系来解释所获得的结果。

那么，既然后者能更好地确定因果关系，为什么要使用事后回溯设计，而不是控制方面更好的实验设计呢？有时候，使用实验设计根本不切实际。你愿意被分配到一个实验组，并被要求在未来25年内不吃肉吗？很多时候，实验设计并不能充分代表现实世界的真实情况。让孩子们在实验室里看一小时的暴力电视，可能并不能代表他们在现实生活中看电视的时间。最后，进行可控实验往往存在很严重的伦理问题。如果要用实验方法研究虐待对儿童的影响，就需要研究人员虐待实验组的儿童。因此，在道德上，找到受虐儿童并进行研究才是科学研究唯一的选择。

按理说，通过使用动物作为实验对象而不是人类，就可以避免道德问题。诚然，我们不能用动物来研究虐待儿童的问题，但寻找某种药物可能的致癌作用的可控实验设计，就可以用动物作为实验对象来进行。然而，当实验研究使用动物对象而不是人类对象时，会存在泛化的问题。泛化是这样一种研究假设，即对研究对象的样本成立的假设，对所研究对象的更大的总体也成立。假设在实验室中使小鼠致癌的一种药物也会使人类致癌，这就是一种泛化的说法。鉴于人类和动物之间的差异，对这样的概括我们也要持一定的怀疑态度。

 想一想

抛开泛化和伦理问题不谈，你能想到有哪些社会科学研究的课题是我们不能使用动物作为研究对象的吗？

相关研究设计

大多数人都听说过犯罪与失业之间的关系，以及食用蔬菜与降低癌症风险之间的关系。我们都被警告过压力和健康问题之间的关系，这些信息大部分来自相关研究设计。

相关研究设计与事后回溯设计非常相似。在这两种研究设计中，调查人员都发现了调查中的变量，研究人员并没有创造这些变量。然而，与事后回溯设计不同的是，相关研究设计寻找的是两个或多个变量之间的关系程度，而不是研究群体之间的差异。可以研究的变量种类数不胜数：从人类的压力和幸福感，到太阳磁场和地球温度。如果两个变量之间存在关系，那么当一个变量变动时，另一个变量也会随之变动。例如，我们可以从一群人那里收集数据，了解他们一周通常吃多少肉。同时，我们可以进行一项测试来评估他们血液中的铁含量。如果吃肉多的人血液中的铁含量较高，那么我们就建立了正相关关系。如果我们发现吃肉越多的人血液中的铁含量较低，那么我们就建立了一个负相关关系；但我们必须始终要问的问题是"这两个变量之间的关系有多紧密"。如果两个变量之间存在相关性，其范围可以从非常弱到非常强。如果吃肉和血液中铁含量之间只有非常弱的正相关关系，那么改变一个人的饮食习惯就没有充足的理由。如果这种关系非常紧密，一个人想提高血液中的铁含量，多吃肉可能是一个好建议。

如果两个变量之间没有相关性，那么我们可以肯定它们之间不存在因果关系，因为所有的因果关系都存在相关关系。但即使发现了因果关系中的相关性，通常仍然会有问题。例如，在事后回溯设计中，因为相关研究设计并不意味着确定的因果关系，所以我们会对因果关系的方向产生疑问，甚至对是否存在因果关系产生疑问！例如，如果我们发现攻击性和观看暴力电视节目之间有很高的相关性，那么是否意味着观看暴力电视节目会导致个体产生攻击性行为？还是说有攻击性人格的人更愿意选择观看暴力的电视节目？还是两者都有？或者两者都不是？我们可能与这些可能性中的任何一种都建立很好的相关性。例如，也许虐待行为比较严重的父母，比起虐待行为较少的父母，会让他们的孩子看更多的暴力电视节目。正是父母的这种虐待行为导致了孩子的攻击性，而不是电视节目。从这个简单的例子中，我们可以看到相关研究是如何证明变量之间的关系的，但却几乎不能确定任何因果关系。关于暴力电视节目这个话题，几十年来研究人员通过使用各种研究设计，表明观看暴力电视节目与攻击性行为之间存在着因果关系，而且因果方向是双向的。

有时候，常识和先进的统计学方法可以帮助我们明确方向性问题。在上面的例子中，我们大概可以排除血液中的铁含量导致吃肉的可能性。如果我们发现吃肉和血液中铁含量之间存在正相关关系，那么我们是否可以得出吃肉会提高血液中铁含量的结论呢？不一定，因为正如我们刚才在事后回溯设计中看到的，可能会有第三个变量可以解释这种关系。如果出于某种原因，食用肉类与食用土豆、体育活动、吸烟或饮酒相关，那么可能是这几个变量中的某一个而不是吃肉导致了血液中铁含量的变化。

考虑到相关研究设计的所有这些问题，为什么我们还要进行这类研究呢？其中一个原因是相关研究设计可以得出关于两个变量相关程度的统计数据，也就是说它们之间互相关联的程度。两个变量的相关程度越高，如果我们知道其中一个变量，就能更精确地预测另一个变量，而且我们可以在不用知道任何因果关系的情况下做到这一点。例如，人寿保险公司在评估新用户的性别和健康习惯时，就会使用相关性来确定死亡可能性和保险风险。使用相关研究设计的另一个原因与使用事后回溯设计是一样的：它避免了使用实验方法的伦理和现实问题。

 想一想

能否用可控实验来确定经常吃肉是否会提高血液中的铁含量？

 思维训练 10.3　　　　确定研究设计

以下是真实的新闻文章的标题。在你认为研究人员使用了实验或准实验研究的文章前写"E"，在你认为研究人员使用了事后回溯或相关研究设计的文章前写"C"。在你认为可能使用了其中一种方法的情况下，你可以同时写"E"和"C"。为了帮助你思考，请问自己，如果用实验的方法来处理这些题目，即研究人员在不同群体之间所造成的治疗差异，是否是不道德的或极其不切实际的。

　　_____　1. 铅中毒、懒惰与老年痴呆症有关

_____ 2. 更多证据表明，吸烟的妈妈会养出吸烟的孩子
_____ 3. 蔬菜可降低患前列腺癌的风险
_____ 4. 维生素 E 可能有助于缓解痛经
_____ 5. 针灸有助于缓解抑郁症状
_____ 6. 子宫内的激素分泌与性取向有关
_____ 7. 接受隆胸手术的女性的自杀风险更高
_____ 8. 多动症男孩的大脑模式与正常男孩的不同
_____ 9. 失去父母与精神疾病有关
_____ 10. 特殊"胶水"有助于修复神经
_____ 11. 适度饮酒与动脉疾病有关
_____ 12. 怀孕期间吸烟与儿童精神疾病有关
_____ 13. 研究发现鱼油可缓解双相障碍
_____ 14. 过度工作只是引起工作倦怠的原因之一
_____ 15. 不良的养育方式可能会塑造出调皮捣蛋的孩子

调查法

问卷调查是收集研究数据最方便和相对便宜的方法。问卷调查是一种包含问题设计的简单工具，旨在评估我们对各种问题的态度和意见。这种工具可以通过口头或书面的方式提供给被调查对象。我们可能都有过这样的被调查的经历：有人在商场里向我们提出一些关于新产品的问题。

如果没有调查法，我们就很难或不可能获得有关人们的信仰、态度和意见的信息。我们也许可以通过观察某人的行为来推断其态度和信念，但一个自主生命个体的大部分方面是无法用观察法可靠地测量的。然而，通过调查法，一个人的政治派别在操作上可以被定义为对"你是共和党人吗"这个问题的回答是"是"。问题调查技术将我们无法看到和测量的政治观点转化为一个我们可以观察和测量的口头或书面答复。有些信息在操作上几乎不可能准确定义，如人们的白日梦、对枪支管制的态度、性行为或者令人们感到最遗憾的事。

调查法是一种非常流行的收集大量人口数据的方法，主要是因为其成本相对较低，易于管理，并且能够评估个人信息和私人经历。然而，调查法必须满足以下四个条件才能成为有效的研究工具：（1）必须以鼓励诚实的方式对人们进行调查；（2）必须清楚地说明问题，并客观地提出问题，也就是不带任何偏见；（3）必须达到被研究群体的一个具有代表性样本的数量；（4）必须以无偏见的方式回收问卷。如果不能满足其中任何一个条件，那么调查结果就是无效的。

鼓励诚实回答调查问卷的最佳方式是向当事人保证，他或她的答案将保持匿名。在处理性行为、儿童性虐待和成瘾等敏感话题时，这一点尤其重要。对一个陌生人关于性习惯的面对面访谈，并不能满足诚实回答所需的匿名性。

然而，如果问题是以带有偏向性的方式提出的，即通过施压、恐吓或者以其他方式表明应该如何回答这些问题，仅靠匿名并不能确保有效的调查结果。

人们会认为，学术机构是一个可以找到好的调查的地方，因为这是学习如何开展调查研究方法的地方。但是，即使在这些机构中，也产生了糟糕的调查。高校管理者给教职员工发放调查问卷的情况并不少见，调查问卷的问题包括被调查者的年龄、性别、种族、院系和最高学位。显然，在小部门，提供这样的信息对匿名性而言是毁灭性的破坏。

调查偏见也存在于学术领域。一项关于学生保留率的大学调查要求被试对各种提高学生保留率的方案的潜力从"低潜力"到"高潜力"进行评级。在每个变量名称（如"咨询"或"入学选择性"）之后，有一段文字解释了此类方案的价值，如下所示。

学术研究指导。学术研究指导作为一种指导培养学生的策略，其重要性在文献中得到了充分的证明。学术研究指导提供了最重要的机制，就是让学生可以明确自己的教育或职业目标，并将这些目标与学术课程联系起来。

上面这段话肯定会引导被试偏离"低潜力"和"中等潜力"的评价。很多时候，虽然行政人员、管理人员和其他人都有良好的意愿，但他们在调查设计中却没有做好充分的准备。

即使调查能保证匿名性和客观性，但如果没有人返回调查问卷或只有某类人返回调查问卷，也不一定能得到有用的数据。在使用调查法时，最困难的挑战可能是选择一个有代表性的样本，并确保无偏见地回收问卷。当样本中的每一个人都返回调查问卷，或者当调查问卷由样本中具有代表性的人返回时，问卷就会无偏见地收回。然而，如果接受调查的样本不能代表更多的被研究人群，那么即使是无偏见的收回也不会得到有效的结果。例如，如果我们想了解美国男性对女性总统候选人的态度，就需要征求各个阶层和各个年龄段的人的意见。

20世纪80年代在美国公众中流行的一项调查是安·兰德斯（Ann Landers）的调查，该调查询问妇女是否"对亲密关系感到满意并被温柔地对待"从而忘记性行为。这个问题引起了其专栏历史上第二次大的反响，令许多人特别是男性感到惊讶的是，绝大多数人支持亲密关系而不是发生性行为。但实施该调查的方式让我们对其结果的有效性产生了质疑。也许有人会说，安·兰德斯的调查并没有覆盖典型的美国女性群体，或者是不具有代表性的样本。与美国的普通女性相比，阅读安·兰德斯的专栏的女性可能是某种特定类型的女性。如果这是真的，那么结果就需要加以限定：在读过安·兰德斯的专栏的女性中，有一定比例的人宁愿保持亲密关系而不是发生性行为。

但即使是这一结论也可能是不合理的。在安·兰德斯的调查中，可能还存在回收偏差的问题。因为除了填写调查问卷的愿望之外，她们再没有任何动机这样做了，我们想知道，为什么有些女性愿意填写并提交调查问卷，而其他女性却不愿意。显然，并不是每个看过调查问卷的女性都把它寄了回来。做出回应的女性有什么特别之处吗？

心理学家已经证明，对某个问题有强烈负面情绪的人比有强烈正面情绪的人更容易在这个问题上表达自己的意见。了解了这一点后，我们就会怀疑，那些对性生活不满意、情感上得不到满足的女性可能更倾向于提交调查问卷。如果这是真的，那么安·兰德斯回收的问卷就有失偏颇。也就是说，她并没有从她的读者中得到有代表性的样本反馈，而是收到了过多来自感情没有被满足的读者的调查反馈。我们从她的调查中只能得出这样的结论：一些女性更喜欢建立亲密关系而不是发生性行为。我们不能对所有普通的美国女性下任何结论，甚至也不能对安·兰德斯的读者做出任何概括性的陈述。

不科学的调查，如安·兰德斯的调查、杂志调查、网络调查等，在美国的媒体上比比皆是。就连晚间新闻节目在征求观众意见时也在使用这类调查，要求观众拨打电话表达对某一问题的看法，或者要求观众对网站调查问卷作出答复。这些不科学的调查可能只会从某些特定类型的人群那里得到回应，而这些人在更大的群体中可能并不具备典型样本的特征。例如，网络问卷调查只提供给那些有一台能上网的计算机的人。虽然大多数人都有手机，但手机也可能被不科学地使用。当一个新闻节目要求观众拨通一个电话号码，并记录来电者对某一政治问题的投票时，很可能那些感情最强烈、比较富有的人（因为这些电话是收费的）会更倾向于做出回应。预算紧张的人对这个问题的感觉一般，所以我们不太可能通过这种方法知道他们的想法。然而，他们可能才是公众的大多数。错在哪里？电话采访只采访了富人，因为在当时只有比较富裕的人才买得起电话。而富人往往把票投给共和党，所以调查只不过是问共和党人会把票投给谁！

观点与事实

关于人们对某一主题的意见调查有时被误解为关于某一主题的事实调查。民意调查所能宣称的唯一事实是关于人们意见的事实。那些向非专家征求关于进化论或其他星球上是否存在生命的意见调查，只能作为人们意见的陈述。它们不能作为关于进化论或外星生命的事实的陈述。公众对进化论的看法不能削弱进化论的论点。

证据和有力的论证会引导我们发现事实，而不专业的意见则不会。不幸的是，许多人对科学和哲学问题的看法并非来自科学证据或哲学研究，而是来自文化熏染的力量。几千年来，这些力量使人们相信女巫、平坦的地球、地心说的宇宙系统等观念。关于人们的观念我们就讲到这里。

案例研究

我们已经看到，为了从一个样本群体推论到更大范围的群体，我们需要有代表性的样本，这就需要充分的、无偏见的问卷回收。如果样本没有代表性，我们就不能对更大的群体做出有意义的陈述。这种归纳性问题在个案研究的调查法中尤为突出。案例研究方法涉及对个人进行深入的研究，而不是对一个群体进行研究。它是西格蒙德·弗洛伊德和卡尔·荣格等著名心理学家使用的主要研究方法。案例研究由于只研究个人，所以不能从该研究中得出概括性的陈述。然而实际上，人们却经常这样做。

教授：根据一项关于互惠原则的研究，我们更有可能对那些我们认为有吸引力的人表达积极的兴趣来成功地吸引他们，而不是使用"欲擒故纵"的策略。

学生：我认为这是完全不对的。

教授：你为什么会这样认为？

学生：嗯，我是通过"欲擒故纵"的方式追到了我的男朋友，所以我认为用"欲擒故纵"的方式就很好。我向大家推荐这个方法。对我来说确实很管用。

在上面的例子中，这名学生将自己作为一个案例去研究，然后将研究结果推广给其他人。这种推理是不成立的。虽然没有人会质疑该学生对其经历描述的真实性，但是我们应该质疑该学生的个人经验对其他人是否同样具有普遍适用性，特别是当该学生的经历与一项精心的研究结果相矛盾时。

从技术上讲，案例研究也可以在物理学中进行。但在物理学中，发现关于单个物理事件或对象的某些原理，然后假定这些原理适用于与所研究的事件或对象相同的所有其他事件或对象。例如，如果发现在一个氧原子中加入两个氢原子就会产生水，我们就可以假定所有的氢原子和氧原子都是如此。然而，研究人类完全是另一回事，因为没有两个人的历史或体质是完全相同的。例如，发现琼患有多重人格障碍是因为她小时候受到了严重的虐待，但这并不能让我们认为每个小时候被严重虐待的人都会发展出多重人格障碍，或者每个有多重人格障碍的人在小时候都被虐待过（尽管事实是他们中的大多数人在童年时期都有被虐待过的经历）。鉴于每个人独特的遗传特征、家庭史、同辈关系和对生活事件的解释，也许琼发展出多重人格障碍的方式是一个非典型的案例，这都是可以想象的。

如果我们不能从社会科学的案例研究中得出概括性的解释，那么这些案例研究又有什么价值呢？案例研究对于临床工作中的患者来说有很大的参考价值，它们可以给我们提供一些线索，让我们知道在类似的病例中可能会发生的事情（在比较人类时，永远不会有完全相同的案例）。然后，我们可以用更大的样本来检验这些线索。

偶然的作用

我们从一项研究中得到的结果有可能是偶然发生的，不能归因于所研究的变量。这句话并不意味着世界是混乱无序的，也不意味着发生了某种奇迹促成我们得到某个结果。我们在这里使用"偶然"这个术语，意味着我们研究的结果是由一些随机影响造成的。例如，在可控实验中，研究人员在引入实验变量（如一种新药）之前，会采取一切预防措施，确保控制组和实验组是相同的。如果控制组和实验组是相同的，而实验组与控制组受到的影响不同，那么也许我们就可以将这种差异归因于这种新药。还有一种可能，就是在提供治疗之前，两组患者的情况并不完全相同。如果是这样的话，这种不平等（不管是什么）都可能是造成差异的原因，而不是出于治疗的原因。例如，在一项药物研究中，当研究人员选择实验组时，尽管采取了所有预防措施以确保其与可控组相同，但这一组的体格在用药前比可控组更强壮。在这种情况下，即使研究人员给实验组成员喂花生酱，或者什么都不给他们吃，实验组的治愈率也可能会更高！

其他的研究设计也可能会受到偶然因素的干扰。例如，在相关研究设计中，我们发现的相关性有可能是假的！我们知道你口袋里的硬币数量和你家后院的树木数量之间并不存在相关性。然而，如果我们随机抽取200人，尽管可能性不大，但会不会那些有更多硬币的人恰好后院种有更多的树？当然有可能出现这样的状况！这种相关性是由于偶然的抽样误差造成的。

很明显,样本量越大,发生这些错误的可能性就越小。但即使每个样本中有50万人,仍然存在抽样误差的可能性,尽管这种可能性很小。这种概率被称为"显著性水平",是根据样本的大小、样本内的变量、两组之间结果差异的大小,以及相关性的强度等因素进行统计计算的结果。

显然,当结果偶然发生的概率是百万分之一时,我们就可以非常有信心地认为结果反映了群体之间的真正差异。但如果概率是千分之一或五十分之一或十分之一呢?在什么情况下我们会对结果失去信心呢?例如,在社会学领域有两个可接受的标准:0.01和0.05的显著性水平。如果研究结果在0.01的水平上是显著性的,而由于某些抽样误差导致结果发生的概率只有百分之一,那么我们就有理由相信(但并不确定),我们的研究结果不是那一百次中的一次。0.05的显著性水平不那么严格,它表示100个研究中可能有5个研究的结果是偶然发生的,但对于大多数社会科学家来说,这仍然是可以接受的,因为它表示了存在真正差异的可能性。也就是说,不是由于偶然,而在于所研究的变量,如药物实验中的药物或者鸡生蛋实验中的某个秘密原料。

我们怎样才能知道是偶然还是正在研究中的某个变量引发了我们的结果呢?如果我们重复这项研究并得到同样的结果,那么我们就会更加确信无疑。这就是在科学方法最后一步中提到的重复研究的重要性。不幸的是,许多科学研究中没有进行重复研究,因为研究人员依赖0.01或0.05的置信度,或者对重复一个项目没有足够的兴趣。但即使是在0.01水平上显著的结果也可能是由偶然事件引起的。然而,如果其他人重复进行这个研究设计并得到了同样的结果,那么很可能就不是偶然因素所致。年复一年,我们不断地听到可能治愈癌症的消息,但当其他人进行重复实验设计而得到不同的结果时,我们就会感到失望。

虽然在不同的科学领域,偶然性在研究中的重要性及它可能会干扰研究结果的方式有一定的差异,但大多数科学训练都不得不与这种偶然性相对抗。例如,1989年有一项本应成功的冷核聚变实验在重复试验时失败,这令美国公众大失所望。这些重复的失败表明，除了所研究的变量之外，还有其他一些因素促成了在这些实验中最初出现的积极结果。

总而言之，当我们听到一项研究的结果时，必须考虑偶然性的作用，并在研究结果的解释中保持适当的谨慎。我们应该反问自己，这些结果是否与其他研究结果一致？如果不一致，那么谨慎的做法可能是等待重复研究。

想一想

你需要有多大的信心才能采取行动？你需要有多大的信心才能去闯红灯、参与无防护的性行为、高空跳伞、蹦极，或者买1000元的彩票？

规模效应

规模效应是指一个很大的效应。一项研究的结果的显著性水平是0.01，这并不意味着这项研究有很多值得关注的地方。如果说一项研究的结果不可能存在抽样误差，这是一回事；如果说这项研究显示出一种规模效应，这又是另外一回事。如果一项研究发现食用动物肝脏的人患癌症的概率较低，并且研究的显著性水平达到0.001，我们可以很有信心地认为这个结果不是由于抽样误差造成的，特别是当结果可重复时。但是，我们仍然可以问："食用动物肝脏能在多大程度上降低患癌症的风险？""只是一点点。"研究人员可能会回答。在这种情况下，我们就不需要改变我们的饮食习惯去食用令人难以下咽的动物肝脏。如果食用动物肝脏能使我们患癌症的风险降低一半，那么就可能到了改变我们的口味的时候了，但也不一定！如果原来的风险本来就很小，那么"很小"的一半可能就更小，也就没有理由改变我们的饮食习惯。遗憾的是，大众媒体在介绍研究结果时，往往不提规模效应或原有的风险。

赌徒谬误：不要下注

彩票玩家和其他业余赌徒有时会落入赌徒的谬误陷阱，认为过去随机事件所发生的频率会影响该事件再次发生的概率。例如，赌徒谬误认为，如果投掷1元硬币连续出现

10 次数字，那么再次投掷出现数字的概率一定很大。事实上连续出现 11 次数字的可能性极小。然而事实上，硬币正面或反面向上的概率并不取决于之前是正面还是反面。每一次投掷都有一半的概率出现数字，每一次投掷都与过去的投掷无关。理解这一点的关键在于对过去的投掷的认识。如果有人投掷硬币连续出现 10 次数字向上，那是很了不起的，但此时（在已经出现 10 次数字向上之后）连续 11 次数字向上的概率仍是 50%。我们连续抛出 10 次数字向上的概率已经过去了，那些概率已经被打破了。下一次投掷的概率只有 50%，明智的做法是据此下注。轮盘赌、掷硬币以及其他基于随机性的设置都会受到这种谬误的影响。而对于非随机事件的投注（如赛狗和赛马）则不然。如果一只狗赢得了好几场比赛，很可能是因为它是一个强大的参赛者，那么假设这只狗会赢得下一场比赛就不是谬误。

实验者偏见

> 任何智力活动，包括科学在内，都无法摆脱某种特定意识形态的影响。
> ——W. 贝文（W.Bevan），《当代心理学》（*Contemporary Psychology*）

有时候，科学上的失败并不是由于偶然或研究设计不当，而是因为实验者本身的原因，这种错误被称为"实验者偏见"。由于研究人员的经验，或者他们对某一特定结果的期望或愿望，在认知或判断上出现的一种错误倾向。这是所有人都会出现的一种普遍倾向，即只看到我们想看到的或者期望看到的东西。西格蒙德·弗洛伊德、卡尔·荣格、威廉·詹姆斯等人认为，客观的、理性的探究活动可能更像一种虚构，而不是现实，只是由无意识的动机、激动的情绪和珍视的信念所支配的一种合理化行为。我们对一个人、事件或观念的喜欢或不喜欢都会改变我们的认知，尤其是我们喜欢的原因仅仅是道听途说或不良的个人需求。这种偏见会影响教师给学生的考试评分、陪审员对被告的评判，以及科学家进行的科学研究行为。

许多心理学研究都证明了这种效应。在一个经典的实验中，行为正常的研究生为进入精神病院而撒谎，并被诊断为"精神分裂症"，此后他们的行为表现正常。然而，即使他们的正常行为也被医院的工作人员看成病态。"精神分裂症"的标签使工作人员对正常行为的认识和判断产生了偏差。

在另一个早期的实验中,有两组研究生让老鼠在迷宫中奔跑。其中一组研究生被告知,他们的老鼠是"迷宫亮",也就是专门为擅长走迷宫而培育的;另一组研究生则被引导认为他们的老鼠是"迷宫呆"。然而事实上,这两组研究生所得到的是同样的老鼠。但被告知老鼠是迷宫亮的研究生所记录的老鼠走迷宫的错误明显少于另一组,并认为他们的老鼠更聪明、更讨人喜欢和更可爱。其他研究也支持这些发现。

当对研究变量的解释带有主观性时,应特别注意防范实验者的偏见。因为这种有偏见的解释并不是一个有意识的过程,所以仅仅依靠科学家的良好判断和谨慎是不够的。我们需要的是更客观的测量变量的方式,或者在研究方案中采用特殊的程序来消除实验者偏见的可能性。

一个常见的程序是确保研究人员不知道实验的某些关键条件,否则就会出现实验者偏差。例如,如果 Z 博士发明了一种抗抑郁药物,并进行了一项实验以判断这种药物是否真的可以缓解抑郁症患者的症状,那么冒着很大的名誉和金钱风险的 Z 博士可能会在不知情的情况下对实验结果的解释产生偏差。如果让 Z 博士评估患者的康复情况,同时他又知道哪些患者接受了他的药物,哪些患者没有接受,那么这就不仅仅是不明智了。最好的方式是让他对谁服用了真正的药物一无所知,或者让不知道这些事实的其他人来评估抑郁者的康复情况。

研究人员或研究机构的动机,显然是每个人都应该警惕的。伯特化学公司对自己的除草产品致癌性的研究,和一个与研究结果毫无利害关系的独立机构的研究,这二者在可信度上有很大的差别。当然,让与研究结果有利益关系的组织进行研究不是不可能,但此时实验者偏差效应和公开欺诈的可能性更大。"'我吃谁的面包,我就唱谁的歌'这条规则在任何时代都是有效的。"一项针对科学家的调查发现有 15.5% 的人表示,他们因为来自研究资助者的压力而改变了研究的方式或结果。因此,在评估科学结果时,研究人员或研究机构的特殊利益也必须考虑在内。而这些结果也必须与任何对同一主题做研究的独立来源进行权衡。如果电视行业引用由电视网络资助的研究表明暴力电视节目对观众没有影响,而这些研究与独立资源的

"品行端正"的研究相冲突，那么你自己来判断吧。

安慰剂效应

在任何一个可能成为问题的研究中，我们必须控制研究人员的信念和期望。但也必须控制被试的信念，因为这些信念往往会干扰研究结果。如果给被试服用一种他们认为可以治愈他们疾病的药物，那么这种信念本身可能会产生治愈的效果，而不是药物。这就是所谓的"安慰剂效应"。为了控制这种情况，研究人员只给研究的实验组服用真正的药物，而给控制组服用安慰剂，即一种不含任何药物的药丸，却让他们相信这是真正的药物。如果信念是被试痊愈的原因，那么两个群体都会被治愈。如果真的是药物而不是信念发挥了作用，那么只有实验组会被治愈。萨丕尔斯坦（Sapirstein）和基尔希（Kirsch）的研究提出信念有一定程度的治愈功能。他们分析了39项研究，共涉及3252名抑郁症患者，结果发现一半的药物作用是由于安慰剂效应促成的。显然，这项研究强调了在研究中进行控制的必要性。

在研究中使用安慰剂并非没有问题。首先，安慰剂的监管不严。因此，有不同类型、不同成分的安慰剂，并且这些成分不是完全惰性的。即使是一个简单的糖丸也可以造成血糖的变化。安慰剂的任何药理作用都可能通过增加或减少安慰剂和活性药丸之间的结果差异来干扰一些研究结果。

如果安慰剂的效果完全检测不到，我们就必须担心另一个问题。在像美国这样的药物文化盛行的国家中，人们对药物的潜在副作用越来越了解。如果参与药物研究的人被告知他们将被给予安慰剂或真正的药丸，他们可能很容易就会发现自己吃的是安慰剂，因为真正的药物往往具有副作用。如果被试能发现他们只服用安慰剂，那么安慰剂研究将无法充分控制信念。但是，如果我们给被试服用会产生副作用的安慰剂，那么我们就有了更有可能混淆结果且十分有效的安慰剂。更令人震惊的是，由于这些问题，一些早期药物研究的结论可能是错误的。

伪科学

真正的科学探究是以谨慎、客观的方式运用科学研究方法的步骤，试图得出一些关于世界的真理。同时，它对其结论中出现错误的可能性持开放的态度，并考虑其合理的替代解释。真正的科学探究着眼于所有的数据，不会因为事实威胁到某一理论或信仰，或者难以解释而忽略事实。它会仔细、客观地权衡所有支持和反对各种假设和理论的证据。真正的科学所发展的假说和理论是可以被检验和证伪的。换句话说，科学的探索是自我纠错的过程：原则上，有可能找到证据或实验结果来支持或削弱一个给定的假说或信念，以使得不到支持的想法被放弃或被修改。任何自命为科学但缺乏这些特征的研究都可以被称为"伪科学"。从这个意义上讲，"伪科学"是一种活动，一种对真正的科学探究的有缺陷的尝试。

伪科学的一个共同特点是倾向于对未实现的期望或预测做出事后（在事实发生后）解释，而不打算对解释进行检验，或者以无法检验的方式做出解释。这种解释的出现，似乎只是为了挽回面子，保护人们渴望的信念。例如，那些声称或相信算命先生的灵异能力的人，可能会把对灵异解读和功法的失败归咎于"时机不对""不合作的神灵"或"负能量"。

有些人将"伪科学"作为名词使用，将整个研究领域都贴上伪科学的标签。此外，给整个领域贴上伪科学标签的倾向，往往植根于文化熏染和个人思维障碍，如宗教偏见或者对所珍视的世界观的威胁。例如，达尔文对进化论的关注无疑被他那个时代的许多人视为伪科学，因为这冒犯了那个时代所珍视的宗教信仰和"常识"观点：我深恶痛绝地驳斥这些新奇的理论。由于这种个人思维障碍常常影响我们对伪科学的判断，一位作家曾将伪科学定义为"由任何自己不赞同的人开展的科学工作"。

当然，有些理论和课题几乎没有什么科学依据，我们应当放弃；而有些理论和课题是值得商榷的，在这些领域，理智决定了我们要允许别人自由地开展他们的调查，而我们只在他们的调查不符合真正科学的方法和精神时才进行批评。

总而言之，最好将伪科学简单地看作糟糕的科学活动：从粗心大意或被误导的科学方法到严重的心理病毒，都能够对任何学科的科学家产生影响，并破坏他们的客观性，使他们对有充分证据表明不是这样的假说和理论抱有不合理的热情。

总结

由于我们生活在一个科学渗透文化的时代，为了更加批判性地思考我们周围的科学世界，了解它的基本方法论、假设和局限性很重要。科学的方法论包括四个基本步骤：观察、提出假设、实验和验证。它与其他探究形式的不同之处主要在于强调系统性的观察。这也是它的局限性，因为科学只能研究经验世界，即可观察和测量的世界。例如，回答形而上的问题和确定价值就不在科学的研究范围之内。

尽管许多科学家都在使用概率的概念，但科学通常会假定一个决定论和有序的宇宙，包括人类的行为。当把这种决定论应用于人类时，它的适用范围就引起了很大的争论。具有讽刺意味的是，我们倾向于把人当作自由的人来判断，我们却把人当作不自由的人来研究。

研究人员的方法有很多，包括实验设计、准实验设计、事后回溯研究，以及相关研究设计、调查法和案例研究。由于事后回溯研究必须像可控研究那样寻找组间的差异，而不是制造差异，所以它存在的问题较多。事后回溯研究将隐藏变量作为结果的替代性解释，其因果关系也不容易推断出来。相关研究设计考察两个或两个以上变量之间的关系程度，也是发现因果关系的一种较弱的方法。尽管事后回溯研究和相关研究设计有其局限性，但它们适合应用于控制性研究中那些不切实际或不道德的情况。此外，当变量之间存在较强的相关性时，使用相关关系的方法在进行预测时就会非常有用。有时，使用动物作为研究对象可以避免伦理问题，并允许科学家可以使用更多的控制研究，如实验设计或准实验设计。然而，当通过动物来了解人类时，往往会出现关于归纳有效性的问题。如果样本不能代表更大的群体，那么在所有的研究中，归纳都是一个问题。而从单一的案例研究中进行归纳也是无效的。

即使研究本身没有问题，也总是存在结果是偶然发生的问题。如果结果的显著性水平为 0.05 或更高，即结果可能是由于某个抽样错误（5% 或更少）造成的，那么这个结果一般会被接受。重复研究有助于增强我们对研究结果的信心。但是，这种信心的增强并不能证明一个理论，因为每个人的证据标准有所不同。

研究人员也是人，他们和其他人一样，有自己的信念、钟爱的理论和巨大的希望。这些偏见会自觉或不自觉地影响他们对研究变量的判断，这种影响被称为"实验者偏见"。重要的是，研究人员要尽可能地使他们的研究不受这种偏见的影响。在这种情况下，可以使用一种技术，特别是在药物实验中，就是让实验人员和被试对实验中的关键条件一无所知。

具有控制的、客观的观察技术使科学成为解开世界奥秘的宝贵工具。如果我们不能以正确的科学态度适当地运用科学，就会被认为是伪科学。有时，伪科学会被一种宠爱理论或研究人员自己的信念所驱使，凌驾于批判性的科学判断之上。

随着我们对科学程序的优点和缺点的认识的提高，我们可以对自己看到和听到的主张做出更好的判断，我们可以将坚实的科学原则应用于自己对世界的思考中，应用到我们在一个神秘的宇宙中寻找答案的尝试中。

挑战练习

1. 宇宙中是否有可能存在没有决定论的因果秩序？请你进一步解释一下。
2. 你会用什么样的研究方法来研究抑郁症对思维的影响？
3. 想象一下，你听到了下面这句话："医生发现个体的体重过轻与其患癌症相关。"你能想到什么隐藏的变量可以解释这种关系吗？
4. 你是否曾经在一场争论中试图证明一个观点，但没有成功？为什么会这样？
5. 除非我们真的在宇宙的其他地方发现了智慧生命，否则怎样才能证明这种生命可能存在？
6. 概述一下你可以用不同的方法来确定西兰花或其他食物是否能预防癌症，每种方法的优缺点是什么。
7. 列出你想知道的 10 件最重要的事情。对于其中的哪些事，科学是寻找答案的合适工具？
8. 当听到"医生推荐好的药物"的说法时，你应该问什么样的问题？
9. 你对确定性实验结果的 0.05 和 0.01 的显著性水平有多满意？你能想到在哪

些情况下你会希望有更严格的标准吗?

10. 你是否有足够的自由来为自己的所作所为负责?你的社会和心理环境在多大程度上决定了你的行为?你的多少行为又是由基因决定的?

11. 实验者偏见是课堂上的一个因素吗?

12. 假设光速不变,如果你以光速一半的速度向前行驶,同时用手电筒照射前方,那么手电筒发出的光会以多快的速度传播?如果你觉得这个问题很有趣,可以读一本关于爱因斯坦的相对论的书。

13. 把伪科学定义为"由任何自己不赞成的人所从事的科学工作",你怎么看这个定义?

14. 就你感兴趣的主题,利用良好调查的四个标准进行调查。你如何做?你能从你的样本中归纳出什么吗?

15. 用不同的方式问别人同样的问题。是否会因为不同的提问方式而得到不同的回答?

16. 在购物中心进行调查的缺点是什么?

17. 你是否曾经犯过这样的错误,即将你的个人经验推广到更广的人群中?

18. 如果你注意到贫困和犯罪主要集中在市中心,你会提出哪些假设?

19. 如果你在互联网上进行了一项调查,你选择了一个有代表性的网民样本,你认为你的被试的构成会是什么样的?

20. 你想知道祈祷是否对人的身体健康有好处,你比较了附近修道院中一些每天祈祷的修道士和当地一个无神论者团体成员的健康状况,最后你发现修道士们更健康。除了祈祷之外,还有什么其他变量可以解释修道士的健康状况更好?

21. 普通大众对不明飞行物、占星术的看法能否用来确定这些主题的任何事实?为什么可以或为什么不可以?

22. 回想一下你最近听到或读到的科学研究,其中提到了规模效应吗?它可能使用了什么类型的科学设计?

23. 如果你正在服用药物,你认为你对药物的信念在多大程度上促成了服用药物后的效果?你认为有些药物比其他药物更容易产生安慰剂效应吗?你怎么能确定呢?

第 11 章　说服性思维

> 所有人都试图讨论和坚持他们的言论……我们可以探究一些……成功的原因。
>
> ——亚里士多德

什么是说服

给说服下定义很简单，但想说服别人却很难，说服意味着让别人接受我们的观点。说服是一门很高级的艺术，也是一门精细的艺术。说服要求我们必须了解人性，控制我们的情绪，并仔细思考；我们必须意识到时间、地点、我们的参与、信息、接受者及其价值观；我们还必须细致地表达，只要有一点疏漏或一个用词错误，说服的"大厦"就会坍塌。

在本章中，我们将尝试这种冒险。我们使用所有的思维基础和能力打造一个强有力的说服结构：我们讨论说服的伦理，思考是什么说服了我们，学会分析听众并找出他们与我们的不同之处。而后，我们将遵循一个说服过程，引导听众采取新的立场，而这个立场要继续满足他们的基本需求并且是他们关心的事情。我们还将研究其他人在试图说服我们时通常使用的一些策略，这样我们才能更好地保护自己，不至于被他人操纵。

说服的伦理

如果我们试图说服人们仅仅是为了自己的利益，那么我们就是在利用他们，这种行为就是操纵。如果我们试图让他们做一些我们认为对他们、对我们和对社会都有益的事情，那么这种行为是操纵还是说服？我们应该认识到，说服和操纵之间的区别是复杂的，几乎没有任何定义、决策或讨论是非黑即白的。例如，一所大学的校长告诉我们，他比院系里的其他教职员工更了解他们的需要。这位院长从未公开告诉教职工，他认为他们需要什么，但是他的行为、制定的目标和与他们交谈的方式，都是为了实现他对他们的目标。这位校长是在操纵还是在说服，还是二者兼而有之？

想一想

我们是否有权利让人们在不知道原因的情况下做事情？

从表面上看，所有的劝说都是自以为是，因为它假定我们知道什么是最好的。我们有什么权利劝说人们改变他们的思想、信仰、感觉或行动？尽管我们并不确定什么是最好的，但我们仍然不能避免说服别人的行为。在家里、工作中、学校，我们不断地进行选择和与他人互动，正如亚里士多德所说，"所有的人都试图讨论和坚持他们的言论"。无论我们是否有意，我们的选择都会影响他人。即使我们试图只按照自己的节奏进行，我们的行为也会影响他人。除非我们直接退出社会，而这种退出的行为也会对他人产生影响，否则我们不能停止说服的行为。人活着就是不断地说服和被说服的过程。

思考是什么打动了我们

因为说服是生活的一部分，所以我们需要了解它，并学习如何成为强大的说服者。理解说服是从我们自己开始的，因为改变我们的一些力量也会改变他人。我们更有可能被一个知识渊博、客观、理性、诚实、有吸引力、有说服力、与我们相似的人说服，被一个能迎合我们的价值观、需要和欲望的人说服。

知识

知不知，上；不知知，病。

——老子

如果你被蝴蝶的美丽所震慑，那么你愿意听一位工程师的意见，还是愿意听一位收藏大量惊人的蝴蝶标本的鳞翅目昆虫学家的意见？如果他们两个人都告诉你，为什么黑脉金斑蝶的迁徙群正在减少，你会相信谁？答案没有争议。我们喜欢听那些知道自己在说什么的人说话。同样，如果我们要说服任何人，最好将我们的说服力建立在知识的基础上。聪明人知道他们知道什么，也知道他们不知道什么。

客观和诚实

如果这位鳞翅目昆虫学家在出售蝴蝶标本，那么我们会不会开始怀疑他所说的内容？如果有人向我们提供免费前往巴西观赏各种蝴蝶的机会，那么我们会不会感到不安？假设说服者做了这样一个预先声明："如果你欣赏蝴蝶的美丽意志，我会告诉你如何通过个人行动和捐赠来帮助保护黑脉金斑蝶。"那么我们更容易相信这位说服者。我们倾向于相信那些不带偏见的、诚实的人，以及那些说谎不会得到任何好处的人。亚里士多德称这是通过个人品格来说服。我们相信这样的人。

偏见

偏见会显示出来，它们扭曲我们的论点，使听众厌恶我们。我们倾向于使用支持我们偏见的论据，而拒绝相反的论据。听众会注意到我们的偏见，他们开始关闭自己的思想，因为我们的偏见会在我们的言外之意中暴露出来，并在我们的语气中变得明显。

消除偏见的第一步是认识它们。苏格拉底说："认识你自己。"每当我们对一方或另一方有强烈的感觉时，就会怀疑其存在偏见。我们可以回顾一下在第2章中已经被确定为个人思维障碍的一些特殊的偏见。一旦这些偏见被识别出来，我们就要像对待老虎一样把它们关在笼子里，因为只要它轻微地咆哮或亮出獠牙，我们的听众就会退缩。当然，更好的做法是抛开我们的偏见，通过审视所有的观点来客观地对待问题。如果听众认为我们不了解其他观点，或者认为我们害怕谈论这些观点，那么我们的信誉就会受损。当我们向对方解释时，至少受过高中教育的听众似乎更容易被说服。如果我们控制自己的偏见并试图客观地解决问题，这将使我们的立场更加坚定，听众的接受程度也会提高。

好感

如果一个说服者知识渊博、客观,但同时又居高临下、傲慢无礼、争强好胜,还穿着臭烘烘的汗衫,我们还会认真地倾听吗?如果一个人没有表现出对我们的尊重,我们还会愿意听他讲话吗?有时候你说话的声音很大,却没有人听你在说什么。我们听我们喜欢的人说话,我们也更愿意接受他们的观念。因此,当说服别人时,我们必须注意自己的仪表,对听众保持一种积极和尊重的态度。如果我们喜欢他们,应该让他们知道这一点,因为人际吸引背后的运作原则是互惠的,即我们倾向于喜欢那些喜欢我们的人。

动机和目的

为了了解我们的动机,我们需要回答这样一个问题:"我为什么希望在这个问题上说服这些人"。如果我们能够清楚地回答这个问题,那么我们就能够以一致和坦诚的态度进行说服工作,而不会有那种隐藏的情感使我们偏离自己的诉求。如果我们的偏见是动机的一部分,那么我们不妨重新思考一下,我们是否是此时说服这个群体的合适人选。

动机与目的有关。为了找到我们的目标,我们必须回答这样一个问题:"我们希望我们的听众想些什么、感受到什么或者做些什么"。目标可以帮助我们选择和引导我们所有的想法和诉求。目标就像迷雾中的灯塔,帮助我们扬帆起航并带着说服力回家。

理性诉求

亚里士多德说,"证据或明显的证据"可以说服他人。当我们拥有事实、证据、未经篡改的照片或可靠的证人等形式的证据时,除了平坦地球协会的成员,我们可以说服所有的人。但通常我们的证据并不是让人无话可说,我们需要转向使用逻辑分析来构建坚实的论证过程(见第 9 章)。我们尊重那些通过理性说服而在自己的领域登上顶峰的人。大多数首席执行官都能根据对"底线"的影响有逻辑地处理证据;他们能用归纳推理和应用三段论中的理论来举例;他们能用统计数字、类比和因果关系说服董事会相信他们的解释和预测的准确性。我们需要在别人面前表现出理性，因为理性是我们的文化规范之一。我们生活在一个外表理性的世界里，政治家和商业领袖、罪犯和棒球运动员都为他们的行为提供各种理由。有时，这些理由毫无逻辑可言，也许是可笑的、滑稽的、可怜的、自私自利的，或者是谎言，但人们仍然给出各种理由。然而，那些看起来不符合逻辑、自相矛盾或导致荒谬后果的理由都很难说服他人。我们不会尊重那些像没有自制力的孩子一样简单地说"我想要"的人；也不会尊重那些仅仅依靠权力说"我是老板，这就是理由"的人。虽然他们可能会迫使人们暂时妥协，但他们不可能获得长久的说服力。

感性诉求：根本要素

逻辑可以说服有思想的人，但逻辑仅仅是山的表面。推动这座山上升的大部分力量都深藏在地幔中，深藏在我们的根本要素中：价值观、需求、偏见和信念。这些要素在生命的早期就建立起来了，它驾驭着我们信念背后的情感基调，因此，我们把这些要素称为"根本要素"。它们推动着我们的理性或合理化措辞的情感意义。

我们可能并不总是认识到或希望认识到这些更深层的影响力，因为它们并不总是使我们认为自己是"理性生物"，这一概念受到叔本华、弗洛伊德、荣格和威廉·詹姆斯等哲学家和心理学家的质疑。由于我们渴望表现得理性，所以倾向于用各种理由来掩饰自己的情绪。亚里士多德用"理性动物"的概念表示人们常常用逻辑来掩盖其动物性。弗洛伊德称这种掩饰为"合理化"。意识到人类的这种情感性，亚里士多德告诉我们要激起听众的情感，因为"当我们在高兴和友好时所做的判断与我们在痛苦和敌对时所做的判断是不一样的"。

我们的情感与我们的信念和偏见密切相关，其中大部分是在我们年幼时由他人灌输给我们的。例如，如果我们信奉某种宗教，那么很可能是我们的父母灌输给我们的。尽管有些成年人后来改变了他们的宗教信仰，但这种转变往往是出于情感上的原因，如与某个跟他有不同信仰的人相爱和结婚。很少有成年人通过理智思索的过程来选择他们的宗教。在第2章中，我们研究了这种文化熏染的过程。

所有人都会在辩论中使用情感诉求。下面是一个例子，说明一个学生如何有效地利用我们的情感。

我的世界很小、很艰难，而且大部分是荒芜的。一些令人愉快的东西——我的电视、立体音响、书——被暗淡的风景打破。虽然这是一个艰苦的地方，但它提供了许多便利条件：24小时安保，每天三餐热饭，洗衣服务，所有个人洗漱用品，艺术用品，当然还有一周两次的送书上门服务。身体健康和牙齿健康都安排得非常棒，没有免赔额、共付额或保费。还有，它还会提醒我不要忘记锻炼。

我为什么住在这里？原因很简单——我杀了三个人。其实这不是我的错，他们挡了我的路，就不得不"走开"。我被送到这个叫"死囚牢房"的地方，据说是因为我杀死了那三个人。哦，三四十年后，因为年老或自然原因，我有可能会死在这里。但我很感激，大多数仁慈的人没有同意我被判处死刑。我感谢你们。当我刚来这里的时候，我有点担心我的妻子和三个孩子，但福利机构每年给他们一些钱，所以他们过得很好。

我在这里一直关注着新闻，希望经济衰退能尽快结束，这样所有的公民就可以返回工作岗位。毕竟，我们不应该容忍人们拖欠税款。税收就像投票一样，是所有公民都要承担的责任。因此，今年秋天，当死刑被列入投票决议时，我恳请你们投反对票。难道我的生命不值得这么简单的一票吗？好吧，让我回到我的学校。

这种情感诉求有效吗？你认为这对一个因宗教信仰而极力反对死刑的人来说会有什么影响？

思考是什么打动了我们的听众

说服力的前提是"我们已经很好地研究了人心"。我们对人心的认识始于自己。当听众与我们相似时，我们的自知之明就会发挥作用：巴黎人在巴黎赞美巴黎人并不难。但是当我们的听众与我们不同时，我们的措辞和方法也必须随之改变。

如果我们想说服别人，就必须了解别人与我们有什么不同。说服工作中最大的错误，也是最难克服的错误，也许就是假定人们和我们完全一样，做事情的理由和我们一样。恰恰相反，他们并不是这样。例如，我们认识一个拾金不昧的人，但后来他却偷了一块巧克力。这种发展变化说明，认为改变我们的也会改变别人这一习惯性想法，可能会让我们错过自己的听众。虽然我们可能会认为自己的论据如钢铁般的箭头一样锋利，但它们对于我们的听众来说可能会像雪花一样无足轻重。我们需要客观地分析我们的听众。

人口统计学

了解听众对我们要讲的话题已经知道些什么，这当然是有帮助的。如果我们假定听众拥有他们所不知道的信息，或者我们提供的信息过于简单，那么我们就有可能因为听众对我们所讲的话题使他们感到无知，或者他们对我们所讲的话题感到无聊而失去他们。人口统计学或者对我们人口中的某个亚群体的研究，可以帮助我们评估听众的信息水平。

人口统计学数据是按照类别描述人口特征的一组客观数据，如年龄、教育水平和职业等。人口统计信息经常被营销人员用来定位产品。营销人员问的一些标准问题是那些在工作面试中会被问到的涉及歧视性的问题，他们关心年龄、性别、种族、宗教、婚姻状况和政治面貌。还有一些其他问题可能涉及收入水平、职业、教育、爱好等。根据人口统计信息进行一些归纳，可以为我们描绘出一幅很清晰的受众画像。

思维训练 11.1　　　一份人口统计学分析

你周围的人的人口统计情况如何？利用上面列出的人口统计学特征，对他们的年龄、性别、种族、宗教等做一些有根据的猜测。你是如何得出这些描述的？你会如何检查这些描述的准确性？

价值观和需求

价值观和需求是一种根深蒂固的力量，比人口统计学更难确定，因为持有某种价值观和需求的人往往连他们自己都不知道。我们可以通过思维训练11.2开始认识这些价值观。使用下面的表，请你身边重要的他人对你的价值观及其自己的价值观进行排序。你们的评估有多接近？我们的说服能力取决于对受众的需求和价值观的十分准确的评估。你可能会发现这有多么困难。

思维训练11.2　　　　确定价值观和需求

当你阅读这个表时，请给每个特征的重要性从1到10进行评级，10表示该值的重要性最高，1表示重要性最低。在右边的列中，Y代表你；O代表重要的他人，如伴侣、爱人、朋友或领导，C代表对这一类人的平均估计。

	需求	描述	Y	O	C
H	帮助	喜欢帮助别人，在社区工作			
U	理解	喜欢阅读，兴趣广泛			
M	物质	喜欢拥有、保存、收集东西			
A	自主性	喜欢做决定，管理事物			
N	新鲜感	喜欢变化、冒险、创造			
S	安全感	在工作和家庭中需要安全感			
A	外在	衣服、房子、汽车			
N	身体机能	关注健康：饮食（三餐）、运动、睡眠（8小时）			
D	钱	需要储蓄，对金钱很在意			
N	头号人物	喜欢赢，喜欢打败竞争对手			
E	卓越	设定高标准			
E	自尊心	希望得到认可、赞赏			
D	细节	喜欢秩序，一切都安排妥当			
S	社会化	喜欢周围的人，加入团体			

价值观和需求表格可以帮助我们确定一些人们所持立场背后的根本因素。例如，对安全的需求可能为枪支管制提供了动机。那些希望控制枪支的人也许害怕枪支可能会杀死他们或他们所爱的人。他们可能不喜欢拿枪，甚至不喜欢看到枪。令人惊

讶的是，同样的需求驱使着许多人希望拥有枪支。他们想要用枪来保护自己。他们认为自己手中的枪给了他们抵抗大多数罪犯的信心。一些拥有枪支的人不知道或不承认他们想要拥有枪支是为了获得安全感，他们往往给出其他理由，如运动、打猎或收藏（在某些情况下，这些是主要动机）。

一旦我们确定安全是影响枪支管制背后的根本因素，我们就必须对听众的这一价值观保持敏感。我们会承认他们支持枪支管制的理由或假定的理由，并建立一个合理的方案，以表明他们也可以采用另一个实际上更安全的方案。这种建议不会消除他们对安全的需求，只是简单地用一种方案取代另一种方案。

调整我们的目标

在分析和了解听众之后，我们就需要调整自己的目标。我们能在多大程度上改变听众的思维、感觉或行为？这取决于听众对现有立场、观点的坚定程度，以及我们的影响力。如果我们反对的是诸如种族偏见或宗教信仰这样的根本因素，或者如果我们面对的是诸如堕胎这样一个无定性的话题，那么我们将迫使听众独自冲刺跑上陡峭的山峰。我们必须清楚他们在山上的位置，以及我们在现有的时间内能带领他们走多远。当我们知道听众有与我们的信息截然不同的坚定的信念时，我们的目标可能是让听众开始质疑他们目前的信念，而不是期望他们立即改变。如果听众已经接近山顶，如果他们已经在理智上同意了新的立场（例如，许多吸烟者知道吸烟的坏处，有些人想戒烟），那么我们的目标可能就是让他们行动起来，迈出到达山顶的最后一步。

 思维训练 11.3　　　　　　**动机山**

下面的"动机山"图可以帮助我们描绘出听众的相对位置。例如，"花岗岩"群体可能包括某些政治、宗教、民族团体和协会。其他群体可能属于哪一类？

一旦确立了听众的位置，那么任务就是把他们慢慢地带到上一个层级。我们不能要求他们立即跃升到山顶。

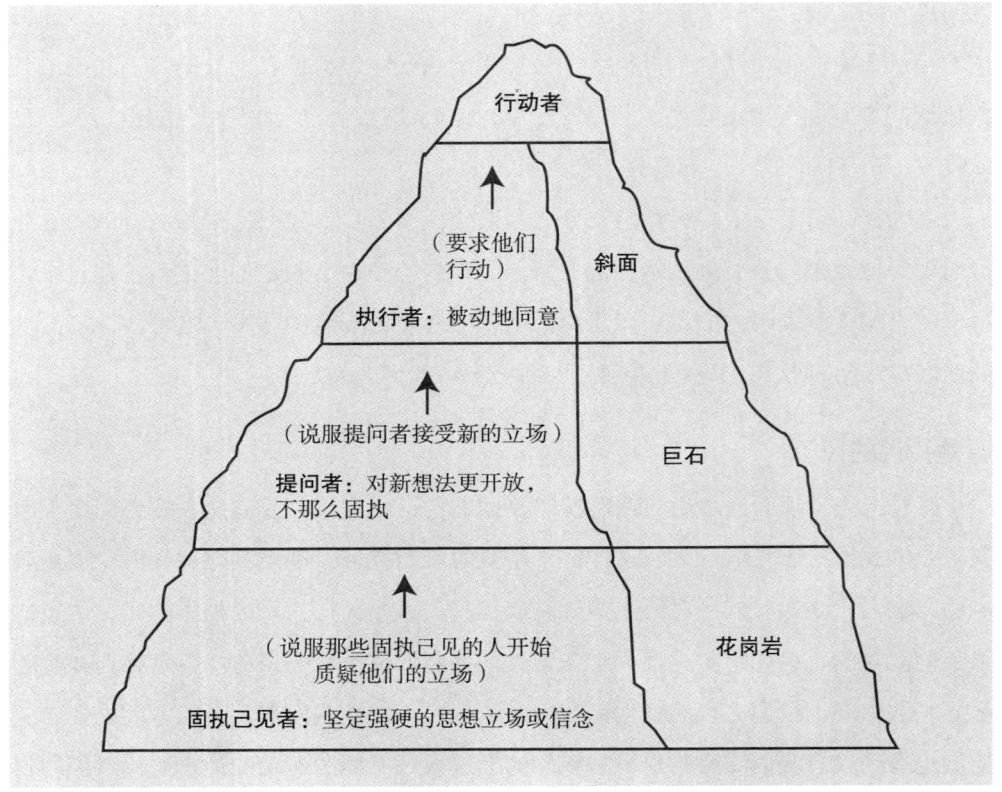

组织说服的过程

一旦我们分析了听众,确定了根本要素,并收集了关于说服的观念,那么我们要如何组织这些信息?这个问题很关键,因为我们需要精心安排自己的想法,就像天平上的砝码,使天平向我们这边倾斜。根据听众、演讲者和可用的时间的不同,我们使用的方法也会有所不同,但修改后可以适应大多数听众。我们可以创建最强有力的说服力结构,这可以通过五个步骤来进行:(1)建立我们的信誉;(2)认可听众的立场;(3)构建自己的基本原则;(4)移植根本要素;(5)要求回应。

步骤1 建立信誉

尽管第一印象常常是肤浅的和错误的,但却至关重要。无论是在演讲中还是写文章,我们的受众都可以很快地关闭他们的心门或放弃阅读。当听众充满敌意时,第一印象就变得越来越重要。面对不友好的听众,我们不能表现出好战、懦弱或欺骗的姿态:"坚信自己是正确的……"我们必须深入地了解自己的性格,表现出自己的博学、可信、亲和、理性、公正和自信。

我们不需要用一生的时间来建立这些品质,我们可以通过客观地承认一个有争议的话题的正反两面来迅速做到这一点。例如,在枪支管制的话题上,任何一方的客观开场白都可以说:"枪支管制在美国是一个备受争议的问题。深思熟虑的公民对两方面都给出了相应的理由……"下面是一个学生写的关于堕胎这一具有煽动性话题的客观性开场白。

关于堕胎的争论很复杂。它涉及神学、道德、医学和社会问题。它触及了人类性行为和生殖过程的奥秘。因此,它是一个高度情绪化的主题。

步骤2 认可听众的立场

这一步骤可以用帕斯卡的一句话来概括:"注意他们从哪一方面看问题,因为从那一方面看问题对于他们来说通常是真实的存在,并且向他们承认这一事实。"帕斯卡以非凡的洞察力要求我们做三件事。首先,我们需要从对方的角度看待问题。虽然这个建议在许多常见的谚语中都有表述,如"穿上他们的鞋子走1000米",却很少有人做到。

其次,也许更难接受的是,帕斯卡说,其他人看待这个问题的方式"通常是真实的"。如果它与我们所相信的恰好相反,那我们怎么可能承认他们是真实的呢?对这个问题的部分答案是,相反的一方从不同的角度、不同的价值观和不同的预设出发,自然就会得出不同的结论。

最后,帕斯卡要求我们"向他们承认这一事实"。这并不意味着我们要虚伪或不诚实。我们不必同意他们的立场，我们只是说，我们理解持有这种立场的人是讲道理的、聪明的人，我们理解他们为什么会得出这样的结论。通过承认他们的立场，并承认其真实性的这一举动，我们已经表明自己是有知识的、客观的、有同理心的。因为我们首先听取了听众的意见，所以我们已经为植入自己的观点奠定了基础。现在他们听取我们的意见，这让我们的思想得以成长的机会更大了。

在这一点上，我们的论点就像一颗新芽，是脆弱的，所以我们必须准确地安排我们的步骤。我们的听众试探性地支持我们，因为直到现在我们还是站在他们那一边。但如果他们察觉到我们有任何不利的言辞，我们就会失去他们。在克制自己并承认他们立场的真实性之后，我们自然会想要释放自己立场的全部力量和情感。但我们不能疯狂地向前冲。我们需要控制自己的情绪，因为情绪可能会轻易破坏我们那个脆弱的、正在萌芽的论点。从这一点出发，我们必须谨言慎行，不能说出任何煽动性的话语，以免听众关上已经打开的心门。

步骤3　构建我们的基本原则

现在，我们可以用事实、统计数据、权威人士的观点以及我们最有力的逻辑推理、类比、先例、个案和因果关系来积极地构建自己的基本原则。我们的目标不是要证明听众是错的，而是要为他们提供更好的东西。阿奎那可能会反驳他的对手或者庭审律师会抨击其对手，但我们不是中世纪风格的辩论，不是为了在智力上征服对手，也不是为了在法庭上证明他们有罪。我们并不想通过贬低他们来显示我们的才华，相反，我们希望他们为收获更好的思维或行为方式感到兴奋。

　思维训练 11.4　　　　　认识对方

在下面的空白处，试着将帕斯卡的前两个步骤应用于一个社会问题，如堕胎或枪支管制。首先，回顾一下你自己在这个问题上的立场。然后，写下另一方的立场。

问题：＿＿＿＿＿＿＿＿＿＿＿＿＿＿＿＿＿＿＿＿＿＿＿＿＿＿＿＿＿＿

对方的立场：

现在试着看一下相反立场的真相。帕斯卡说过，如果我们从另一面来看这个问题，它通常都是真实的。在这里，你面临的挑战是要看到你所不同意的立场的真相。要做到这一点，你必须做出努力，尽量采取相反的立场，使自己受到这种立场的吸引，与其产生共鸣。

对方的真相：

注意真正从对手的角度看世界有多么困难。你可能想通过与真正持有这种观点的人分享你的回应来检验你做得有多好。他们认为你在多大程度上抓住了他们一方的真相？

步骤 4　移植根本要素

如果我们能敏锐而有力地设计出具有说服力的信息，如果我们能谨慎地接近并尊重听众的根本要素，如果我们为听众提供了一个比他们目前持有的更能满足他们需求的更坚实的理由，那么听众做出改变就很有可能发生。与其说我们是在痛苦地提取他们的根本要素，不如说我们在将他们移植到一个更强大、对听众来说感觉更好的一揽子计划中。例如，他们现在认为，无论有（或没有）枪支管制或死刑，他们都会更安全。他们现在已经接受了一种不同的支持逻辑，他们已经发生了改变，他们被说服了。

步骤 5　要求回应

现在我们已经说服了他们为我们投票，但他们会去投票吗？如果前四个说服步骤是合理的，那么最后一步只需提出要求即可实现。这类似于销售人员说服了买方后"要求订货"。在这个结论点上，我们需要得到听众的同意，即他们会这样做。他们现在持有一种新的观念，并正式接受他们所采取的新立场。如果没有这种正式的"签字"，刚刚被说服的人就会很容易再次回到他们习惯的行为和思维模式中。我们已经很努力地整理自己的思维和控制自己的感情，因此，我们要记住通过要求回应来增加自己的说服力。

保护自己不受欺骗

> 有备则无患。
>
> ——塞万提斯（Cervantes）

当说服是真诚的并建立在坚实的基础上时，它便是强大和持久的。当说服涉及准确的事实、清晰的逻辑和正直的说服者时，这对我们最有利。然而，有些说服者的劝说内容故意不准确、不符合逻辑或不诚实；他们歪曲信息以满足对权力或财产的需求。面对这种欺骗性说服的冲击，我们需要提高警觉和武装起来。下面我们看一下他人可能对我们使用的12种常见的说服技巧。我们把它们分为三类：（1）操纵性策略；（2）错误的攻击；（3）语言的滥用。通过了解这些内容，我们可以更容易地保护自己不受它们的影响，分清良莠，并使自己不受伤害。

操纵性策略

戈多告诉我们，他是如何说服一些较不情愿的客户进行债券投资的。他利用他们的保守主义，利用他们对赔钱的恐惧，利用他们在动荡时期对债券市场的信心。他利用他们的自尊心，向他们保证这是最聪明的做法，这一大胆的举动而后将证明他们是多么聪明、多么精明、多么有先见之明。

有 7 种心理战术——每一种都有很强大的操纵潜力——被他人有意用来说服我们：（1）登门槛技术；（2）以退为进技术；（3）低价策略；（4）投入时间；（5）诉诸怜悯；（6）诉诸恐惧；（7）诉诸骄傲。

登门槛技术

登门槛技术的基本策略是先让一个人答应一个小要求，然后要求他答应一个更大的要求，让对方同意那个更大的要求才是真正的目的。在对这项技术的一项研究中，有两组妇女被要求在她们的院子里放一个大牌子，上面写着"小心驾驶"。只有其中一组之前被要求遵守过一个较小的要求，在她们的前窗放一个小标志，该组的大多数人都同意了。令人惊讶的是，那些遵守较小要求的人中有 76% 的人后来答应了那个较大的要求——在院子里放"小心驾驶"的大牌子，但另一组中只有 17% 的人答应了这个要求。

为什么登门槛技术会起作用？也许遵从一个小要求就会改变这个人的自我设定。通过在窗户上放一个小标志，我们可能开始认为自己是一个关心和参与到这个问题中的人。然后，当其他人为了一个更大的要求而接近我们时，他们接近的就是一个关心和参与这个问题的人，而且他们更有可能从我们这里获得他们想要的结果，而不是从那些还没有以这种方式定义自己的人那里。因此，我们应该注意不要让吸尘器推销员进入我们的房子，因为一旦我们让他们进来，我们就同意了一个小要求，我们已经把自己定义为对吸尘器有点兴趣的人，否则我们为什么让他们进来？现在，销售人员正在向"感兴趣的人"销售，从而增加了成功的机会。

以退为进技术

将合作精神与一点内疚感混合在一起，你就具备了以退为进技术的要素。这与登门槛技术正好相反。这一次对方的第一个请求太大了，估计会被拒绝，也就是会吃闭门羹。然后，他们就提出了真正的要求，此时看起来，这次的要求比之前的要求要小得多。拒绝这个较小的要求可能让人们感到很困难，因为连续两次的不妥协会使人有一种负罪感。

与登门槛技术不同的是，这种策略只有在面对同一个人同时提出两个请求时才

妙趣横生的思维公开课

有效。也许我们的合作意识、公平竞争意识或社会责任感更容易延伸到那些看似在妥协的个人身上。这种技术发挥作用的确切机制尚不明确。主要有两种竞争性的理论：互惠让步理论和社会责任理论。前者表明，为了公平竞争我们有义务做出让步，因为其他人已经做出了让步；而后者表明，我们出于内疚或社会责任感为一项有价值的事业做出让步。尽管互惠让步理论是一种可行的、流行的解释，但它并不能解释一些研究发现的主要对社会责任问题起作用的以退为进技术。

低价策略

当一个年轻人在电视前观看一场激动人心的足球比赛时，他的邻居走过来打断了他，请求他帮忙将自家地下室的冰箱搬出来。由于当时是中场休息，这个年轻人就答应了，他认为这只需要大约15分钟。当他们把冰箱从地下室搬上来之后，这个年轻人被要求帮忙把冰箱搬到皮卡车上。这项任务完成后，他的邻居说："我们现在要做的就是把它送到我奶奶家。"这个年轻人不情愿地坐上卡车，继续前往位于城市另一边的邻居的奶奶家。当他们到达时，他帮着把冰箱卸下来，并将其安放在厨房里。两个小时后这个年轻人终于回到自己的家中。"如果我知道，"他说，"我将错过剩下的比赛并离开两个小时，我一开始就不会答应他。"

低价策略是要求某人在不告诉其整件事情的情况下遵守一项要求。具体来说就是为了确保对方能顺从我们的要求，而故意隐瞒任务的消极方面。低价策略有助于确保对方服从一个较大的请求，这种方法不是通过让对方首先满足一个小要求来改变其自我设定，而是通过让一个大的请求看起来很小，然后得到对方的承诺。这种策略似乎很有效，因为：（1）我们倾向于觉得有义务履行我们对一个人的承诺，尽管我们可能会责怪自己在没有得到所有细节的情况下就草率地做出了承诺；（2）我们经常被牵着鼻子走，就像汽油价格每月涨一两分钱一样，每一步都太小，我们无法提出严重的反对意见；（3）当我们意识到自己被操纵时，我们可能缺乏果敢地说"不"的必要技巧。最后一个方面很严重，因为它使我们不仅更容易受到低价策略的影响，而且更容易受到各种形式的操纵。果敢是一种品质和技能，它使我们能够按照自己的想法行事，拒绝被操纵。幸运的是，如果我们需要，是可以学会果敢的。

想一想

星期一的时候你同意在星期六帮助比尔监督一些童子军,让他们玩"小钓鱼"的游戏。鲍勃在星期三给你打电话,告诉你还包括参加休闲体育活动,你要到晚上 11 点才能回家。比尔的低价策略能让你信守承诺吗?

投入时间

一位汽车销售人员与我们分享了他在一个培训项目中学到的激励客户买车的技巧。这种技巧只需要投入时间,就是花时间在客户身上。他说:"当你花很多时间与他们在一起时,如果顾客没有承诺、没有购买,他们就会感到内疚。我可能要花两到三个小时向客户展示汽车,并试图为他们争取一个优惠的价格。这几乎占了我一天中一半的时间。让许多人感到内疚的是,占用了一个人半天的时间,却什么也没给他留下。"

一名妇女屈服于一个吸尘器推销人员使用的登门槛技术。一旦对方进了屋子,她就很难摆脱他。她说:"他在那里待了好几个小时。"虽然她没有购买,但她感到有很大的压力。而且她对那天占用他的时间而没有购买吸尘器感到非常内疚,以至于邀请他吃晚饭!这种技巧也许可以用约翰·斯坦贝克(John Steinbeck)在《愤怒的葡萄》(*The Grapes of Wrath*)一书中的话来概括,他写出了二手车销售人员的想法:"让他们承担义务。让他们占用你的时间。不要让他们忘记他们在占用你的时间。大多数人是好人。他们不会让你'出局'。让他们把你赶出去,然后你就能把它塞给他们。"

诉诸怜悯

人们可以通过诉诸怜悯来唤起我们的同情心和同理心。一所学校的董事会可能会让一位在高中毕业舞会上操纵选票的校长留任,或者一位大学教师可能会让一个考试不及格的学生毕业。这类行为就是受到怜悯的影响。

有时,在激励人们采取慈善行动时,诉诸怜悯是适当的。例如,呼吁人们为飓风灾害的受害者提供食物和住所,或者帮助贫困国家的穷人。然而,我们必须警惕基于怜悯的要求，这种要求是孤立的，与争论或局势没有什么关系。例如，一位在大学课程中获得 D 的女生找到她的教授，恳求教授把她的成绩改成 C。在恳求的过程中，她开始失控并不停地哭泣，还解释说如果她获得如此糟糕的成绩，她的父亲就不会接纳她。有一位员工为自己的高薪辩护，解释说他退休后的生活需要很多钱，他庞大的家庭也需要靠他养活。

总之，如果怜悯不是我们应该做出某些决定的基础，那么诉诸怜悯来修改这些决定通常是无效的。我们中的一些人比另一些人更不容易受到这种要求的影响；在保留同情和怜悯的同时，我们可以抵制对怜悯的虚假诉求。

诉诸恐惧

在说服中经常使用的另一种诉求是诉诸恐惧。下面是摘自一封"邮件宣传单"中的内容，这就是诉诸恐惧的一个例子。它来自一家打算销售不动产抵押意外死亡保险的保险公司。

在美国，每 6 分钟就有人死于意外事故。意外事故是造成 34 岁以下人群死亡的主要原因。意外事故也是各年龄段人群的第五大死亡原因。意外事故可能在你最意想不到的时候发生在你身上，所以现在为家庭的财务做好准备是有意义的，假如你将死于一场意外事故的话。

吸烟者被警告吸烟可能致癌；汽车司机被鼓励系好安全带，否则他们有可能在事故中死亡；儿童被告知要刷牙以避免龋齿带来的疼痛。这些形式的诉诸恐惧是合法的，因为如果我们不注意这些信息，可怕的后果可能真的会发生。然而，为了试图操纵他人的行为或态度，有时危险的程度和发生的概率被夸大了。政客们警告我们，如果我们投票给他们的对手，那么经济就会崩溃，我们就会失业。汽车保险公司可能会建议我们扩大保险的范围，以免我们在诉讼中失去一切。而水和空气净化器的制造商可能会警告我们，如果我们不使用他们的产品，那么患病的风险就会增加。这些说法可能包含一些事实，但它们通常被夸大了。

这样的恐惧信息有用吗？多年来，人们一直认为恐惧信息对不同的人会产生不同的效果。例如，人们认为高焦虑者面对这类信息时的反应与低焦虑者不同，但这一点已经受到了强烈的质疑，人们对诉诸恐惧的反应可能会更相似。但人们对于这种恐惧信息的反应，研究结论则是好坏参半。一般来说，人们发现，在说服中诉诸恐惧比没有恐惧更有效。但是，究竟是强烈的恐惧效果更好还是适度的恐惧效果更好仍然是个问题。如果没有具体的指示告诉人们如何避免危险的恐惧信息，就像吸烟的人被告知吸烟等于自杀，同时却没有告知他们如何戒烟，可能根本不会促使其行为上的任何改变，而只会导致心理上的防御（如否认）。如果我们不能戒烟，很可能会屏蔽恐惧信息来缓解内心的焦虑。令人惊讶的是，在这种完全否认的情况下，适度的恐惧可能效果更好，如关于吸烟者呼吸系统的警告，或者对家庭预算的财务消耗。

在说服过程中适当而有效地使用恐惧的一个很好的例子来自一项研究，该研究试图阻止大学生运动员使用无烟烟草。在这项研究中，烟草吸食者被告知他们患口腔癌的风险会增加，并向他们展示了由癌症导致的面部毁容的图片。研究人员还向他们展示了口腔中癌变部位的图片，并就戒除烟瘾的策略向他们提供了简短的介绍。一年后，他们的戒烟成功率比对照组高出 21%。

总而言之，诉诸恐惧确实有效。有一些合法的恐惧信息预示了真实和可能的危险，但有些恐惧信息旨在通过夸大一种情形的危险性来操纵我们。

思维训练 11.5　　你对恐惧诉求的脆弱程度

为了帮助你找出你在哪些方面特别容易受到恐惧诉求的影响，请从最害怕到最不害怕整理出以下恐惧清单。如果你觉得缺少一些重要的恐惧诉求，可以添加进来。

1. _____ 变化
2. _____ 失败
3. _____ 伤害
4. _____ 死亡
5. _____ 争论

6. _____ 经济损失
7. _____ 尴尬
8. _____ 被抛弃
9. _____ 被拒绝
10. _____
11. _____

试着找出引起这些恐惧的信息。你可以在各种媒体的广告或新闻中找到它们中的大部分,但要注意你与朋友的谈话,他们也可能试图通过诉诸恐惧来说服你。

诉诸骄傲

在所有阴谋蒙蔽人类错误判断和误导心智的原因中,被带有最强烈的偏见的、软弱的头脑所支配的就是骄傲,这是愚人永不改变的恶习。

——亚历山大·蒲柏

有时,说服者会诉诸我们的骄傲、"伟大的智慧"或"非凡的智慧"。诉诸骄傲可能以两种方式发挥作用:它可能会增加我们对一个人的好感,从而增加这个人的说服力;或者它可能会阻止我们与他人协商或听取他人的合理建议。

例如,考虑一下销售人员对我们的赞美,说我们与其他顾客相比有卓越的智慧和良好的品位。她告诉我们,我们不会被骗去购买劣质的产品,只有最好的才配得上我们(当然,最好的更昂贵)。我们感到受宠若惊,可能会更愿意购买她推销的产品。当我们指出其他销售人员建议我们不要买这个"更好的"产品时,她问我们为什么要考虑他们对这件事的看法。当然,她告诉我们,我们不是那种被告知该做什么的人。她说,我们要引领潮流,而不是跟随潮流。于是,我们沾沾自喜地点头同意,并在她那里购买了产品。

错误的攻击

诽谤性论证

如果理性对你不利,那它就是一个强大的敌人。那些面对理性的力量而不会进行理性辩护的人,往往就会诉诸诽谤性论证,即反对这个人的论证(字面意思是"针对这个人")。这是企图通过攻击一个人的人格来诋毁其论点或立场。在美国大选之年,政客们通常在竞选中使用"人身攻击"的手段,它们被称为"诽谤"或"贬低式竞选"。这样的争论可能会击垮总统候选人,特别是当他们涉及不当性行为、不可告人的关系、非法使用毒品或在服兵役方面不诚实等问题时。

当一个人的品质与其立场或论点的优劣毫无关系时,"人身攻击"的论据就是错误的。尽管人身攻击是站不住脚的,但它确实影响了人们对被攻击者的态度及想法。这就是这种论证方法如此普遍地被使用的原因。

如果人们攻击一个人以前的品格,那么人身攻击就更不合法了。这样的攻击假定人们总是保持不变。如果是这样的话,每个人在 21 岁生日时就会完全成熟,人生的经验根本就没有任何教育意义。认为一个人在一生中其性格或智慧不会发生变化的观点与社会科学理论及研究是相悖的,更不用说与常识背道而驰了。

想一想

对人格的攻击是否正当?

无理取闹的谬误

诽谤性论证的一个变体是"你也是"谬误,更常见的是"彼此彼此谬误"。这种推理谬误试图诋毁一个人的立场或论点,因为他们的性格或个人生活与他们的论点或立场不符。一位体重超重者在讲授暴饮暴食的危害和摄入适当的营养以达到最佳健康状态时,是不会对听众产生多大影响的。这就是心理学上的事实。尽管这个人的体重问题与他讲述的内容的真假没有关系,特别是如果这些内容有可靠的研究支持时。同样,愤怒的人也能宣扬愤怒的弊端,吸烟的母亲很清楚吸烟的危害性。儿子吸烟被母亲抓到时，他可能会通过指出母亲也是烟民来拒绝母亲提出的所有关于戒烟的建议，此时他就犯了这种谬误。一般来说，当我们受到攻击，我们的反应是"是啊，那你呢"或"看看谁在说话"时，我们就犯了无理取闹的谬误。

稻草人论证

攻击一个稻草人很容易。"稻草人"通常是对对手真实立场的简单化或极端化的重述。稻草人的论点在某种程度上扭曲了对手的立场或假设，使其立场很容易被驳倒。通过攻击一个编造出来的薄弱立场，人们在辩论中很容易占上风。例如，有人可能会反对堕胎，声称任何人都没有权利杀死婴儿。这种说法是对一个非常复杂的问题的过度简化，这个问题涉及什么是人类生命、人类生命何时开始、我们如何知道人类生命何时开始、我们如何确定人类生命的价值、人的生命何时变得比养育它的人的生命更有价值，等等。把这个问题的道德的和科学的复杂性降低到"杀死婴儿"的程度，就是在攻击一个稻草人。

语言的滥用

隐瞒量化

有时人们试图通过隐瞒量化信息来说服我们。诸如"所有""一些""仅有""通常"和"总是"这样的限定词在陈述中被省略，人们总是希望听众能够填入理想的量词，但这与事实相反。这种类型的语言滥用被称为"隐瞒量化"。

隐瞒量化可能会被用在一个温和的反驳论证中，如下所示：

士兵们吸毒，每个人都知道这一点。而你在我们面前吹嘘他服兵役的经历时，长官就站在这里。我们也知道士兵们患有创伤后应激障碍。我们真的希望他当选州参议员吗？诚然，他的地位不应受到指责，我们赞扬他为我们而战。然而，我们必须面对这样的事实：吸毒和创伤后应激障碍不是闹着玩儿的。

在上述论证中，演讲者运用了隐瞒量化，没有具体提及所有、许多、一些或少数士兵吸毒的问题。显然，他希望听众能将"全部"或至少"大部分"等限定词填进去。在关于创伤后应激障碍的陈述中，演讲者再次回避了量化的问题。究竟有多少比例的士兵患有创伤后应激障碍？又持续了多长时间？演讲者并没有说，所以我们必须填补空白。只有当我们假设所有或大多数士兵都吸毒，并且所有或大多数士兵都患上了创伤后应激障碍时，演讲者的论点才成立。

暗示

隐瞒量化是暗示的一种形式。暗示发生在我们提示某事而不真正说出来的时候。在上面的例子中，演讲者并没有说所有的士兵都吸毒，但他通过隐瞒量化向人们暗示这一点。另一种暗示方法在提出一个想法时用"希望""可能"和"也许"等词来表达而不实际陈述它。"董事会可能要质疑这个人的诚信"的说法，暗示董事会应该这样做。但是，给出这种暗示的人可以诉诸字面解释，声称他并没有说这个人的诚信受到质疑。

人们可能会试图说服我们，暗示如果我们遵从他们的要求，我们会得到恩惠或好处。但后来他们却以承诺的字面解释为理由赖账了，"我说过，如果你在这个项目上与我合作，也许我会代表你跟老板谈谈。但我并没有说我一定会这样做。"

总之，我们必须谨慎地对待那些在声明中仅仅只有假设的建议。仔细阅读和聆听"可能"和"也许"等词语，并谨慎地填补说话者有意缺失的量词，这将有助于我们更批判性地思考我们所听到的陈述，并减少被误导性陈述说服的可能性。

回避问题

仔细倾听。有时候，与其说我们听到了什么，不如说我们没有听到什么。一个试图用辩论说服他人的人可能会面临威胁性的挑战或质疑。应对这一挑战或质疑的一个常见的方式是完全不理会它们。这种策略在政治中很常见，候选人会避免回答可能使他们失去选票的问题。闪烁其词的回答常常被抛出，并希望它们能满足人们的欲望，而不是提供一个明确的、代价高昂的答复。

记　　者：候选人先生，在堕胎问题上，您支持女性的选择权吗？

候选人：我可以向您和听众保证，在这个问题上，我支持负责任的政策。

记　者：这是否意味着您支持女性有选择权？

候选人：这是一个非常敏感的话题。但我认为，我可以更进一步地说，总体而言，我提出的政策得到了女性的支持。她们知道，我对她们的问题以及她们对这些问题的感受很敏感。在最近的一次民意调查中，60%的女性说，她们会投票给我而不是我的对手。我想这意味着她们支持我提出的政策。

记　者：如果您不回答我们关于您提出的政策的问题，我们怎么能知道您的政策是什么？关于这个问题您是否支持女性的选择权，我还没有听到明确的答案。

候选人：我想我已经回答了这个问题。我相信我在所有问题上提出的政策都是负责任的，而不仅仅是堕胎问题。我对美国人民的需求和愿望保持着责任和敏感性。

记　者：我最后再问一次，候选人先生，是或不是，您支持女性的选择权吗？

候选人：每个人都希望复杂的问题有简单的答案。下一个问题。

想一想

公元前 1 世纪，普布利乌斯·西鲁斯（Publilius Syrus）创作了"滚石不生苔，转行不聚财"这句格言，他也说过，"不是每个问题都值得回答。"你能想到哪些问题是不值得回答的？我们应该如何回应这样的问题？

"红鲱鱼"

鲱鱼是一种 25 至 45 厘米长的鱼，当它被烟熏制以后会变成金红色，因此被称为"红鲱鱼"。由于红鲱鱼有强烈的气味，所以猎狐的人把它们拖在地上，以训练猎狗追踪气味。红鲱鱼也被用来诱导猎狗：反对猎狐的人也把红鲱鱼拖在地面上并穿过狐狸走过的路。这通常会将猎狗的注意力从狐狸的气味转移到红鲱鱼的气味上，从而使狐狸得以逃脱。

在这项活动中,红鲱鱼指的是在争论中引入的一个事实或问题,目的是将争论从主要问题上转移开。这种情况通常发生在家庭纠纷和政治辩论中。例如,如果一个已婚人士经常下班后很晚才回家,那么他或她的爱人可能会感到不安和出现对抗的局面,争论可能如下。

人物1:又回来晚了?你为什么总是回来得那么晚?我又一次特意做了一桌美食,而你却把它搞砸了。

人物2:你又在对我唠叨。你知道我多么讨厌唠叨。我们前几天刚谈过这个问题,你保证你会让步的。不是这件事,就是那件事。

人物1:我是答应过会给你一些空间。你说我是个唠叨的人,我讨厌你说的这句话!

"红鲱鱼"与回避问题相似。但后者只是无视这一问题或议题,而前者则试图通过"走另一条路"来逃避这一问题。在上面的例子中,人物1很容易就上钩了,而迟到的问题则被忽视了。

总结

可以说,在我们所进行的所有类型的沟通中,说服是最需要思考的沟通行为。除了掌握主题之外,我们还必须仔细思考如何展现自己,对听众要有充分的思考和同理心,严格控制我们的情绪,并以积极、敏感的方式阐述我们的理由,满足听众的需求,使他们接受我们的立场。然后,我们可以要求他们做出回应,承诺根据这一立场采取行动。

我们已经介绍了一个道德思维过程,它可以产生诚实、可靠的说服行为。但是还有其他一些富有欺骗性但往往有效的心理战术,我们需要认识并拒绝这些心理战术,其中包括登门槛技术,即一种使我们重新定义自己,并达到新的承诺水平的技术;以退为进技术,即利用我们的公平竞争意识;低价策略,这一策略并没有给我们一个公平的选择;投入时间,即利用我们的内疚感来迫使我们采取行动;诉诸怜悯、恐惧和骄傲；用人身攻击或无理取闹的谬误来打击我们人性的弱点；采用稻草人论证，即推翻论点的简单化版本；以及通过隐瞒量化、暗示、回避问题和"红鲱鱼"等转移话题的技术来滥用语言。

简而言之，通过仔细思考和避开狡猾的说服策略，以及精心设计的敏感的、符合逻辑的说服技巧，我们就可以有效地说服他人。

挑战练习

1. 本章介绍了一种说服策略，即尊重那些持有不同观点的人，并对他们的价值观保持敏感。虽然我们讨论的是改变观点而不是改变价值观，但是否存在你可能希望改变他人价值观的情况？什么时候这样做是合理的？你认为本章中的建议对这样的努力有帮助吗？

2. 人身攻击的论点经常攻击人本身。这种攻击有正当的理由吗？如果有的话，那么在什么意义上 10 年前和 10 年后的我们是同一个人？什么是保持不变的？

3. 在这一章中，我们省略了帕斯卡说服过程中的一个步骤，即"向他揭示（他所持的观点）那面是错误的"。省略这一策略的原因是我们试图说服他，而不是赢得一场辩论。你认为第四个要素在说服中是否有适当的位置？

4. 在接下来的一周里，从杂志、谈话、新闻、广告和电视节目中，观察并记录你看到的任何操纵策略。

5. 我们在本章讨论的一些操纵策略之间有相似之处，并且将它们结合在一起使用非常有效。为了帮助你理解这些策略以及如何应用这些策略，请尝试创建一个使用多种策略的场景。有没有可能同时运用本章提到的 7 种策略？

6. 在什么情况下（如果有的话），使用"登门槛""以退为进"和"低价"这些操纵策略是合乎道德的？

7. 你认为操纵和说服之间有区别吗？还是说所有的说服都是操纵行为？

8. 我们介绍具有欺骗性的说服方式的目的是了解这些欺骗性说服形式及其运作

方式可以降低其有效性。你同意吗？在哪些情况下，仅仅意识到这一点并不能使我们对这些技术形成坚实的防御？

9. 如果你相信有人对你使用了其中一种欺骗性的操纵策略，那么你会采取什么样的适当的回应？

10. 在你工作的地方，你在多大程度上会鼓励自己为了自己或雇主的利益而使用欺骗性的说服技巧？你是否将使用这些技巧的道德问题合理化？

11. 我们只列举了一些可能被解释为操纵的说服技巧。你能想到其他的操纵策略吗？例如，商店里的工作人员使用的是什么操纵策略？

12. 找出最近诉诸怜悯策略的一种合理的和不合理的诉求。你能很容易地区分它们之间的差别吗？

13. 恐惧有很多种，但在说服性诉求中，有些恐惧可能比其他恐惧使用得更多。在接下来的一周里，要特别注意那些对恐惧的诉求，并确定所针对的恐惧类型。是否有些恐惧比其他恐惧更常被使用？

14. 大多数人都有某种不良的行为，如吸烟、喝酒等。找出你的任何不良行为，以及通常被用来试图影响这种行为的恐惧信息。否认是你用来对抗这种说服的机制吗？你拒绝这种否认吗？

15. 人身攻击在美国政界很常见。还有哪些场合会频繁地出现这种攻击？

16. 是不是有些人的自尊水平太低了，以至于诉诸骄傲的说服技巧对他们不起作用？自尊心越强的人，诉诸骄傲是否对其就越有效？请你解释一下。

17. 找出目前广受争议的议题，并为争论的每一方制造一个"稻草人"。你是否对使用这种攻击感到内疚？要回答这个问题，请想一想你所持有的信念和情感立场。现在列出反对的立场和你反对它的常见论据。你的论据是否是反对另一方的简化版本呢？

18. 通过隐瞒量化故意制造一个误导性的论点。把它说给你的一些朋友听，看看他们是否不加批判就接受了它。

19. 故意回避说话者向你提出的一个问题，并观察这对说话者的影响。回避这个问题很容易吗?

20. 在争论中故意使用"红鲱鱼"策略是否符合道德?你认为有些人会在无意中使用这种策略吗?

21. 你最后一次犯"你也是"无理取闹谬误是什么时候?考虑对你的个性或特定行为的挑战,如饮食、吸烟或喝酒。下次面对这样的挑战时,你将如何应对?

22. 按照以下步骤写一篇有说服力的文章或演讲稿。

    (1)给主题命名。

    (2)描述听众的情况。

    (3)你的目的是什么?你想让听众做什么、感受到什么或想到什么?

    (4)你的动机、偏见是什么?

    (5)练习换位思考,用听众的话描述他们现在所持的立场。

    (6)温和、客观地介绍你的立场,要注意避免任何煽动性的言辞。

    (7)根据听众的基本要素,说明这一立场实际上如何更好地满足了他们的需求。

    (8)现在请他们转到这个新的立场。

    (9)在与你想说服的听众相似的人身上测试你的方法往往需要谨慎。如果你在任何时候失去了你的听众,请他们指出你在哪里出错了,然后改善这一环节。

第 12 章　问题解决方案

> 解决问题是最有特色、最特殊的一种自主思维。
> ——威廉·詹姆斯，《心理学原理》（*The Principles of Psychology*）

出现僵局、道路被堵住、工作不顺、渐行渐远的人际关系等，这些都是需要我们解决的问题。解决问题就是运用批判性思维实现我们个人和职业生活中的重要目标，达到个人和谐。我们每天都要面对一些个人问题，如如何戒烟、减少压力或摆脱经济困境；物质问题，如我们试图弄清楚为什么汽车无法启动；人际关系问题，如我们的爱人抱怨我们不爱他（她），或者我们没有花足够的时间与其在一起。

这些问题中的一些可以通过思考得到解决，如价值观的问题或者试图弄清楚为什么这个世界存在邪恶。其他问题最好先思考，再以行动来解决，在这一章中，我们将重点放在后者。例如，实现毕业的目标，按时支付账单，从我们爱的人那里得到结婚的承诺，实现财务目标，在工作场所保持高昂的士气，或者满足具有不同利益和目标的员工和领导的需求。

在本章中，我们分五步来解决问题：（1）定义问题；（2）消除障碍；（3）通过信息收集、创造性思维和搁置问题等策略产生可能的解决方案；（4）通过初步评估、评价利弊、子目标分析、试错、逆向作业和遵循解决问题的技巧等来选择解决方案；（5）评估和监督解决方案。

我们希望自己有更强的能力解决生活中的一些问题，否则这些问题会减少我们对生活的乐趣或阻碍职业发展。当我们努力解决这些问题时，可以从卡尔·荣格的话中找到安慰："问题的意义和目的似乎不在于它的解决方法，而在于我们持续不断地去解决它。"

定义问题

除非我们明确地定义一个问题，否则我们无法解决这个问题。如果车不能启动，那么我们不会把问题定义为"人生就是一个接一个的挫折"。即使像"我的车不能正常工作"这样的问题，虽然表达上更准确，但仍然是一个定义不清的问题。仔细定义问题意味着要尽可能地使问题精确和具体。我们可以说"我的车不能启动"，或者"我的车在今天早上不能启动"，或者更好的"我的车在天气潮湿的早晨不能启动"。这种更具体的界定表达使我们能够确定故障的可能原因，从而缩短解决问题的路径。

一个人正在承受着巨大的压力，这让她的生活很痛苦。她对问题的含糊陈述可能是"生活让我压力很大"。如果生活本身给她带来了压力，那么解决的方案就很有限。另一方面，通过更仔细地观察她可能会发现，她的周末生活是很不错的。这可能意味着她的压力来自工作或学校方面。由于她发现工作给了她成就感和同事之间的友情，这样就可以把问题的范围缩小到学校方面。她沉思了一会儿，意识到虽然她确实喜欢一些课程，如心理学和美国文学，但演讲课让她感到很焦虑，而在一周中的大部分时间这种焦虑一直在持续。现在，问题终于浮出水面：她对每周的演讲怀有巨大的恐惧！这个问题的定义已经很明确，现在可以通过多种方式来解决。总之，尽可能具体地界定问题有助于我们找到适当的解决方案。

有关人际关系的问题往往错综复杂，难以界定。假设不同部门的两个员工相处得不是很好。管理层可能将问题定义为"这些部门无法忍受对方"。然而，这可能是由于一个部门的目标实现干扰了另一个部门的目标达成，所以员工对彼此有意见。例如，一个部门可能专注于生产，而另一个部门则专注于质量。在这种情况下，对这个问题的一个更好的表述是，一个部门的产量目标干扰了另一个部门的质量目标。如果没有这个精确的定义，经理的解决办法可能就是把这两个部门的人组成一个棒球队，以增进友谊，或者改变办公室的设计，使不同部门的成员能够融合在一起。虽然这些解决方案的用意良好，但问题可能仍然存在。简而言之，在精确而仔细地阐述问题方面花时间是值得的，它可以使问题更迅速地得到解决，甚至可能产生一个明显的解决方案。

思维训练 12.1　　　形成更精确的定义

清晰而精确地定义问题是解决问题的重要组成部分。它们还有助于解决与其他人的沟通问题。这个练习可以让你学习如何更精确地陈述问题。在下面的练习中,我们用通俗的语言给出了模糊的问题陈述。运用你的想象力,更准确地重新表述每个问题。为了帮助你提出切合实际的陈述,请考虑你自己或你认识的其他人在这些问题上的经历。

1. 模糊的陈述:我的妻子讨厌我。
   更准确的陈述:我的妻子不喜欢我批评她的发型。
2. 模糊的陈述:我们的钱总是不够用。
   更准确的陈述:＿＿＿＿＿＿＿＿＿＿＿＿＿＿＿＿＿＿＿＿
3. 模糊的陈述:我讨厌我的工作。
   更准确的陈述:＿＿＿＿＿＿＿＿＿＿＿＿＿＿＿＿＿＿＿＿
4. 模糊的陈述:我的领导很难"伺候"。
   更准确的陈述:＿＿＿＿＿＿＿＿＿＿＿＿＿＿＿＿＿＿＿＿
5. 模糊的陈述:老师太严厉了。
   更准确的陈述:＿＿＿＿＿＿＿＿＿＿＿＿＿＿＿＿＿＿＿＿
6. 模糊的陈述:我不喜欢我的房子。
   更准确的陈述:＿＿＿＿＿＿＿＿＿＿＿＿＿＿＿＿＿＿＿＿
7. 模糊的陈述:男人!
   更准确的陈述:＿＿＿＿＿＿＿＿＿＿＿＿＿＿＿＿＿＿＿＿
8. 模糊的陈述:水龙头坏了。
   更准确的陈述:＿＿＿＿＿＿＿＿＿＿＿＿＿＿＿＿＿＿＿＿
9. 模糊的陈述:这本书读起来很困难。
   更准确的陈述:＿＿＿＿＿＿＿＿＿＿＿＿＿＿＿＿＿＿＿＿
10. 模糊的陈述:我的计算机坏了。
    更准确的陈述:＿＿＿＿＿＿＿＿＿＿＿＿＿＿＿＿＿＿＿＿

发现原因

到目前为止，很明显，我们定义问题和理解问题是寻找这个问题的原因的一部分。例如，一个遭遇挫折的作家可能会发现，她的挫折来自自己无法集中注意力，而这又源于她的个人关系问题。这一发现使她能够尝试去解决她的人际关系问题，从而重新获得专注于写作的能力。

我们可以通过观察细节之间的关系发现问题的原因。例如，如果我们注意到只有孩子们在家里玩耍时，自己的注意力才会受到影响，那么我们就可以肯定是孩子们分散了我们的注意力。我们注意到每当感到时间紧迫自己就会犯错，就可以确定时间压力是导致我们工作表现不佳的原因。我们注意到除了在雨天，我们的汽车都能很好地启动，那么我们就可以确定天气潮湿是造成这个问题的部分原因。当我们注意到员工士气低落与办公室重组相关时，我们可能会怀疑重组是员工士气低落的原因。罗伯特·波西格（Robert Pirsig）在他的经典著作《禅与摩托车维修艺术》（Zen and the Art of Motorcycle Maintenance）中描述了这种观察：

如果摩托车在行驶过程中颠簸了一下，之后发动机熄火了；又颠簸了一下，发动机熄火了；接着又颠簸了一下，发动机熄火了；然后驶过一段很长的平坦的道路，发动机没有熄火；接着又颠簸了一下，发动机再次熄火，那么我们可以从逻辑上得出结论，熄火是由颠簸引起的。

简而言之，当变量改变时，结果也随之改变，我们就可以确信有一种因果关系在其中起作用（关于从相关性中推导出因果关系的更多讨论见第10章，关于不同种类的因果关系见第9章）。

然而，正如发现一只奔跑的鹿比发现一只静止不动的鹿更容易一样，当问题的原因来来回回、不断反复时，通常比它们在固定时更容易确定因果关系。例如，我们的人际关系问题可能来自对一般人持续的负面态度，或者地下室渗水可能是由永久性的黏土土壤条件造成的。在这些情况下，找出问题的原因可能需要比我们的眼光更敏锐、态度更客观或知识更渊博的朋友的意见、专业人士的建议或有关该主题的图书。

有时，寻找相关的变量是一项乏味的工作，可能需要多年的观察才能发现因果关系。幸运的是，生活中的许多问题并不像冷聚变和量子力学那样难以破译。

无因问题

有些问题没有原因。例如，一个产品营销委员会的成员因为新产品的营销策略而陷入僵局，他们不是在寻找原因，而是在寻找销售产品的创意。另一个无因问题的例子是经典的九点问题。在笔不离开纸张的情况下，用四条直线连接所有九个点。在这个问题上寻找原因对你并没有帮助。

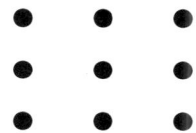

对于上述问题和其他问题，当原因被发现而解决方案并不明显时，我们需要想办法找到我们想要的解决方案。

消除障碍

也许寻找解决方案的第一步就是检查阻碍我们解决问题的潜在的两个思维障碍。

完美的神话

在解决问题的过程中，有一个明显的障碍是对完美解决方案的一种非理性渴望，以及认为存在一个最佳解决方案的相关信念。在我们的世界里，完美通常是一个神话。我们有关于完美机器的想法，但不存在这样的机器；也有关于完美人类的想法，但还没有人能做到完美。对于许多问题来说，很多解决方案都是可行的，每一个方案都有自己的优点和缺点，但没有一个方案是完美的。如果我们寻找完美的解决方案，就是在浪费时间和精力，我们可能会因此错过很多好的解决方案。

通常，对完美的追求源于我们对不被他人喜爱或不被接受的恐惧。我们认为，如果解决方案不够完美，那么我们就不够完美；我们认为，任何不完美的事情都可能导致我们被嘲笑、羞辱和失去自尊。通常情况下，对我们抱有完美期望的不是别人，正是我们自己。我们需要提醒自己，以我们所处的环境和所拥有的才能，尽我们所能做到最好就足以令人钦佩了，而不断追求完美是不理智的。

想一想

你在哪些方面力求完美？你的完美目标实现了吗？如果没有实现，那就练习接受不那么完美的结果。

天才的神话

每个人都有解决问题的能力。解决问题需要创造力，而创造力与智力的关系不大。因此，一个人不一定非要成为伊曼纽尔·康德或阿尔伯特·爱因斯坦才是一个好的问题解决者。但这并不意味着我们都有资格解决哲学和科学中的高深问题，因为解决问题也需要知识；如果没有某个学科的知识，我们就无法解决该领域的问题。幸运的是，大多数问题所涉及的知识都是大多数人可以获得和理解的。总之，人们普遍缺乏的不是解决问题的智力能力，而是解决问题的信心。

产生解决方案

一旦我们消除了障碍，就可以开始通过收集信息、创造性思维和搁置问题等策略找到解决问题的方案。

收集信息

试图在没有信息的情况下解决问题，就像试图在没有方向盘的情况下驾驶汽车。例如，考虑一个大学生面临着课程安排的问题，她在下学期该选什么课程的问题上进退两难。如果她在选择课程时没有充分了解学院的政策和课程安排，她可能永远都毕不了业。然而，如果她获得了可以回答以下问题的信息，就很有可能找到按时毕业的方法：（1）该专业需要上哪些必修课程；（2）这些课程是否有先修课程；

（3）哪些课程一年只开一次或每隔一年开一次；（4）需要修多少门高级课程；（5）有多少学分可以从其他学院转过来；（6）夏季学期提供哪些课程；（7）当时间安排发生冲突时，是否可以选择独立学习来满足学位要求；（8）在什么情况下允许替换课程；（9）还必须完成哪些总体要求，等等。如果不收集这些信息，她可能无法充分地解决她的课程安排问题。

在信息不充分的情况下，解决方案可能不牢靠。以美国控制犯罪行为的问题为例，美国是世界上暴力犯罪率最高的国家。打击暴力犯罪的常见建议是增加警察的规模，制定对罪犯更严厉的刑罚措施，增加对谋杀犯使用死刑条款，以及增强宗教在日常生活中的作用。这些解决方案中的大多数都没有得到社会科学研究的支持。例如，与其他国家相比，美国的判刑政策实际上更严格，但那些国家的犯罪率只是美国的一小部分。死刑似乎并没有对犯罪行为产生明显的影响。

研究表明，我们最好解决那些与暴力行为增加相关的变量，如不同社会阶层之间巨大的经济不平等、高失业率、缺乏对重要他人的依恋、父母虐待和电视暴力等。正如我们在第10章中指出的那样，相关性并不一定意味着变量之间存在因果关系，但这肯定是一个好的开始。

想一想

你或你的公司是否在没有足够信息的情况下试图解决问题？缺少了什么信息？

鉴别成分

我们收集到的信息越多，就越能更好地解决问题。我们可以通过识别问题的每一个已知的组成部分，然后通过获取每一个组成部分的信息来获得全面的信息。任何问题的组成部分都关系到这个问题所涉及的人和物，以及这个问题的目标本身。例如，如果格林学院的入学率下降，那么该问题的组成部分就包括教师、行政部门、社区、学生、学校建筑、课程，以及增加入学率的目标。教师们的知识、热情和对学生的关怀程度如何？行政部门的能力、效力和支持力度如何？这个学院在该社区的形象如何？谁是格林学院的学生？为什么学生选择加入或不加入格林学院？他们的年龄有多大？他们住在哪里？他们来自哪个社会阶层？学校的建筑物里是否干净、有吸引力，是否位于一个有公共交通服务的安全的社区？最后，格林学院必须审视其目标本身。考虑到人口统计数据，增加入学率是一个现实的目标吗？有没有其他更重要或更现实的目标？

想一想

有时我们给自己制造了问题：我们的业绩标准不切实际，设定的时间期限太短，从事的活动太多等。你可以通过改变其中的哪些问题来减少生活中遇到的问题？

思维训练 12.2　　识别问题的组成部分

识别以下每个问题中的组成部分。你会对每个组成部分提出什么问题？

1. 当地大学的校友会主席很难从校友那里获得足够的资金支持，以实现今年的捐款目标。
2. 当地社区需要一条绕行高速公路，以缓解交通堵塞，但拟议的绕行路线需要穿过郊区的一个住宅区。日益严重的交通拥堵、污染和噪声让郊区居民大为不满。
3. 一名大学生想在 5 月份毕业的目标因课程安排问题而受阻：她的最后两门必修课在同一时段开设。
4. 马克和他的妻子伊丽莎白都在工作，以维持他们想要的生活水平，但他们无法充分满足工作和家庭生活的要求。他们的工作使他们没有足够的时间清洁和维护他们的家。
5. 一位秘书的新计算机无法连接打印机打印文件，有一份文件必须在 15 分钟后的重要商务会议开始前被打印出来！

信息来源

当问题涉及人际关系时，我们可以请求有关的另一人或其他人提供信息或资料。他们对这个问题的理解和看法是什么？他们需要什么和想要什么？他们认为应该如何解决这个问题？简单地与相关人员交谈往往有助于我们更好地理解问题。然而，许多已婚夫妇、父母和子女、经理和员工往往不习惯直接沟通。对他们来说，心理咨询或其他形式的调解是一种可选择的方案。心理咨询师的职责主要是帮助人们交流他们的感受、需求和愿望，从而帮助他们自己解决问题。

专家是信息的一个主要来源。我们可能会与心理学家沟通孩子的纪律问题，与会计师沟通财务危机，与汽车修理工沟通汽车问题，或者与律师沟通法律问题。有一点需要注意：专家必须是客观的。例如，一个股票经纪人可能会推销高佣金的股票和债券，而不是低佣金的股票和债券。一个特别有价值的专家（并不是特别有偏见）就是当地的图书馆中的参考书，它可以帮助我们找到一些数据，如一个小镇不断变化的人口统计数据、关于个人理财的图书、社区犯罪统计数据、不断变化的财产价值、有效的育儿技巧以及修理和建造的手册等，几乎包括所有的领域。

最后一个重要的信息来源是我们自己。我们都有丰富的经验可以用来处理生活中的许多问题。也许我们与问题所涉及的人生活在一起，比其他人更了解这个人，也许我们可以在当前和过去的问题之间找到相似之处，也许我们可以用自己与他人共情的能力更充分地理解一个新奇的人际关系问题，或者我们可以利用通过多年教育获得的知识更全面地理解这个问题。

营造融洽的沟通氛围

大多数涉及人的问题都需要与他人进行某种沟通。这种沟通可以帮助我们界定问题，找出问题的原因，或者找到解决问题的方案。但是，如果我们不营造融洽的沟通氛围，沟通就不会有效。以下是一些建议，可以增加与他人进行有效沟通的机会。

1. **避免使用累赘的词语**。有些词语通过煽动人们的情绪和激起人们的防御心理，或者使人感到被拒绝，进而阻碍了人们真实地表达自己的情感。例如，尽量避免使用"愚蠢""幼稚""白痴"等词语。与其说"你觉得市场部提出的那个愚蠢的口号怎么样"不如说"你觉得市场部的新口号怎么样"。如果有人真的喜欢这个新口号,那么"愚蠢"这个形容词会让这个人觉得,如果他表达自己的真实意见,就会遭到拒绝或被嘲笑。这时,使用这样的词语就抑制了对方的真情实感的表达,并不能促进进一步的沟通。

2. **避免地位障碍**。人们很容易被地位带来的象征所吓倒,当他们觉得自己与所交谈的人的地位不平等时,就很难表达自己的真实想法。如果我们坐在一间大房间里的一张大办公桌后面的椅子上,墙上装饰有很多的文凭,与我们交谈的人可能会感到害怕。我们最好从桌子后面走出来,给对方提供一个与我们一样高的椅子坐下来。还有一点也很重要,那就是避免有时伴随着高地位而来的评判或高人一等的态度。

3. **避免防御和愤怒,做一个安全的人**。没有人在任何时候都是正确的。我们需要提醒自己,当犯错时,我们仍然是有价值的人。如果我们能接受这一点,那么我们就能听取别人的批评,而不会把沟通变成一种敌对的输赢局面。如果我们能放下防御的姿态,那么我们会更好地倾听,听清楚对方所说的话,而不是重复我们的防御。此外,如果我们把每一次建设性的批评都变成愤怒的局面,那么别人就不会再与我们谈论重要的事情。

4. **要有开放的心态**。如果我们在听到别人的想法之前就表现出一种不宽容的态度,那么我们很有可能永远都听不到别人的真实想法。我们必须愿意放弃对自己想法的根深蒂固的掌控,因为无论我们多么确信自己有正确的见解或者对问题有正确的解决方案,我们都可能是完全错误的。僵化的态度只会阻碍真诚的沟通。

5. **重复表述**。为了确保我们理解别人所说的话,重要的是用我们自己的话重新表述他们的立场。这样可以让他们确信我们在倾听,如果我们误解了他们的意思,他们也有机会纠正。

 想一想

你能想到在你最近经历的任何一次沟通中,有上述一个或多个这样的建议被忽略了吗?这对沟通的影响是什么?

创造性思维

> 生活中至少有一些问题是新的，因此必须有新的解决方案。
> ——亚伯拉罕·马斯洛，《动机与人格》(*Motivation and Personality*)

在收集了信息并鉴定了成分后，如果解决方案还不明显，那么我们可以使用创造性思维的方法帮助找到解决方案。在创造性思维中，我们必须努力超越自己通常观察问题的方式。我们不应该局限于看到应该看到的东西，或者按照被教导的那样去思考问题。我们必须学会在没有通常的假设、成见或期望的情况下观察和思考，就像画家看见地上的一元硬币时，把它看作椭圆形而不是圆形，或者看作带有白色光泽的棕色而不是银色。我们必须像达·芬奇、哥白尼、爱因斯坦那样思考，他们在穿过思维森林寻找新的视野时，不怕离开标准的路径。

要想创造性地思考，我们必须超越"该做的"和"不该做的"局限，进入"不可能的""无聊的"和"荒谬的"世界。我们看事物，不是看它们是什么或它们应该是什么，而是必须看我们能够想象它们是什么。这个无限的创造性世界就在每个人的心中。我们只需看小孩玩耍，就能体会到每个人都曾经拥有过这样的创造力。如果我们通过头脑风暴的方法释放这种创造力，暂停对我们的想法进行评价，直到我们的创造性想法被耗尽，那么就会产生更多的解决方案。

搁置问题

当问题的解决方案没有按照我们的时间表出现时，要有耐心。通常情况下，问题不会立即得到解决。有时我们不得不暂时放下它们。一些轶事和科学证据表明，问题有时会在我们不注意的时候自己得到解决。例如，当我们把注意力转移到其他事情上或者在睡觉的时候，可能会突然意识到某个解决方案，这被称为"洞察力"或"啊哈"式经验；换个时间，当我们再次全力以赴地去解决这个问题时，就会更容易一些。公元前 3 世纪，希腊数学家和发明家阿基米德可能有过终极的"啊哈"式经验。国王给他出了一道难题：他必须确定国王的王冠是纯金的还是用银子镀金的，并且不能损坏王冠。直到有一天他去公共浴室洗澡，才恍然大悟并想到了解决办法。在这个案例中，洗澡提供了一把合适的钥匙，因为该问题的解决方案涉及排水量与金和银的重量。如果我们相信这个故事的来源，即公元前1世纪的希腊建筑师维特鲁威（Vitruvius）的话，阿基米德对自己的顿悟兴奋不已，大呼"尤里卡"（Eureka，希腊语，意思是"我找到了！"），然后光着身子就跑回家了！

我们可以推测阿基米德在洗澡时是清醒的，有证据表明，在我们睡觉时，大脑也能帮助我们继续思考这个问题的解决方案，或者使我们第二天解决这个问题时变得更容易，或者在梦中给我们解决问题的钥匙，就像门捷列夫的例子，他通过这种方式找到了元素周期表排列的关键（但这是经过了长时间的艰苦工作后才发现的）。也许这就是爱因斯坦会用10到12个小时的睡眠来获得问题的最佳解决方案的原因。所谓所有天才都比一般人睡得少，这只是一个神话。去洗一个"阿基米德澡"，如果这种方法没用，那就睡个好觉。

思维训练 12.3　　　　功能固着

只看到事物本来的用途，而没有看到它们还可以用来做什么，这叫作功能固着。书是用来阅读的，废纸篓是用来装垃圾的，吹风机是用来吹干头发的。但是，一本书可以用来做砝码或增高座椅，一个废纸篓还可以用来做花盆，一个吹风机也可以用来烘干油漆。

请尝试超越功能固着，解决以下两个问题。

问题1：在一个房间里，两根长约1.2米的绳子被悬挂在2.4米高的天花板的两端。每根绳子都距离最近的墙1米远。你的任务是把它们绑在一起。虽然绳子足够长，可以在中间相接，但抓住其中一根绳子，你就无法抓住另一根绳子。在你抓着一根绳子的时候，附近有一张桌子，上面有一些工具：一把锤子、一把钳子、一把螺丝刀和一把小刀。你可以怎么做呢？

问题2：桌子上有一盒火柴、一根蜡烛和一些大头针。你的任务是把蜡烛固定在墙上，这样蜡泪就不会滴在地板上。你可以怎么做呢？

选择解决方案

当所有的方法想出来后,我们就可以通过初步评估选择最好的解决方案。在实施解决方案之前,我们可以发挥自己的想象力来评估这个解决方案。我们还可以通过评估这些方案的利弊、将大目标分解成小目标、使用试错法、逆向作业,以及遵循其他一些策略和技巧来选择解决方案。

初步评估

> (牛顿的)独特天赋是在他的大脑中具有一种持续地纯粹思考问题的力量,直到他想明白这个问题。
>
> ——约翰·梅纳德·凯恩斯(John Maynard Keynes)
> 《传记随笔》(*Essays in Biography*)

有时,我们会自动地想象问题的解决方案,以至于可能没有意识到自己已经解决了一个问题。例如,如果我们只能选择使用小夹子、衣架或细长的钳子,如何从一个高脚玻璃杯的底部取出三枚硬币?我们会选择哪个工具?毫无疑问,我们会选择细长的钳子。实际上,我们已经在不知不觉中进行了"评估"。

想一想

使用其他工具也可以将硬币从玻璃杯中取出来。你知道怎么做吗?

就像我们逛商场并想象自己穿上某些衣服会是什么样子一样,在初步评估中,我们会用提出的一个解决方案来描述这个问题,但不同的是我们试图考虑更多的组成部分和对这个解决方案的可能的反应。大多数人可能不会考虑,当他们举起手臂打招呼时,身上的衣服是否合身;他们也不太可能想象当自己追赶公交车时,身上的衣服会如何;有些人可能会想象坐下来或弯下腰的时候衣服会如何,但大多数人不会。初步评估是一种通过想象进行预测的练习。我们必须设想实施这个解决方案,同时考虑该解决方案对诸多变量的影响。

预测中的问题

> 我记得当预测出现问题时，我曾经感到非常愤怒。我本可以对我的实验对象大喊大叫。"老实点，该死的，做你应该做的！"但我最终意识到，我的实验对象总是对的。错的是我，我做了一个糟糕的预测。
>
> ——B.F. 斯金纳，《瓦尔登第二》（*Walden Two*）

当问题存在许多组成部分和可能的交互影响时，预测就变得更加困难。例如，为了很好地预测天气，我们必须精确地知道所有的变量。如果一个小的天气变量计算错误，它最终可能会对未来某个地区的整个天气预测产生影响。例如，如果不能在一个很小的区域内准确地测量海洋的温度，可能会导致天气比预测的更暖或更冷，并导致或破坏风暴的形成。这种类型的预测的巨大困难产生了数学和科学方面的混沌理论。

未知的变量也会扰乱我们的预期。这些是意外出现的变量。例如，公司总裁突然分居和离婚会对总裁的能力和承担风险的行为产生影响，火山爆发及其对天气产生的影响，某国的突然政变及其对该国股票市场的影响。

也许最不可预测的变量是人的变化。人们的行为背后包含他们的目标、生活的意义、个人历史，以及那天是否吃了早餐或前一天晚上是否失眠等。预测任何一个人的行为都很困难，而涉及众多个人的预测，如战争和政治规划，更会变得极其复杂。因此，任何涉及人类的预测性的解决方案都只是一种脆弱的预测。英国政治家温斯顿·丘吉尔这样表达他对这个问题的认识：

> 永远、永远、永远不要相信任何战争都是顺利的、不费力气的，也不要相信任何踏上陌生航程的人都能预测他将遇到的潮汐和飓风。热衷于战争的政治家必须认识到，一旦发出战争的信号，他就不再是政策的主人，而是不可预见和不可控制的事件的奴隶……

总之，由于众多的问题变量（尤其是人的变量）以及这些问题变量之间的相互影响是难以预测的，我们的初步评估就不可能完全准确，但它可以是谨慎的、明智的和善意的。换句话说，只要我们知道它的局限性，评估就可能是准确的，虽然它永远不可能完美。

> **混沌系统**
>
> 大部分科学都被有关运动、热力学、核周期和相对论的自然规律所支配。这些规律在应用于简单的运动时效果很好，如行星、飞机或棒球运动，会产生精确的预测，以至于似乎可以预测宇宙是有规律的。然而，自然界的其他一些领域似乎无法精确预测。这些领域被称为"混沌系统"。根据混沌理论，混沌系统对"初始条件"极为敏感，这意味着在某一特定时间（初始条件下）对系统变量的测量中的任何不确定性或误差，都终将导致不可预见的情况发生。天气的变化、湍流的液体，以及树木、血管和大脑神经元都是混沌系统。甚至经济学和人类行为也可以被看作混沌系统。
>
> 在混沌系统中，如果我们不能无限精确地测量关键变量，那么我们的预测就会在某个时候出错——失误越多、越大，预测就越容易出错。因为无限测量是不可能的，这些系统只是在短时间内可以大致预测，而理论上是不可预测的。随着时间的推移，测量中的小误差不断增加，会累积成巨大的差别，如飓风和理想的打高尔夫天气之间的差异，而这些差异就会决定我们的解决方案的成败。简而言之，在解决问题时，特别是寻求长期解决方案的过程中，存在许多不确定性；我们规划解决方案的时间越长，混沌理论就越有可能出现来干扰我们的解决方案。

优点和缺点

解决问题的方案并不完美。一个解决方案往往可能是既有优点，又有缺点。我们必须确定这些优点带来的影响是否足以超过其缺点带来的影响，从而证明实施该解决方案是可行的。评估解决方案的优点和缺点有时被称为"成本效益分析"，这是一个同时考虑数量和质量的过程。例如，一个解决方案可能同时有两个缺点和一个优点，从数量上看，缺点似乎胜出；但是，如果这个优点非常重要，它就会超过数量上占优势的缺点。

一个解决方案的优点和缺点取决于我们对不同结果的评价。例如，如果一个解决方案看起来在经济上有利可图，那么它可能会被采纳，尽管它可能对人类的心理和身体健康方面有严重的影响。关于这一点可以从美国的空气质量政策中看出来。由于许多行业抱怨成本太高，以致美国政府不止一次地将达到空气质量标准的最后期限延长。与此同时，数以百万计的人在遭受着空气污染带来的危害，包括死亡。然而，如果人们对美元的价值评价很高，对健康危害的价值评价很低，那么这个延长的解决方案可能会被视为一个好的解决方案。价值观与我们对一个解决方案的价值评估密切相关。

在权衡利弊时需要考虑的其他变量还包括及时性、有效性、可靠性、可逆性，以及做出错误决定的风险。如果一个好的解决方案在若干年内无法实施，那么它实际上可能根本就不是解决方案，因为它已经不合时宜了。有效性是指解决方案在多大程度上真正地解决了问题。可靠性是指解决方案如何持续发挥作用。可逆性是指解决方案在不产生严重后果的情况下被收回的难易程度，如最高法院的判决就不容易被推翻。

做出错误决定的风险可以通过询问"可能发生的最坏情况是什么"等问题来衡量。有人会死吗？我们会不会在余下的日子里一直不开心？我们会被解雇吗？有人会受伤吗？显然，如果实施一个错误的解决方案的成本很高，我们会犹豫不决，并寻找更好的替代方案，或者在实施之前做一个更仔细的初步评估。制药公司向人们提供药物作为健康问题的解决方案，这通常会使它们面临高风险可能性，因此必须花更多的时间来评估它们的解决方案。

在对解决方案进行成本效益分析时，还需要提出其他重要问题。例如，这合乎道德吗？它将如何影响我们的家庭和其他人际关系？是否有足够的人力资源来实施？上述所有变量都要求我们积极思考，以确定可能的最佳解决方案。

因小缺点而被拒绝

因为一项建议有一两个缺点而拒绝采用，这通常是不理性的。好的想法可能仍然有一两个缺点。不幸的是，尽管利远远大于弊，因一两个小缺点而拒绝这样的解决方案却很常见。那些反对该解决方案的人的错误可能在于以下两个方面中的一个：他们认为存在一个完美的提案，或者他们没有认识到该解决方案的优点大于缺点。许多好的解决方案因为一个突出的缺点而很快被放弃了。有时问题被长期搁置，是因为人们在等待一个完美的解决方案。其中一些拒绝背后的真正原因可能是需要保护某些个人利益，或者仅仅是害怕或不愿意改变。因此，意识到这些非理性的拒绝将帮助我们客观地权衡一个给定的解决方案的优点和缺点。

思维训练 12.4　　　　权衡利弊

找出以下遏制美国手枪谋杀率的解决方案的利弊。

1. 规定个人持有手枪是非法的，并对违反这项法律的行为进行严厉的、强制性的判决。
2. 被判有盗窃或暴力罪行的人 18 岁以后永远禁止拥有手枪。
3. 对任何使用手枪的犯罪行为的惩罚力度是没有使用手枪的两倍。
4. 要求美国的每所初中和高中在学校入口处设置检查装置，并在整个学年内随机进行彻底的储物柜检查。
5. 允许所有公民在汽车、商业场所和家中携带手枪，以用于自卫。
6. 禁止电视、电影等播放有枪杀场面的镜头。
7. 要求父母将他们拥有的所有手枪和弹药锁起来，并将儿童从不遵守这项法律的父母身边带走。
8. 要求所有枪支拥有者获得持枪执照，并接受强制性的枪支安全培训。
9. 启动从小学开始的教育计划，教导他们自我克制，并探索替代暴力解决个人问题的解决方案。
10. 征召美国陆军在美国控制非法物品。

子目标分析

有时候，一个问题可以被分解成许多小问题，每个小问题都有自己的解决方案。

例如，写一篇学期论文是一个无法逾越的目标，我们可以将其分解为许多子目标：写出优点、写出缺点、写出结论，以及写出导言。与其说这个目标是写十页内容，不如说我们有四个小目标，每个目标是写两到三页。即使是子目标，也往往可以进一步细分。这样一来，有压力的任务就变成了可处理的问题。再比如考虑储蓄大笔存款的目标。第一个小目标可能是找到一份高薪的工作，第二个小目标是还清所有债务，第三个小目标是投资合适的基金或股票。这些子目标中的每一个本身都是一个问题，但作为较小的问题，它们的威胁性较小，容易管理，解决方案也更容易找到。此外，当我们找到实现每个子目标的方法时，就会增强我们的信心，并获得实现最终目标所需的动力。

试错

试错几乎不涉及初步评估，它是一个不断尝试解决方案的过程，直到我们找到正确的解决方案。这种尝试可能仅仅是由直觉或简单的实验探究来引导并进行，也可能是对先前几乎达到目标的试验的轻微修改。

我们经常使用这种"不成功便成仁"的方法，是因为我们对这个问题的理解并不透彻，缺乏关键信息，或者因为这个问题的组成部分及它们之间可能的相互影响太多了，以至于我们无法预知解决方案。试错可能听起来很原始，不如更有条理的方法，但作为最后的方法，它可以成为解决问题的一个令人兴奋的方法。然而，在开始使用试错法之前，我们必须谨慎地对待可能产生的严重的负面后果。如果一个错误决定的代价很高，如严重地伤害或失去某人一生的积蓄，那么试错法就不合适了。

  想一想

在医学上应该使用试错法吗？如果是的话，在什么情况下使用？

逆向作业

> 在解决这类问题时,最重要的是要能够进行逆向推理。
>
> ——阿瑟·柯南·道尔(Arthur Conan Doyle)
> 《血字的研究》(*A Study in Scarlet*)

逆向作业可能看起来很落后,但它却是解决某些问题的首选方法。即使是即将毕业的学生也从中汲取了教训。

曾经有一位性格沉稳的博士生在最后一节统计课中和同学们一起坐在一张桌子旁。教授在测试学生们解决问题的能力时,他把一个很复杂的统计问题写在了黑板上。"现在,"他说,"谁愿意向全班同学解释一下,我们应该如何着手解决这个问题?"这位学生看了看问题,马上就知道了答案。但是,会有这么容易吗?他环顾了一下比他年长的同学,没有一个人回答这个问题。他大胆地举起手,向全班同学解释该怎么做。当他讲完后,在教授评论之前,另一个学生有点轻蔑地脱口而出:"那不就是逆向推理嘛!"其他几个学生也表示赞同。"是的,"教授回答说,"这种方法难道不棒?它正是这道题的解题思路!"

事实上,有时逆向作业是解决问题的一种方式。这个方法很简单。我们从目标开始,想象目标之前的那一步,在那一步之前的一步,以此类推,直到我们到达第一步。然后,从第一个步骤开始,按前进顺序实施其他步骤。例如,假设我们想把书房的书搬到现在的卧室里,这样旧的书房就可以成为新生宝宝的房间。对这个问题的逆向思考可能如下。

我不能把图书搬进卧室,因为卧室里摆满了家具。所以我会先把家具搬到其他房间,那里将成为新的卧室。但是其他房间里装满了箱子,箱子里都是一些珍贵的纪念品。当然,这些可以放在地下室里。但是地下室会漏水,这意味着我得把这些箱子放在架子上。但我没有架子。所以我得先弄一些架子。但我不能把沉重的架子装进我的小汽车里。也许我的哥哥可以帮助我。他有一辆面包车,而且他住得离我不远！我会给他打电话。但我没有他的电话号码，他刚刚换了新号码。但妈妈有，我得去妈妈那儿了。

通过这种方式我们发现，换房间的第一步是去看望妈妈。尽管这种逆向作业的程序很简单，但很多人都没有用过它，结果发现自己陷入一团混乱之中。

逆向思维

在解决问题的过程中，逆向作业的方法必须与某种"逆向作业"（有些人称之为逆向思维）区别开来，后者发生在我们试图找到推理或科学步骤来证明我们先入为主的想法的时候。例如，圣奥古斯丁（Saint Augustine）一开始就对宗教有坚定的信仰，然后以支持宗教思想的方式解释柏拉图的哲学。同样，圣托马斯·阿奎那"开始用亚里士多德的推理来解释宗教的信仰"。两个人都事先知道他们会在哪里结束。真正的信念可以通过这种方式找到支持，但是，好的思维和好的科学不会预设某种信念，通过篡改数据和想法并以这样的方式"证明"自己。科学中的假设是一种预设信念的形式，应该是试探性的，需要经过客观检验，当数据不符合时就果断放弃这一假设。其他想法也是如此。信念几乎是不可磨灭的。当它们不真实时，从它们开始的逆向作业通常会导致思维错误，而不是信念的改变。当信念是真实的时候，客观的、合理的思维和科学的路径就不会对其构成威胁。当它们不是真实的时候，思维和科学的路径有时会被篡改以支持它们，如果是这样，我们就应当直接彻底地否认这些信念。

想一想

你认为大爆炸理论在多大程度上是由物理学家的逆向作业产生的？

解决问题的技巧

当我们遇到看似无法解决的问题时，有时解决方案正等着我们去发现它们。以下是一些有助于打破僵局的技巧。

- **技巧1：改变截止日期。**当我们被一些活动压得喘不过气来，或者不能及时找到人力或其他资源来完成任务时，我们应该记住，最后期限往往不是一成不变的。有时，我们为自己设定了一个最后期限，却从不考虑延长它，尽管延长期限只会带来很小的不便。当然，在其他时候，我们也会受制于他人设定的最后期限。通常情况下，向他人寻求延长期限是值得的，因为许多最后期限的设定从一开始就很武断。

- **技巧 2：妥协**。有时候，我们遇到的问题部分是由于一个人在某个问题上表现得毫不让步，如将要工作的时间或将要做的工作的种类。我们需要记住，人们并不总是像他们看起来那样僵化，有些人会被充分的理由所影响进而发生改变。我们需要寻找解决问题的折中办法。

- **技巧 3：核对事实**。事情并非总是看起来的那样。在人际关系中，我们经常会看到一个问题的其中一个方面，而这是对真实情况的严重歪曲。例如，我们可能会听说，B 部门的员工对管理层感到愤怒，并威胁说如果自己的某些要求得不到满足，他们将集体辞职。这将是一个严重的问题，除非它完全是虚构的，否则会发展成一个大问题。因此，我们始终有必要检查一下，看看我们所理解的问题是否就是真正的问题。

- **技巧 4：运用同理心**。同理心是指从另一个人的角度看待和感受这个世界。在处理涉及人的问题时，我们必须学会同理他人的处境，因为只有这样我们才能真正地了解问题。

- **技巧 5：花时间反思**。当我们面对一个复杂和具有挑战性的问题时，需要花时间获得信息，并对一个良好的解决方案进行必要的了解，还需要时间做充分的初步评估。匆忙的解决方法可能会给我们带来短暂的成就感和压力的暂时缓解，但这只是在解决方案失败之前的一种短暂的美好感觉。更糟糕的是，快速而草率的方法可能会使问题恶化。例如，一个迅速且考虑不周的决定，与敌人交战而不是进行外交对话，可能会引发全球性的战争。在较小的范围内，想象一下那些我们在上大学时选的专业、与谁结婚或者如何处理严肃的关系问题时做出的草率决定的后果。有些问题的解决方案可以被撤销，并且几乎没有影响，然而另一些问题可能会留下无法挽回的影响。

- **技巧 6：预测潜在的问题**。最好能提前解决潜在的问题。预测问题往往可以使我们采取一系列行动以避免这些问题。如果出现了潜在的问题，那么我们也有已经准备好的替代方案。

- **技巧 7：视问题为乐趣**！大多数问题都可以被看作挑战或机会，解决它们甚至可以是一种乐趣！这种观点可以减少压力，使解决问题的过程变得令人愉快。当然，如果最后期限紧迫，或者错误决定的后果非常严重，那么这种状态就很难实现。

评估解决方案

在选择实施解决方案后，应该对解决方案进行监督，以衡量其有效性。如果问题仍然存在，那么就可以拒绝该解决方案，并用另一种方案取而代之。然而，在彻底拒绝该解决方案之前，我们应该认真考虑；通常情况下，一些轻微的修改就可以使原来的解决方案正常工作。如果需要修改的部分是重大的部分，那么这个修改就可以被当作另一个问题来解决。

总结

我们需要聚焦在可以通过行动得到解决的日常问题上。解决问题的第一步是尽可能准确地定义问题。如果我们准确地定义了问题，往往就可以找出问题的原因，且有时会使我们立即得到一个解决方案。然而，并不是所有的问题都可以通过寻找原因得到正确的解决方案。

在致力于解决问题的过程中，我们必须消除障碍，如对完美的非理性想法、对失败的恐惧以及固化的思维模式。然后，我们可以开始通过从专家、个人经验、图书馆和问题本身所涉及的人那里收集充分的信息，来找到解决方案。

有时候，找到一个解决方案需要进行创造性思维。然后，我们可以通过初步评估、评价利弊、确定子目标或逆向作业来选择解决方案。如果缺乏关键信息或者问题太复杂，以致无法预知解决方案，只要错误的决策后果不严重，我们就可以使用试错法。在寻找解决方案的过程中，我们可以回顾一些解决问题的技巧：（1）改变截止日期；（2）妥协；（3）核对事实；（4）运用同理心；（5）花时间反思；（6）预测潜在的问题；（7）视问题为乐趣。最后，实施并监督解决方案。

挑战练习

1. 你是否曾经通过购买或修复错误的部件来解决错误的问题？如何避免这种情况再次发生？

2. 寻找问题的明确定义与寻找问题的原因有什么相似之处？

3. 与解决人的问题相比，解决一个机械的问题是简单的。你会如何解决一段正在恶化的人际关系？

4. 选择一个个人问题，并运用本章中所讲到的问题解决策略。这些解决问题的策略在这里适用吗？

5. 选择一个巨大的社会或经济问题（如少女怀孕、犯罪猖獗、药物滥用、高离婚率），并写一篇关于你将如何使用本章中的方法来解决这个问题的论文。

6. 如果我们能给一个问题下定义，就等于解决了一半的问题。你认为这种说法准确吗？为什么准确或为什么不准确？

7. 你在解决问题时有哪些障碍？

8. 为什么现在有更多的制造厂经理会听取生产一线工人的意见？

9. 在本章中，我们要求你向前思考（预计解决方案将如何运作）并向后思考（以获得一个起点）。向前思考，想象一下你在五年内想要达到的目标。从这一点出发，逆向思考，找到你实现目标必须采取的下一个重要步骤。

10. 列出一份利弊清单可以让你在思考时更客观。以一个社会项目或提案为例，如福利、全民健康保险等，并一一列出利弊，对这个问题的各方都要做到公平和公正。

11. 一个好的解决方案由哪些部分构成？我们如何知道一个问题何时得以解决？虽然这个问题听起来很简单，但它可能需要比我们的预期更多的思考。

12. 试错法可能看起来很可怕或有风险。你什么时候会使用它？什么时候不会使用它？

第 13 章 评价

> 检验就是指这个概念是否可行,它是否给人类经验提供了一种自然而然的统一,这个概念是否在事实上而不是通过法令使生活变得有序。
>
> ——雅各布·布诺诺夫斯基(Jacob Bronowski)
> 《科学与人类价值》(Science and Human Values)

"好主意!""这个想法很棒。"有时我们会被自己的才华所震撼。它可能会获得别人的喝彩,我们也会感到自己得到了应有的赞赏,但有时这个想法也会遭到别人的断然拒绝或彻底蔑视。而后会怎样呢?这种拒绝和蔑视会让我们的想法变得糟糕吗?当我们重新思考自己的想法时,可能就会理解它为什么会被拒绝,我们可能会看到自己思维的缺陷,或者薄弱的事实基础,但在其他时候,我们可能仍然相信自己的想法很了不起。到底谁是正确的?我们如何验证自己的想法呢?

当我们评价自己的想法时,是在对它进行判断。心理学家本杰明·布鲁姆(Benjamin Bloom)认为,我们的思维能力正是人类智慧的最高级活动。我们站在与所罗门和最高法院大法官一样的位置来判断,他们散发着我们所希望的智慧的光芒。在本章中,我们将运用自己的判断力来理解如何通过对话来检验我们的思维,我们将考虑再生性、简易性、可预测性、前瞻性、平衡性、完整性和持久性的检验,我们将重新审视自己思维的基础——感觉、情感、语言、记忆、逻辑、创造力和条理性——作为评价我们思维的主要检查点。虽然我们的方法是系统的和全面的,但在个人行为的评价中,我们通常不会系统地使用每个检查点;相反,我们倾向于横扫整个思维基础,检查那些似乎包含着薄弱思维的领域。

检验思维的必要性

检验或验证是科学方法的最后一步,任何时候只要有可能,我们就需要把它应用到自己的思维中去。没有检验，科学方法就会惨遭失败。哈勃望远镜在被送入轨道之前没有经过检验，它被送入太空的目的是用于远距离成像，但结果却模糊不清；后来，人们才发现镜子的研磨度不够准确，不能精确地聚焦光线。天文学家和纳税人对这样一个简单的步骤被忽视而感到愤怒、沮丧和难以置信。美国国家航空航天局先将一台价值数百万美元的设备送入太空，然后才观察它是否能正常工作。

检验是我们需要在任何可能的时候都应用到思维中的一个步骤。有多少次，我们有了一个很好的想法，但当开始尝试时，却因为忽略了一个明显的障碍而感到尴尬。理论上，我们的思维可能看起来很好。例如，一群学生正试图让每个人越过一堵墙。乍一看，高个子的学生先把矮个子的学生推到墙的顶部似乎很自然，所以他们就这么做了。结果，最后一个最高的学生被留在了墙的另一边。通过检验他们的想法，他们认识到必须改变自己的思维惯性，而让高个子的学生先到达墙顶，这样就需要很多矮个子的学生把这些高个子的学生抬起来。最后，高个子的学生就可以向下伸手，把矮个子的学生拉上来。有时我们的思维在检验之前似乎没有问题，但如果不先进行检验，我们的思维可能就会像哈勃望远镜一样遭遇失败。

检验自己的思维并不总是那么简单，也很少能获得结论性的结果。尽管我们可能希望在所有的思维领域都有一个科学的"确定性"，但我们所能得到的最佳确证往往是来自他人的强烈认同。

批判性对话的熔炉

批判性对话对思维的作用就像检验对科学的作用。我们在积极交流、反驳、修改和接受观点的熔炉中检验自己的想法。在思想家的圈子里，写出来的东西可以被批判，说出来的话可以被辩论和讨论。除非我们的思想只对自己有价值，否则我们就必须把它表达出来并检验它，或者让它与我们一起消亡。

如果营销人员想知道一个新产品是否会畅销，那么他们会组织由典型客户代表组成的焦点小组，把产品给他们并听取他们的批评意见。如果一个作者想检验她写的书是否成功，那么她就会把书拿给读者，并询问他们读后的感受。同样，人类生活的所有领域，如烹饪、诗歌、工作、艺术、建筑、时尚、娱乐和体育等方面，都会受到他人的批评。

最终，他人就成为我们的陪审团。作家求助于读者，政治家求助于选民，营销人员求助于买家。有时我们可以在实际审判前选择自己的陪审团。我们可以把自己的想法和论文交给那些受到社会尊重的、知识渊博的、对我们或我们的思想没有偏见的人，并请教他们。当你在阅读这本书的时候，你也成了作者思想的陪审团中的一员。你可以评价这项工作，可以对这本书及其他作品提出问题：主旨是否明确？这本书对理解思维的本质有帮助吗？这本书是否既有广度和深度，又准确清晰？它是否避免了偏见？它是否激发了进一步的想法？它是否提供了答案？它是否引发了更深层的问题？

思维训练 13.1　　　　　　使用对话

列举三四个你曾经有过的想法或采取过的行动，如果这些想法或行动经过对话的检验，那么它们的效果会更好。列举一些你曾经与别人讨论你的想法，而且你感到很高兴的经历。列举两三个你在未来可能做出的决定，批评性对话对你做出这些决定将会有帮助。你想和哪些人交谈呢？

批判性独白

当我们周围没有称职的评论家时，必须独自检验自己的思维；我们必须与自己进行对话，就像现在这样。在这种情况下，正如我们在第 1 章中指出的，写作是客观化或反映我们思维的最佳工具。在我们写出自己的想法之后，应该把它们放在一边。我们在阅读它们之前等待的时间越长，就越有机会批判性地阅读它们，仿佛它们不是我们写的，这些文字仅仅是了解我们话题意义的线索。

想象最严厉的批评家阅读我们的作品，同时观察并获得他们的反应是获得这种客观性的一种方法。在这样的审视下，我们将不会写出任何站不住脚的东西。通过这种批判性的独白，我们的思维将变得更加缜密。

简单

> 天才就是把复杂的事情变得简单的人。
>
> ——C.W. 塞尔南（C.W.Cernan）

由于许多伟大的见解都很简单，所以简单有时也可以成为评价过程的一部分。考虑几个简单但伟大的观点：如果我们滚动一个球，它就会一直滚下去，直到有东西阻止它；当子弹从枪管中射出来时，它会产生反冲力；太阳和地球或任何两个星体之间会相互吸引，它们的质量越大，距离越近，吸引力就越强。这三个例子就是牛顿所说的运动的三大定律，它们非常简单。DNA 分子的简单模型也是如此，它在一个蜿蜒的阶梯上只有四个台阶（腺嘌呤、胸腺嘧啶、胞嘧啶和鸟嘌呤）；门捷列夫的周期表包含了所有已知元素，它简单地将质子从 1 数到 92——1 个质子为氢，2 个质子为氦，以此类推。

$E=mc^2$ 就具有简单之美。

在大多数领域，简单都受到了重视；复杂往往意味着无法简单地沟通。在哲学中，我们提到了奥卡姆剃刀的优雅、简单。在语言方面，我们看到了简单的清晰性和力量。文学作品中引用最多的一些段落都非常简单。大多数人在面对错综复杂的法律文件时感到挫败（众所周知，有一个作者花在谈判出版合同上的时间比她写书的时间还要长）。蒙田肯定了简单，而反对这些法律术语："最理想的法律是那些最少、最简单、最普遍的法律。"怀疑是复杂的，而思考则是简单的。

模仿与扩展的恭维

丰富的思想不断产生。如果我们的检验支持了自己的想法，我们可能会得到对自己的思想的模仿和扩展的回报，这两者都是对自己想法所拥有价值的额外考验。模仿是一种高级形式的恭维，也是对一个想法的部分认可，因为好的想法经常被重复。如果没有某种形式的模仿，那么一个大肆宣扬的想法就会像冷核聚变的"发现"一样突然失败。当想法非常好，以至于被用作其他想法的基础时，就会出现更高级形式的恭维。这种可扩展性也是对一个想法价值的部分检验。柏拉图和亚里士多德的基本思想被扩展到西方哲学的庞大建构中。莎士比亚的节奏和隐喻构成了过去400年来西方文学的中心。弗洛伊德打开了通往潜意识思想的大门，无数心理学家仍在其中穿行。沃森和克里克开始解开螺旋状的DNA结构，而基因组的微调仍在继续。

可预测性的力量

与可扩展性一样，可预测性也能检验想法的价值。在一些元素被发现之前，门捷列夫的简单周期表就预测了它们的存在。爱因斯坦的相对论预言，强力场会使光发生弯曲——这一现象最终在一次日食中被测量了出来，人们发现此时围绕太阳的光线弯曲了。当代的夸克/轻子理论预言将发现六个夸克，并描述了每个夸克的性质，而最后一个夸克"Top"的发现是在1995年宣布的。因此，我们应该问自己，我们的思维是否有助于预测其他的想法？拼图的各个部分如何与整个拼图相吻合？

前瞻性、平衡性和完整性

我们拥有的视角会改变我们的观点。如果我们躺在草地上，那么视野是有限的；如果我们站起来，就会看到更多。如果我们爬上一棵树、登上一架飞机或者从卫星上向下看地球，我们的视角就会发生改变。哪一个更好——在草地上还是在卫星上？这要视情况而定。我们是在研究一只蚂蚁还是地球的气候类型？我们需要正确的视角来看待眼前的思考任务。帕斯卡告诫我们：

如果我们太年轻或年纪太大，那么就不能很好地做出判断。如果我们对一个话题想得太多或太少，那么就会对它着迷或固执己见。如果我们过早地进入某件事情或将它推迟得太久，如果我们离得太近或太远，那么就不能准确地看清楚。

保持平衡的洞察力。正如帕斯卡指出的那样，极端的距离、年龄、努力和时间都会造成判断的扭曲。我们需要平衡，需要亚里士多德的黄金分割律的那种平衡。这不是一种不温不火的平庸，而是在高空中走钢丝的平衡，是法官在维护法律的同时对一个因饥饿而偷窃的人的仁慈。"美德站在中间"，而且我们还可以加上真理，真理站在中间。

完整性就是保持部分平衡。三脚架的三条腿都着地了吗？所有必要的事实都包含在思考中了吗（还记得盲人摸象吗）？一份报纸报道了一次沙雕比赛的第一名和第三名。读者对没有公布第二名感到不解，尽管他们并不认识这些参赛者。思想的完整性是评价思想的一部分，正如莎士比亚所说，"成熟就是一切"。

时间的检验

年代学是一种快速检验的方法。我们的信息是按照其发生的时间顺序排列的吗？年代学也是一种漫长的考验：我们的思维是否经得起时间的检验？当然，我们不可能等上几个世纪来检验自己的思想，但如果我们的思想是健全和深刻的，那么它们很可能就会持续地成长；如果它们是脆弱的和流行于一时的，那么它们很可能会转瞬即逝。尽管时间是一种古老的检验方法，然而我们应该记住，并非所有的旧观念都是正确的，因为正如蒙田告诉我们的那样，"真理不会因为古老而变得更有智慧"。

思维训练 13.2　　　　时间总能检验真理吗

如果它能持续，那就是好的；如果它不能持续，那就是坏的。时间的检验有多准确？你能想到任何被"时间"误判的历史人物、事件或发明吗？你能回想起任何一种经得起的考验，甚至是几个世纪的考验，但现在被"证明"是错误的想法吗？如果在那个时间是错的，那么我们怎么知道它现在是正确的呢？时间犯错的情形有多少？猜测一下，目前的哪些观点或作者会成为经典，也就是说，在数百年后仍将会受到重视。

检验思维的基础

让我们迅速回到我们的思维基础，以评价思维的有效性。

个人思维障碍

当没有有力的对话时，我们特别需要警惕自己的思维障碍。如果我们正在思考的话题引发了强烈的情感，就需要仔细和客观地思考，以避免思维出现任何扭曲。我们需要注意的是，不能以一种刻板的、被同化的思维方式来进行思考，因为个人的愿望和自豪感也会压倒我们的理智。我们还必须意识到压力水平、身体状况，以及这些可能对我们的想法产生的影响。

感觉与记忆

快速检查：我们的数据正确吗？我们对自己的感觉有把握吗？表象是否反映了事实？我们是否在敏锐地倾听，我们是否信任演讲者或作者？我们的事实是准确的吗？我们确信自己的记忆是准确的吗？如果我们的任何感官信息的来源或回忆有可疑的地方，那么我们可以在表达自己的思维时加上条件，然后调查和研究有疑虑的地方。

语言

请记住，我们的语言不仅仅承载了我们的思想，也与我们的思维密不可分。如果我们有时间写出自己的想法，那么我们就可以分析自己思维的语言。我们要使用清晰的定义、适当的含义、合适的类比、正确的词序、语境意识、具体的名词和积极的动词，同时我们要让自己的思维尽可能地严谨和准确。

"简洁是智慧的灵魂。"莎士比亚笔下口若悬河的波洛尼厄斯自嘲道。我们可以肯定的是，如果波洛尼厄斯听到芝加哥官员在芝加哥河涌入隧道系统并关闭城市三天后宣布："芝加哥正在加快出台相关文书，以便联邦政府确认其为灾区"，他一定会傲慢地抨击官僚机构。我们的思维能像芝加哥政府一样运作吗？我们能忍受官僚主义的语言吗？

简洁能增加清晰度，虽然简洁是简单的孪生姐妹，但要做到简洁并不简单。对我们的思维进行整理很难，蒙田说，它就像我们的孩子。然而，如果我们采取这样的态度即整理我们的思维会使我们的孩子更聪明、更强壮、更美丽，那么把好的

（但不合适的）想法放到其他文件中就显得更容易了。

 想一想

伏尔泰说："如果我有更多的时间，会写一封更短的信。"

情感

我们的情感在场吗？我们能辨认出它们吗？没有情感的思考往往是冰冷的和枯燥的。我们需要这些情感作为我们思想背后的推动力量。我们对这个话题的情感如何？面对听众时有何感觉？我们需要利用这些情感的强大的、积极的力量，作为我们思想雄辩背后的核心支撑。

创造力

我们的想法是否有闪光点？或者我们的头脑如同沙漠，思维是干涸的？如果是这样，那么我们可以肯定，"沙丘"将在我们的听众的大脑中堆积如山。我们需要泉水的隐喻，来让我们的思想绽放。记住隐喻——语言的核心——是思维的核心、新意的核心、伟大思想家的核心。如果我们的思想是陈词滥调，那么我们的思维将是重复的、没有创意的、无聊的，像沙漠一样。我们要记住用星暴、头脑风暴，并以其他方式启发我们的创造力，找到那个关键的类比，将我们的思维与世界和其他人连接起来。

思维组织结构

我们的思维是否有一个清晰的结构：按时间顺序、主题、类比、因果、其他自然或心理秩序组织起来？我们能清楚地说出自己的目标吗？我们能说出三四个支持这一目标的重要观点吗？所有的这些观点都是联系在一起的吗？我们的思维是否具有经得起时间检验的前瞻性、平衡性和完整性？

逻辑

我们的思维是否扎实，结构是否严谨？我们的前提和假设是否合理？它们会被我们的听众接受吗？我们是否能从这些前提出发，遵循逻辑法则并推导出一个有效的结论？我们的归纳思维是否建立在坚实的、反复观察的基础之上？我们的因果关系分析合理吗？我们是否避免了推理谬误，尤其是那些具有欺骗性的推理谬误？

思维训练13.3　　　思考的基调

在反思的过程中，将你的分析方向转向内部，试着发现你的感觉，或者你的想法的基调。你觉得自己是怎样思考的？在阅读本书的过程中，你是否对自己的思维过程有了更多的认识？你以前对自己的想法有什么看法？你现在对它的感觉是什么？惊叹、困惑、自豪、恐惧、兴奋？试着反思自己思维的积极方面，对自己的思维能力充满自信，并更好地思考。

总结

我们已经仔细考虑了对话检验，对话应具备简单性、可扩展性、可预测性、前瞻性、平衡性和持久性；我们回顾了以前的思维基础，以评估我们的思维。我们发现，我们需要那些由感觉和记忆所提供的准确数据：清晰、简明、语境准确的语言；可控的、有效的感觉；清晰的结构；以及坚实的逻辑。当我们认为自己的想法是好的，我们的思维是扎实的时候，就应该采取行动了。在下一章中我们将展示如何把想法付诸行动。

挑战练习

1. 你怎么知道什么时候接受别人的想法是有效的？你怎么知道自己的思维什么时候是准确的？

2. 怎么做才能获得洞察力？有没有一些事或人（如父母或好朋友）与你关系太

亲密，以至于你无法客观地做出判断？列出这些人。

3. 你有没有觉得一些话题太陌生而不能提供一个合理的意见？举一些例子。
4. 有哪些人是你可能与之就具体问题进行批评性对话的？根据这个思维领域是专业的、教育的还是个人的，来决定与不同的人进行对话是否会更好？
5. 一个想法要持续多长时间才算是好的想法？
6. 哪些类型的思想是基础性的，可以使其他人在其上建立自己的思想？
7. 用奥卡姆剃刀修剪你的文章，删掉所有不必要的文字。
8. 亚历山大·蒲柏告诉我们："不要成为第一个尝试新事物的人，也不要成为最后一个抛弃旧事物的人。"这条建议是懦弱的还是明智的，还是要视具体情况而定？
9. 你如何在自己的思维中达到平衡？什么时候或在什么话题上你可能会犯错误，或者失去判断力？
10. 很多人把黄金定律作为人类完美的检验标准。是什么让黄金定律不至于变得不温不火？
11. 当你听到"X先生因谋杀罪被起诉"时，你对X先生有什么看法？这个起诉意味着什么？如果X先生被判无罪，媒体将如何处理这一新闻？你如何评价你对"被起诉"这个词的看法？
12. 批判性独白是评价我们思维的一种方式。贺拉斯（Horace）告诉我们，当我们写完一个作品后应该把它存放9年，然后再评价和修改它，只有当我们仍然认为它有价值时，再将其发表或出版。9年的时间似乎太长了，而在我们评价自己的思维之前，需要间隔多长时间呢？
13. 评价过程的一部分是处理最后的细节。在写作中，我们修改和校对自己的思维，以避免严重的或荒谬的错误。你用什么方法最后打磨自己的思维？
14. 思维像科学一样，我们也想要结果；但与科学不同的是，我们思维的结果并不是确定的。因此，我们的大部分判断都是在一定的概率范围内。你怎么知道你有足够的概率来判断你的想法是否值得采取行动？

15. 评价思维就是部分地评价思想者。彼得·法乔恩（Peter Facione）向我们描述了这样一位理想的批判性思想家的形象："富有好奇心，见多识广，相信理性，思想开放，灵活，评价公正，诚实地面对个人偏见，谨慎地做出判断，愿意重新考虑，澄清问题，在处理复杂的事情时有条不紊，努力寻求相关信息，选择合理的标准，专注于调查，执着于求索。"虽然这份清单令人生畏，你可能会问，怎么可能会有人满足所有这些标准。有一个好主意，你最好先检查那些你确实拥有的品质，并决定继续保持它们，同时检查那些你缺少或你需要改进的一些品质。然后选择其中一个开始效法，尝试坚持一个月，再选择第二个。

16. 对你自己的评价方法写一份个人评价，既要考虑优点也要考虑缺点。回顾这一章的内容，确定哪些是你做得好的地方和哪些是你需要努力的地方，以便更准确地判断你的思维。

第 14 章 决策和行动

> 每个刚洗完澡的人都有一些新想法,而那些从浴室出来擦干身体并为之行动的人,才是与众不同的。
>
> ——N. 布什内尔(N.Bushnell),雅达利创始人

为什么要行动

一旦我们仔细思考过一些问题,并且我们的思维符合所有的检验,就需要采取行动。我们的想法必须产生行动,否则就会一直没有结果。没有行动的思维就像咀嚼食物而不吞咽。真正的思想家都是实干家。"要言行一致。"莎士比亚说。如果我们的知识转化为行动,如果我们根据最好的思想采取行动,就有最好的机会让自己感觉良好。如果我们经常做出正确的决定,也许有一天会被称为"智者"。此外,将想法付诸行动,甚至可以改善我们的思维,正如古老的谚语所说:

我听过就忘了,

我看到就记住了,

我做过才会真正理解。

蒙田描述了一个理想的决策:他不希望发生这样的事情"对(自己的)每一方面都不满意,内心充满分裂和冲突"。然而,决策过程很少如此和谐。有时,当我们选择、支持或投票支持安乐死、堕胎、自杀、战争或者死刑时,我们的决策结果就会是生死攸关的问题。有时,我们决策的结果只是去看一场电影或待在家里。不管是什么情况,我们都需要做出决策。活着就是做决策,活得充实就是做好的决策。

在本章中,我们将探讨如何做决策。我们先了解一个做决策的过程;我们提出

了一些阻碍人们做决策的困难,如恐惧、缺乏知识、困惑和价值观冲突等;我们通过面对恐惧、确认事实、利用性格、运用情感、角色扮演和想象来学习如何应对这些困难;我们关注决策的时机、决策的实际时刻、行动以及行动后的评估;我们起草了一个行动计划来巩固这些步骤;我们通过练习把思维变成行动。

决策

一个人说有两只狗在他的身体里打架,一只卑劣,另一只良善。当被问及谁获胜时,他回答说:"我喂食喂得最多的那个。"

我会做,我不会做。我会去,我会留下来。我应该,我不应该。是的,不是。是的,也许。有时,我们在决定的悬崖上摇摆不定。我们因犹豫不决而感受到压力,因为我们在"决策和修正中举棋不定,而这些决策和修正在一分钟内就会被推翻"。我们的思维基础已经为决策打下了根基。如果我们的思维是可靠的,通常决策会随之而来。如果没有,我们可以通过陈述目标、列出备选方案和描述可能的结果这三个步骤来帮助自己做决策。目标是我们希望从自己的决策和行动中得到的理想结果。备选方案是我们获得这些结果的方法。可能的结果是在我们选择了方案之后,预测可能会发生的事情。让我们看一个例子。

- 第 1 步 陈述目标

致富:更具体地说,在 55 岁之前获得 700 万元,退休,然后靠投资生活。

- 第 2 步 列出备选方案

计划 1:从 25 岁开始,每年储蓄 35000 元,在税收递延计划中赚取 10% 的复利。

计划 2:制订具体的股票和债券投资计划。

计划 3:制订一个渐进式的房地产购买计划。

- **第 3 步　描述可能的结果**

计划 1：如果我能够赚钱、储蓄，并获得 10% 的收益，就会成功。

计划 2：如果有一个好的经纪公司和好运气，可能会成功。

计划 3：可能会与某个正在升值地区的一位知识渊博的代理商合作。

决策中的困难

虽然这三个步骤看起来很简单，但我们的大脑并不是像机器一样工作，股市和房地产市场等人类机构也不遵循线性预测。我们经常努力制定目标、评估数据、预测可能的结果。我们经常与自己的价值观做斗争。让我们来看看在做决策的过程中可能会遇到的一些困难。

对决策的恐惧

如果我错了怎么办？也许做决策的最大障碍是恐惧心理，我们已经看到它也妨碍了创造性思维和解决问题的能力。恐惧、焦虑和怀疑可能会严重影响领导层制定决策。恐惧扼杀了我们的思维。当我们担心自己的想法会如何被接受、被拒绝、被蔑视或被嘲笑时，我们就很难做出决策。更安全的做法是走传统的道路，避免做出引起变化和威胁我们自尊的决策。当我们觉得自己总是需要做正确的决策时，那么往往会害怕做决策。或者当我们担心自己得出的结论时，可能会中止决策过程。如果我们的爱人不爱我们怎么办？如果老板是骗子呢？如果我们的朋友背叛了我们呢？在这些情况下，我们可能不想接受事实，因为事实是残酷的。我们不想失去我们的爱人、朋友、工作，所以我们避免跟随自己的想法去做决策。

习惯的束缚

缺乏知识是在做决策之前犹豫不决的另一个原因（通常也是一个好的理由）。然而，即使我们有了知识，也不一定会采取行动。例如，现代研究表明，体罚并不比其他形式的管教更有效，而且有严重的弊端。因此，美国儿科学会（American Academy of Pediatrics）敦促在学校和家庭中禁止体罚。与此立场相呼应的是，美国医学会（American Medical Association）负责人在 1985 年表示，应在学校禁止体罚，在家里不鼓励体罚；然而1992年6月17日，在《美国医学会杂志》（*Journal of the American Medical Association*）上发表的一项调查表明，59%的儿科医生和70%的家庭医生仍然支持打屁股这一体罚形式，尽管他们的立场最近有所改变。为什么这些人的行为似乎与专家的结论不一致？他们是否怀疑自己的同行？还是因为旧习难改？

想得太多

有时候我们掌握的信息太多了，它们可能会令人困惑、互相冲突，或者我们可能会想得太多。想得太多会导致行动拖延。也许我们认识这样的人，或者在文学作品中见过他们。

有些人在说话或行动之前，对每件事都要三思，最后陷入可怕的思想禁锢之中，以至于根本难以开口说话。在文学领域，尤其在哲学领域，一些人开始想得如此错综复杂，以至于他们怀疑自己是否真实存在。一位哲学专业的学生说："我不知道我是否还活着、是否在做梦。我什么都不确定。"

动机冲突

需求、动机和价值观的冲突会阻止我们做决定。圣奥古斯丁进行了两种意志的斗争：他的身体想要性爱，但他的心灵却渴望贞洁。有时候，我们会以一种方式行事，即使我们认为另一种方式更好。一位巧克力冰淇淋上瘾者将2升的巧克力冰淇淋放在地下室的冰柜里，以此让自己远离诱惑。但就在同一天，他拿着一把勺子走下楼梯，拒绝听任何让他产生罪恶感的想法。如果我们非常想要某样东西，就会试图压制或忽略自己的想法。

一名学生捕捉到了关于某个决策的一些感觉、压力、洞察力和结果。

我的脑海里尖叫着"不"！我的各种思想之间反复地相互争论着。恐惧使我的语言和身体瘫痪了。只有我的大脑在运转，它努力把负面信息抛在脑后，像液态水银放在坚硬的表面上会分离一样。当我听到法官说"我现在宣布你们成为夫妻"时，我闭上了眼睛。我开始哭了起来！我的丈夫误以为这是喜悦的眼泪。只有我知道这种疏离的感觉是存在的，我立刻意识到我做了一件很不公正的事情。对那些誓言的生动回忆，产生了一个挥之不去的、使我痛苦不堪的海市蜃楼，扰乱了所有的安宁。

当时我是一个17岁的年轻人，自以为无所不知。一个典型的青少年。我已经下定决心要离开我的家庭。我是故意的。我想证明我的父母是错的！这种不光彩的恶劣态度至今仍然无法解释。我知道我渴望被认可。

我清楚地意识到为什么我接受了这些誓言。我深爱我丈夫的家人。他的爸爸、妈妈也很爱我。我有了一个爱我的新家庭。是的，我真的觉得做妻子和儿媳妇很重要。但我对这些角色很快就失去了新鲜感。这是我在成人世界里遭受的毁灭性考验的开始。

我经常想，如果我做了不同的选择，我的生活会是什么样子。这个选择导致了残酷的、代价高昂的离婚，致使我在经济上和情感上都受到了影响。我生命中的一个重要部分就这样被糟蹋了，而且我还要经历漫长的恢复期。虽然我已无法弥补失去的宝贵时间，但我已经学会了如何平衡和权衡我所有的选择。

每个选择都是一滴水。这些水滴慢慢地形成一个水坑，然后汇成一条小溪，继续流淌进生命之河。

如何决策

面对恐惧

如果恐惧是决策的最大障碍，那么勇气和冷静有助于我们做出决策。如果我们能够把自己从对他人的服从中解放出来，如果我们能够坚定地走自己的路，让流言蜚语随风而去，就会增加我们的决策能力。一个受到高度赞扬的公民活动家的例子是："言随身动"。勇气不是装在瓶子里出售的，但它可以通过努力工作而获得。我们可以用诸如"我认为这是正确的，我会去做，其他人可以做他们想做的"这样的口号来改变我们的思维。这说起来容易做起来难，但勇气可以通过实践来培养。

巩固我们的基础

当决策很重要且我们又有时间时，我们思考得越充分，做决策就越容易。如果我们已经铺设了我们的思维基础,那么就已经在做决策方面取得了很大的进展。我们可以把自己的想法写下来,让它们变得客观可见。

捕捉我们的想法并促进决策的一个好方法是列一个利弊清单。选择任何你想做的决定(换工作、约会、分手、参加某个课程等)。把它们写在下面的表14.1里,然后写下所有支持和反对这个决定的想法。

有时这些清单会让我们大吃一惊。也许有一份清单比我们想象的要长得多,但最长的清单会胜出吗?如果其中一个缺点是我们会死呢?这个单一的缺点将会胜过一长串的优点。为了使清单更加准确,我们可以通过在每个项目旁边的方框中标注从1到10的权重来评估项目的重要性。如果它极其重要,就用10;如果它的重要性可以忽略不计,就用1。现在,只需将这些方框内的数据加起来,就可以看到决策的天平开始向某个方向倾斜。

表14.1 利弊清单

决策问题:			
正面	权重	反面	权重
合计		合计	

我们所做的每一项决策都有它自己的一套相关标准。例如,在买房子之前,我们可能要考虑的标准包括位置(社区、城市或农村环境、靠近学校和商店)、价格、大小、条件和市场比较。在申请一份工作之前,我们可能会考虑职务描述、我们的资格、工作时间、薪水和福利。在投标建造房屋之前,我们会看一下蓝图和规格设计。在推销产品之前,我们会做消费者调查和产品简介。我们掌握的信息越完整,做出的决策可能就越好。

第 14 章 决策和行动

角色使命

有时,无论我们知道什么,做决策都是艰难的,因为其结果可能会伤害我们或我们关心的人,或者因为这个决策使我们的贪婪与善良对立起来。当角色发生冲突时,我们会深入挖掘,来决定我们是谁以及想成为谁;我们会接触到原则、动机和价值观;我们会意识到我们的选择定义了我们及我们成为自己所选择的人。为了完成这些艰难的决定,我们可以求助于作为罗马皇帝、勇士和哲学家的马可·奥勒利乌斯(Marcus Aurelius)。他告诉我们要把每一个行动当作最后一个行动来对待。

在角色冲突的情况下,一旦客观分析完成、得出了结论,并且再等下去也无法澄清这个问题,那么我们就可以通过关注积极的一面来"推动"决策。然后,当我们有能力时,迅速做出决策以免拖延冲突选择的痛苦。如果我们斗争并取得了胜利,如果我们做出了正确的选择,那么我们就是在塑造自己的性格,接下来的选择就不会那么困难了。

改变标准:戴上手套

珍妮弗以前买手套会考虑价格、保暖和颜色。有一年冬天,她的手腕很冷,所以她买了一双更长的手套。然后,她读到了新雪丽棉的相关保温性能的说明,于是她买了一副填充了这种材料的手套。但这副手套在她握方向盘时会打滑,所以她又买了一副防滑的手套。她最初列出的三个标准变成了六个:价格、保暖、颜色、长度、材料和防滑。随着时间的推移,我们的标准会改变并变得更加稳固。

感觉对决策的推动作用

黑格尔认为,"世界上所有伟大的事情都是在充满激情的情况下完成的"。同样的激情有时可以成为做决策的额外推动力。许多人在做决策时并不知道我们的感觉一直在驱动我们的思想。然而,如果我们充分意识到自己的感觉,如果我们意识到它们可能会如何成为障碍并误导我们,如果我们对自己诚实、对自己有足够的了解,如果我们有节制地投入情感,那么我们就可以把感觉作为决策过程的一部分。安东尼奥·达马西奥（Antonio Domasio）正在研究大脑的情感架构，观察"对情况的瞬间情绪评估，这些评估展开得如此之快，以至于我们通常意识不到这个过程……事实证明，情绪对我们的理性决策过程至关重要。如果我们没有这些本能的反应，就会陷入无休止的分析循环中，在我们的头脑中写下无限的利弊清单……我并不是说情绪决定你的需求，而是说情绪帮助你集中精力做出正确的决策。"

思维训练 14.1　　　　　感觉和决策

我们刚刚提出了一个很危险的程序：用感觉帮助我们做决策，尽管感觉常常破坏思考。在这一点上，明智的做法可能是回顾一下它们在什么时候帮助或妨碍了我们做决策。我们的哪种感觉可能会帮助我们做出一个明智的决策？我们如何或何时能够信任它们？

对行动的想象

另一个帮助我们做决策的方法是想象我们正在做这件事。这种方法类似于约瑟夫·沃尔普（Joseph Wolpe）的系统脱敏法，它可以帮助我们消除恐惧感。例如，如果我们不能决定是否要去见一名严厉的校长或可怕的领导，我们就可以想象自己正沿着走廊走向那个人的办公室。当我们能够做到这一点且没有感觉到明显的焦虑时，就可以想象自己敲了敲门，然后走进去，最后说出那条坏消息。重要的是，在我们想象下一个步骤之前的每一步都要保持放松的状态。想象可以让我们为困难的决策和行动做好准备。

角色扮演变成现实

在我们想象完之后，就可以把它表演出来，或者进行角色扮演。德兰西街是旧金山的一个社区监狱，该监狱用角色扮演来改变囚犯的思维。男性囚犯必须理发，穿上西装，甚至"正常"走路。他们被要求表现得好像他们是成功的好公民。这种行为似乎改变了他们的思维，因为他们的再犯率很低。大约80%的角色扮演者重新进入社会并不再干坏事，显然，许多人成了他们所扮演的好公民。

我们也可以利用行动的力量帮助自己执行一个决策。当决策需要改变，而我们似乎没有能力做决策的时候，也许可以通过角色扮演来完成行动。起初，我们的行为可能会很僵硬，但不断地重复会让它变得更容易，因此，经常思考以这种方式行事就会让实际行动变得更容易。最后，我们将有能力去做自己一直在扮演的角色，我们的大脑和身体将同时工作。通过角色扮演，我们就可以成为这个角色。

思维训练 14.2　　　　　**角色扮演**

与一群朋友一起集思广益，讨论一些经常需要做决策的话题。你们可以试着确定所期望的结果，然后表现得好像那就是结果。例如，如果你希望在接近一个难相处的人时表现得积极和自信，那么就在其他人扮演难相处的人的时候，你表现得积极和自信。这项活动适用于许多情况。继续进行角色扮演，直到你在扮演这个角色时开始感觉更自然为止。

何时做决策

"何时"是如何做决策的一个重要部分。如果不是必须立即做出决策，那么时间和进一步的了解可能会使决策的制定更加明确。印第安纳州一所学院的院长告诉我们，他不喜欢快速做决策，因为时间往往会使决策变得没有必要。古罗马诗人贺拉斯赢得了拖延奖：在他的《诗艺》（*Ars Poetica*）一书中，他建议一部作品写完 9 年后再出版。

多久才算太久？一般来说，情况越严重，我们采取行动的速度就应该越慢。如果我们正在考虑结婚、离婚或用一生的积蓄投资，我们就希望在深思熟虑后再做决策。然而，有时即使结果可能是灾难性的，也需要我们迅速地做出决策。如果核导弹正向我们飞过来怎么办？如果龙卷风就离我们 100 米远呢？如果迎面驶来的汽车朝我们开过来怎么办？如果一个小孩因窒息而脸色发青怎么办？"何时"是"如何"的一个重要部分，而"何时"的答案往往就是现在。

妙趣横生的思维公开课

决策时刻

随着我们面临的问题部分得到解决，就到了"我来做"的时刻。当我们沉浸在自己的决策中时，并没有意识到大脑中发生了什么。这是否意味着我们的决策不受我们控制？幸运的是，在加利福尼亚大学旧金山分校研究"决策波"的本杰明·利贝特（Benjamin Libet）已经表明，我们可以在采取行动之前，将决策暂停十分之一到十分之二秒。也许我们的控制权既体现在审查过程中，也体现在决策中。

行动

在大多数情况下，我们主张先思考，再行动。然而，一些研究表明，根据无意识思维采取的行动有时会带来更好的决策，格拉德威尔·马尔科姆（Gladwell Malcolm）普及了这一概念。他给出了一个很好的例子，证明你应该相信自己的第一印象，特别是如果你是专家的话：位于加利福尼亚的保罗·盖蒂博物馆花了14个月的时间对一尊"古"希腊雕像进行了大量的科学研究，并准备用1000万美元买下它。一位意大利艺术史学家瞥了一眼，盯着雕像的手指甲，觉得似乎有些不对劲。另一位艺术史学家也瞥了雕像一眼，"赝品"一词从他的脑海中闪过。两位专家都说不清楚到底哪里出了问题，直到博物馆调查了很长时间后，才发现这的确是一件赝品。

如果风险不是太大，我们可以简单地通过实践来检验自己的想法，并观察其结果。托马斯·萨弗里（Thomas Savery）和托马斯·纽科门（Thomas Newcomen）将法国物理学家丹尼斯·帕宾（Denis Papin）的思想用于蒸汽泵，由此开启了工业革命。帕宾的思想被付诸行动，其力量永远改变了我们的世界。

并不是所有的行为都是可检验的。托马斯·莫尔（Thomas More）在《乌托邦》（Utopia）中描述的理想社会就从未被检验过。然而，这本书中的概念的影响力得到了检验。

行动完善了思维，但行动不是思维的终点。行动成为"思维-决策-行动"循环链中的一部分，并促使人们进一步思考。当我们把一个决策付诸行动时，我们也在不断在思考如何让它发挥作用，弗兰克·赫伯特（Frank Herbert）在他的小说《沙丘》(*Dune*)中说："一个计划既取决于执行,也取决于概念。"如果我们想让行动成功,就必须按计划执行。以下是制订一个成功的行动计划的一些步骤。

行动计划

1. 我到底要做什么?
2. 什么时候开始做?
3. 谁可能帮助我?
4. 我会如何失败?
5. 我的计划是现实的、可实现的、可测量的吗?
6. 为了执行计划,我将为自己设定什么样的动机、奖励或惩罚措施?

有时候,即使我们的想法是清晰且准确的,并且我们做出了最好的决策,但仍然无法控制这个决策的结果。《哈姆雷特》中国王的扮演者说:"我们的思想是自己的,而思想的结束却与我们无关。"

行动之后

行动之后是对我们的思维进行检验。结果如何?我们对自己的感觉如何?这是一个好的决策还是一个坏的决策?在这一点上,我们只寻求客观的评价。如果计划失败了,我们可以回顾一下,根据当时所知道的情况,我们做了一个最好的决策。正如苏格兰诗人罗伯特·彭斯(Robert Burns)所指出的,"老鼠善于制订完美的计划,而人类常常误入歧途。"但为了确保计划确实可行,我们会在事后对其进行评估。我们可以在上述行动计划中增加第 7 步:我什么时候会审查自己的计划是否成功?

如果我们希望行动计划产生持久的效果,就必须定期反思、回到前提、调整计划,并重新振作起来。记住,我们在评价的过程中保持客观的同时,也可以保持积极的态度:我们可以把下雨天看成令人神清气爽的,也可以看成令人沮丧的。

总结

在本章中,我们已经看到,完整的思想家也是一个决策者和行动者。我们发现,我们的其他思维基础为我们做决策做好了准备;我们学会了设定目标、考虑备选方案、估计可能的结果;我们学会了用行动计划来跟进决策;我们还学会了用下面的具体方法帮助自己做决策:面对恐惧,巩固我们的基础,唤醒感受,并对行动进行想象和角色扮演。我们发现,时机是决策的一部分,在决策和行动之后,我们可以对它做出判断和调整,并制订行动计划,以继续有效地思考和行动。

挑战练习

1. 想一想你一直在拖延的决策。导致你拖延的一些因素是什么?在做出决策之前,你是否需要更多的信息?做出错误的决策会有什么后果?不做决策的后果是什么?你能在纸上写下整个过程并做出决策吗?
2. 一名三十多岁的女士想结婚生子。她已经错过了几次机会,并开始担心自己的选择已经不多了。有两名男士想娶她:一个很有趣,但会成为一个糟糕的父亲;另一个很沉闷,但会成为一个好父亲。她可以嫁给前者,也可以嫁给后者,或者两个都不嫁。如果你是这名女士,你会如何选择?
3. 虽然有些人希望自己如此幸运,但如果你同时爱上两个人,而且他们都想和你结婚,你会如何选择呢?
4. 本章所描述的决策过程在恋爱上是否有效?你希望你的理想伴侣具备哪些品质?按重要性顺序列出。
5. 你应该对一个陌生人微笑吗?你是如何做出这个决定的?你为什么会犹豫不决?
6. 你是如何决定两性关系的?
7. 决策通常都有不利的一面。决定要成为富人的坏处是什么?
8. 在电影《苏菲的抉择》(Sophie's Choice)中,女主角被关在纳粹集中营,被迫从她的两个孩子中选择一个被处决。在这种情况下,你会如何做决定?

第 14 章 决策和行动

9. 过度的自我意识（过多地考虑自己）是否曾让你难以说话或行动？你是否曾经想过自己会陷入困境？你是如何打破这个困境并采取行动的？

10. 新的知识是否会改变旧的决定？研究表明，进食后游泳不会导致溺水，然而老一辈的人吃完饭后却难以下水游泳。

11. 不做决定就是在做决定吗？

12. "当我们选择时，就是选择了自己"，这句话是什么意思，它的准确性如何？

13. 诸如"言出必行""他是个吹牛大王""她说得很好"等常见的表达方式表达了我们对行动的什么态度？

14. 想象一下下面的行动：你必须做出一个艰难的决定。想象自己慢慢地、一步一步地、越来越接近于做到这一点。

15. 尝试一下马可·奥勒利乌斯的建议。选择一个你必须做出的艰难选择。然后，想象你今天就要死了，这是你要做的最后一个选择，然后做出选择。在你自己的选择中，是否获得了一些想法？

16. 除了让我们有信心做出决定外，角色扮演还能帮助我们为困难的局面做好准备。就与教学主任会面的情境或者向可能会拒绝你的人提出约会请求，和他人或在镜子前练习角色扮演。

17. 抛硬币是否可以成为做出决定的有效方式？即使是一个非常重要的决定，也可以通过抛硬币来解决吗？

18. 约束对决策的必要性有多大？

19. 如果你想探讨哲学、宗教和社会科学中最重要的问题，你可以问这样的问题：我真的能决定吗？我真的自由吗？

20. "没有什么东西是好的，也没有什么东西是坏的，只是思维使然。"《哈姆雷特》中的这一观点是否削弱了决定的价值？我们怎样才能从这种思想中汲取力量？

21. 你如何将决策过程应用于团体决策中？哪些部分是相同的？哪些部分会有所不同？你还需要补充什么？

第15章 不断思考的挑战

当美国探险家罗伯特·皮尔里（Robert Peary）问他的爱斯基摩向导在想什么时，向导回答说："我不思考。我有足够的肉。"

我们的思维活动不会随着一本书的结束或一门课程的结束而停止。只要活着，我们就在思考，但如何思考是我们的选择。如果我们选择，我们就可以探究正在展开的宇宙的范围，探索心灵的奥秘，用文字表达思想，还可以有说服力地说出自己的想法。

我们在这本书中引用了一些杰出的思想前辈的话语。我们可以通过聆听萨特的直率挑战和康德的崇高赞美来作为本书的结束。萨特告诉我们："人是自己所造就的。"选择权在我们。通过我们的思考、选择和行动，我们将定义自己。康德说，自我意识的能力使我们无限地超越地球上的所有其他生物。让我们赢得这种赞誉！让我们运用这种思维能力！

让我们想一想未来的思维。我们思考的范围将有多广？我们的思维将陷得多深？我们建构的思维将有多好？

有多宽广？哲学家何塞·奥尔特加·加塞特（José Ortegay Gasset）说，许多事情不能引起我们的兴趣，是因为它们在我们的头脑中找不到足够的地方来生存。我们必须扩展自己的思维，使更多的主题——更多的生活——能够在其中找到一席之地。

我们把自己的感觉投射到多大的范围来滋养我们的思想？我们将置身于什么样的感觉环境中？我们将寻找或拒绝哪些景象和声音？什么样的身体弱点会扭曲我们的感知？什么样的个人思维障碍会扭曲我们的看法？哪些优势会集中并放大它们？

第 15 章 不断思考的挑战

我们如何选择、增加、澄清和强化我们的感觉数据流,这些会影响我们的感觉感受器,并在我们的头脑中沉淀下无数的感觉数据流吗?

 想一想

> 上述内容要求我们思考一下,我们被大量的感觉数据偶然地、默认地和出于选择地充满。花时间进行自我反思、讨论和写作,可以增加我们对感觉世界的理解,有助于形成和巩固最能滋养我们心灵的感知模式。在本章中,请你在每个问题之后停顿一下,思考拓展自己思维的可能性。

我们的创造力能走多远?我们要多努力才能打破习惯的束缚?我们将在多长时间内发现问题并寻求解决方案?我们多久会打破习俗的外壳,开始创意之舞?我们将在多大程度上相信自己能够改革旧的事物、观念和结构,并将其融入新的发明、思想和组织中?

我们将用什么词语来充实自己的思想?我们会读什么书?我们会看什么电影?我们会和谁交谈?我们要与文字纠缠搏斗(用文字深入思考)多长时间?我们会打破陈词滥调,并重新塑造它们吗?我们会寻找更好的隐喻来表达自己的意图吗?

没有深度的广度会让我们变得浅薄。如果我们只能选择其中一个维度,那么是不是"对所有事物都有所了解比了解一件事物的全部更好"?我们在多大程度上可以两者兼得?

我们会思考得多深?当我们站在个人思维障碍的悬崖上往下看时,我们会认识到我们的文化熏染和自我防御吗?当我们的感受激励我们时,我们会倾听它们吗?当它们不激励我们时,我们会超越它们吗?我们会承认自己的偏见和恐惧吗?我们是否会与自己的偏见做斗争,并向客观性迈进?我们会承认自己的错误吗?我们会通过阅读和研究来获得在某些特定领域所需的深层知识吗?我们的奋斗不是为了胜利,而是为了理解和表达自己最好的思想吗?

广度和深度是相互关联的。如果脱离了更广阔的世界背景,我们的深层领域就没有意义。我们的深度将大大得益于广度。我们的深层爱好的新想法将来自我们广泛爱好的相互启发。

无论我们的知识面有多广或多深,都会在我们的思维中被使用。我们会如何建构好知识体系?如何在我们的大脑中发展有效的思维模式?如何把我们的想法联系起来?我们的逻辑能保持多严密?如何把我们的思想融入新事物?如何有说服力地表达我们的思想?通过努力和选择,我们可以改变旧的思维习惯,采用有力的思维模式,发展蒙田所说的"结构良好的智力"。我们将如何培养这种智力?

* * *

思维并不是一座与我们人性的其他特性分离的孤岛。它并不是孤立于我们的感觉、直觉或梦想而存在。它只是我们的一个部分,但却是我们所有人不可或缺的一部分。从诗人和艺术家到数学家和哲学家,从音乐家和设计师到科学家和工程师,更好的思维将带领人们走向更美好的人生。

人类虽然运用自己的思维,但对这一切还是知之甚少,今天提出的许多问题与几千年前的大脑提出的问题是一样的。伟大的思维可以打开许多门,即使有些门无法被打开。然而,思想家是多么了不起,用莎士比亚的话说,"多么高贵的理性!多么伟大的力量!……在智慧上多么像一个天神!"

附录 命题逻辑

命题逻辑又称语句逻辑,关注的是句子真实性的确定问题。因为任何论证的有效性都依赖于其假设的真实性,对命题逻辑的理解可以帮助我们确定论证的有效性和合理性。

命题逻辑关注的是复合句,即由两个或两个以上的简单句组成的句子。具体而言,语句逻辑关注的是像"并且""或""如果……那么……"和"如果且仅如果……那么……"等句子连接词的意义如何影响复合句的真实性。

让我们从一个使用"并且"这一连接词的复合句开始:"苏很聪明,并且马克很强壮。"根据命题逻辑,这句话的真实性取决于其中两个简单句的真实性。换句话说,如果苏很聪明是真的,马克很强壮也是真的,那么"苏很聪明,并且马克很强壮"这句话就是真的。然而,如果复合句中的任何一个简单句是假的,那么整个复合句就是假的。因此,如果苏很聪明,但马克实际上很弱,那么"苏很聪明,并且马克很强壮"这句话就是假的。请记住,命题逻辑只关注"并且"作为简单句之间的连接词的使用,而不是像"房子很旧,不好看,而且长满了青苔"这样的句子链条中的一个环节。

下面是连接词"并且"的真实性表,其中总结了使用该连接词的复合句为真或假的条件。字母 P 和 Q 代表由连接词"并且"连接的两个简单句。T 和 F 代表真和假。因此,真实性表(*)的第一行是:"如果 P 为真,Q 为真,那么句子'P 且 Q'为真。"

P	Q	P 和 Q
*T	T	T
T	F	F
F	T	F
F	F	F

连接词"或"用在析取句和析取三段论中比较有趣，因为它可以有两种不同的含义。包容性的"或"实际上是指"和/或"，而排他性的"或"是指只有一种选择为真。请看下面这个句子："亚伯拉罕去了教堂，或者他去了商店。"在"或"的包容性意义上，亚伯拉罕可能去了教堂或者商店，或者两个地方他都去了，而这个句子为真。但在"或"的排他性意义上，这句话的意思是他只能去一个地方，而不是另一个。因此，"亚伯拉罕是去了教堂还是去了商店"这个句子是否为真，取决于我们使用"或"的意义。下面是连接词"或"的真实性表，其中总结了析取句为真或为假的条件。请注意，有一组条件（*）会对"或"的排他性和包容性含义产生不同的真实性。

P	Q	P 或 Q（相容）	P 或 Q（不相容）
*T	T	T	F
T	F	T	T
F	T	T	T
F	F	F	F

我们将看到的最后一个连接词是两种不同的"如果……那么……"语句，通常被称为假设性语句，它们出现在假言三段论中。在第一个变体中，"如果P，那么Q"或者"如果太阳出来（P），那么天气就会变暖和（Q）"，如果Q跟随在P后，则句子为真。然而，在命题逻辑中，如果P和Q都不出现，也就是说，如果太阳没有出来，如果天气没有变暖和，这个句子也为真。这是因为P不出现的事实不会使"如果P，那么Q"的关系为假。另外，如果P没有发生，而Q发生了，那么这个句子为真，因为我们没有说"当且仅当P……"。就上面的例子而言，如果太阳没有出来（P为假），但天气还是变暖了（Q为真），这个事实仍然与"如果太阳出来，那么天气就会变暖和"的陈述相一致，并没有否定这个陈述。然而，如果陈述是"当且仅当太阳出来（P），那么天气就会变暖和（Q）"，那么我们就不能在没有太阳（P为假）的情况下让天气变得温暖（Q为真），从而这个句子为假。请注意，"如果……那么……"语句是针对两个元素之间的逻辑关系，而不是因果关系。因此，"如果P，

那么 Q"并不意味着 P 导致 Q。

下面的表格总结了"如果……那么……"句子的真实性。请注意"如果"和"当且仅当"句子的真实性（*）有一点不同。

P	Q	如果 P，那么 Q	当且仅当 P，那么 Q
T	T	T	T
T	F	F	F
*F	T	T	F
F	F	T	T

参考文献

为了环保，也为了节省纸张、降低图书定价，本书编辑制作了电子版参考文献。读者扫描下方二维码，即可下载。

参考文献

版 权 声 明

Authorized translation from the English language edition, entitled THINKING, 4th Edition by KIRBY, GARY R.; GOODPASTER, JEFFERY R., published by Pearson Education, Inc., Copyright © 2007 by Pearson Education, Inc.

All rights reserved.No part of this book may be reproduced or transmitted in any form or by any means, electronic or mechanical, including photocopying, recording or by any information storage retrieval system, without permission from Pearson Education, Inc.

CHINESE SIMPLIFIED language edition published by POSTS AND TELECOM PRESS CO., LTD., Copyright©2022.

本书中文简体字版由 PEARSON EDUCATION INC. 授权人民邮电出版社有限公司独家出版发行。未经出版社许可，不得以任何方式复制或者节录本书的任何部分。

版权所有，侵权必究。

本书封面贴有 Pearson Education（培生教育出版集团）激光防伪标签。无标签者不得销售。

著作权合同登记号 图字：01-2020-7446 号